生态文明建设丛书

林家彬 顾 问

李家彪 主 编 **王宇飞** 副主编

陆海统筹海洋生态环境治理实践与对策

李家彪 杨志峰 等著

上海科学技术文献出版社
Shanghai Scientific and Technological Literature Press

图书在版编目（CIP）数据

陆海统筹海洋生态环境治理实践与对策 / 李家彪等著．
—上海：上海科学技术文献出版社，2021
（生态文明建设丛书）
ISBN 978-7-5439-8417-2

Ⅰ．①陆… Ⅱ．①李… Ⅲ．①海洋环境—生态环境建设—研究—中国 Ⅳ．①X145

中国版本图书馆 CIP 数据核字（2021）第 177358 号

选题策划：张 树
责任编辑：苏密娅 姚紫薇
封面设计：留白文化

陆海统筹海洋生态环境治理实践与对策
LUHAITONGCHOU HAIYANG SHENGTAI HUANJING ZHILI SHIJIAN YU DUICE
李家彪 杨志峰 等 著
出版发行：上海科学技术文献出版社
地 址：上海市长乐路 746 号
邮政编码：200040
经 销：全国新华书店
印 刷：昆山亭林印刷有限责任公司
开 本：720mm×1000mm 1/16
印 张：17.25
字 数：290 000
版 次：2021 年 10 月第 1 版 2021 年 10 月第 1 次印刷
书 号：ISBN 978-7-5439-8417-2
定 价：158.00 元
http://www.sstlp.com

丛书导读

生态文明这一概念在我国的提出，反映了我国各界对人与自然和谐关系的深刻反思，是发展理念的重要进步。生态文明建设是建设中国特色社会主义“五位一体”总布局的重要组成部分。其根本目的在于从源头上扭转生态环境恶化趋势，为人民创造良好的生活环境；使得全体公民自觉地珍爱自然，更加积极地保护生态。可以说，生态文明建设是不断满足人民群众对优美生态环境的需要、实现美丽中国的关键举措，也是现阶段重构人与自然关系、实现人与自然和谐相处的主要方式。在新冠肺炎疫情引发人们重新审视人与自然关系的背景下，上海科学技术文献出版社推出的这套“生态文明建设丛书”可谓正当其时。

本套丛书有9册，系统且全面地介绍了当前我国生态文明建设中的一些重要主题，如自然资源管理、生物多样性、低碳发展等。在此对这9册书的主要内容分别作一简短概括，作为丛书的导读。

《自然资源融合管理》（马永欢等著）构建了自然资源融合管理的理论体系。在理论研究过程中，作者们在继承并吸收地球系统科学等理论的基础上，构建了自然资源融合管理的“5R+”理论模型，提出了自然资源融合管理的三种基本属性（目标共同性、行为一致性、效应耦合性），概括了自然资源融合管理的基本特征，设计了自然资源融合管理的五条路径，提出了自然资源融合管理支撑“五位一体”总体布局的战略格局，从自然资源融合管理的角度解释了生态文明建设。

水资源是自然资源管理的难点。《生态文明与水资源管理实践》（高娟、王化儒等著）一册对生态文明建设背景下水资源管理的实践工作进行了系统而翔实的介绍，提出了适应于生态文明建设需求的水资源管理的理论和实践方向。包括生态文明与水资源管理、水资源调查、水资源配置、水资源确权、水资源管理的具体实践等五部分内容，分别介绍了水资源管理的总体概念与核心内涵，水资源调查、配置和确权的关键环节与具体方法，以及宁夏生态流量管理的案例。

《陆海统筹海洋生态环境治理实践与对策》（李家彪、杨志峰等著）一册，主要对建设海洋强国背景下的海洋生态环境治理进行了研究。其中，陆海统筹是国家在制定和实施海洋发展战略时的一个焦点。本册包括我国海洋生态环境现状与问题、典型入海流域的现状与问题、国际海洋生态环境保护实践与策略、陆海统筹海洋生态环境保护的基本内容以及陆海统筹重点流域污染控制策略等。可以说，陆海统筹，其实质是在陆地和海洋两大自然系统中建立资源利用、经济发展、环境保护、生态安全的综合协调关系和发展模式。有助于读者理解我国“从山顶到海洋”的“陆海一盘棋”生态环境保护策略以及陆海一体化的海洋生态环境保护治理体系。

《环境共治：理论与实践》（郭施宏、陆健、张勇杰著）一册重点探讨了环境治理中的府际共治和政社共治问题。就府际共治问题，介绍了环境治理中的纵向府际互动关系，以及其中出现的地方执行偏差和中央纠偏实践；从“反公地悲剧”的视角分析了跨域污染治理中的横向府际博弈，以及府际协同治理模式。就政社共治问题，着重关注了多元主体合作中的社会治理与政社关系，以及当前环境治理中的社会参与情况。基于对国内外社会参与环境治理的长期田野调查，发现社会参与对于化解环境危机具有不可忽视的作用，社会参与在新媒体时代愈加活跃和丰富。这对于构建现代环境治理体系既是机遇也是挑战。

《生态文明与绿色发展实践》（王宇飞、刘昌新著）一册主要从政策试点入手，以小见大，解释了我国生态文明建设推进的一个重要特点，即先通过试点创新，取得成效后再向全国推广。本书主要分析了低碳城市试点、国家公园体制试点以及其他地区一些有典型意义的案例。低碳城市试点是我国为应对气候变化所采取的一项重要措施，试点城市在能源结构调整、节能减排以及碳排放达峰等方面都有探索和创新。这是我国实施“碳达峰、碳中和”战略的重要基础。国家公园是我国自然保护地体制改革的代表，也反映了我国近几年来生态文明体制改革的进程。这部分以三江源、钱江源等试点为案例，揭示了自然保护地的核心问题，即如何妥善处理保护和发展之间的矛盾。最后一部分介绍了阿拉善SEE基金会的蚂蚁森林公益项目、大自然保护协会在杭州青山村开展的水信托生态补偿等案例经验。这些案例很好地揭示了生态环境保护需要依赖绿色发展，要使各方均能受益从而促进共同保护。

《生态责任体系构建：基于城镇化视角》（刘成军著）一册重点关注了城镇化进程中生态问题的特殊性。作者从政府的生态责任是什么、政府为什么要履行生态责任以及政府如何履行生态责任三个方面展开研究。城镇化是一个动态的过程，在此过程中产生的生态环境问题有其独特的复杂性。本书审视了中国城镇化的历史和现状，探讨了中国城镇化进程中的生态环境问题，并将马克思主义关于生态环保的一系列重要思想观点融合到对相关具体问题和对策的分析与论证之中，指出了马克思主义生态观对中国城镇化生态环境问题解决的具体指导作用；对我国城镇化进程中存在的生态问题、政府应承担的生态责任、国内外政府履行生态责任的实践及我国政府履行生态责任的途径等问题进行了论述。

《生态文明与环境保护》（罗敏编著）收录了“大气、水、土壤、核安全、国家公园”五方面内容，针对当下公众关注的污染防治三大攻坚战役、核安全健康与发展、自然保护地体系下的国家公园建设进行了介绍。三大攻坚战部分，分析了大气、水、土壤污染防治的政策、现状，从制度体系构建、技术应用、风险评估等方面，结合具体实践和地方经验，对如何打好污染防治攻坚战进行探讨。核安全部分围绕核安全科技创新、核能发展、放射性药品生产活动监管、放射源责任保险、公众心理学、法规标准等内容对我国核安全领域的重点内容和发展规划进行分析。国家公园体制建设部分，从法律实现、国土空间用途管制、治理模式、适应性管理、特许经营管理等方面探索自然保护地体系下国家公园建立的路径。

《企业参与生物多样性案例研究和行业分析》（赵阳著）主要以“自然资本核算”在不同行业的应用为切入点，系统地介绍了《生物多样性公约》促进私营部门参与的要求、机制和资源，分享了识别、计量与估算企业对生态系统服务影响和依赖的成本效益的最新方法学，并辅之以国内外公司的实际案例，研判了不同行业的供应链所面临的生物多样性挑战、动向及趋势，为我国企业参与生态文明建设提供了多元化的视角和参考资料。

《绿色“一带一路”》（孟凡鑫等编著）围绕气候减排、节约能源、水资源节约等生态环境问题，针对“一带一路”沿线典型国家、典型节点城市，从碳排放核算、能效评估、贸易隐含碳排放及虚拟水转移等方面进行了可持续评估研究。从经济学视角，延伸了“一带一路”倡议下的对外产业转移绿色化及全球价值链绿色化的理论；从实证研究视角，识别了我国企业对外直接投资的影响因素及区位分异特征，并且剖析了“一带一路”倡议对我国钢铁行业出口贸易的影响，解析了“一带一路”沿线国家环境基础设施及跨国产业集群之间的相关性；梳理了全球各国践行绿色发展的典型做法以及中国推动绿色“一带一路”建设的主要政策措施和行动，提出了我国继续深入推动绿色“一带一路”建设的方向和建议。

“生态文明建设丛书”结合了当下国内外最新的相关理论进展和政策导向，对我国生态文明建设的理念和实践进行了较为全面的解读和分析。丛书既反映了我国过去生态文明建设的突出成就，也分析了未来生态文明建设的改革趋势和发展方向，有比较强的现实指导意义，可供相关领域的学术研究者和政策研究者参考借鉴。

林家彬

2021年8月

序

建设海洋强国，是中国特色社会主义事业的重要组成部分。党的十九大报告中指出："坚持陆海统筹，加快建设海洋强国。"进一步明确了发挥陆海统筹对海洋强国建设的战略引领作用，以陆海统筹推进海洋强国建设，坚持走依海富国、以海强国、人海和谐、合作共赢的发展道路。

坚持陆海统筹，一项重要内容是构建陆海协调、人海和谐的海洋空间开发格局，全方位推进生态文明建设。要坚持陆海统筹，推进海洋生态文明建设，要坚持以习近平生态文明思想为指导，打破陆地与海洋之间的思维壁垒，准确把握陆域海域空间治理的整体性和联动性。尤其要合理安排陆海资源开发利用的总量、时序和空间分布，建立陆海一体空间开发秩序，实现陆海空间资源保护、要素统筹、结构优化、效率提升和权利公平的有机统一，建立永续发展的空间系统，全方位推进生态文明建设，依托海洋构建人与自然的生命共同体。

陆海统筹，其实质是在陆地和海洋两大自然系统中建立资源利用、经济发展、环境保护、生态安全的综合协调关系和发展模式，是世界沿海各国在制定和实施陆海发展战略所应当遵循的根本理念，也是目前联合国极力推进的国际海洋共同治理理念。陆海统筹要以生态系统为基础，打通陆地和海洋，实现"从山顶到海洋"的"陆海一盘棋"生态环境保护策略，建立陆海一体化的海洋生态环境保护治理体系，尊重生态系统的整体性和系统性，构建陆海联动、统筹规划的治理格局。

改革开放40年来，中国形成了经济高速发展的沿海地带，随之而来的是人口密度增长和城市化。沿海的海洋生态系统在支持沿海经济发展的同时，也承受着巨大的生态破坏和陆基污染压力，维持环境自净能力已大大下降。排放入海的营养物质有70%以上来自陆域，直接导致了海水、沉积物和生物质量的下降。沿海水体营养物质的变化与中国的经济增长速度、发展模式、人口增长以及环境保护政策和措施密切相关。全球海洋目前也面临着海洋治理知识不足、部门/跨部门政策的合作和管理制度的效率低下、激励提高资源效率和循环经济方法的措施不充分、公共和私人融投资动力不足等挑战。

虽然近年来通过实施大气、水、土壤污染防治行动计划及污染防治攻坚战，全国海洋生态环境状况整体稳中向好，海水环境质量总体有所改善。但与2035年生态环境根本好转，"美丽中国"目标基本实现的总体要求相比，入海河流水质状况仍不容乐观，近岸局部海域污染仍然严重，海洋生态环境质量持续改善面临的形势依然严峻。从海洋生态环境变化趋势看，近岸局部海域污染较为严重，海洋生态系统破坏退化问题突出，生态环境风险居高不下。气候变化也已对海洋及海岸带生态产生影响，珊瑚礁出现"白化"现象，台风和风暴潮灾害加剧、洪涝威胁加重，沿海城市排污困难加大，海岸侵蚀、海水入侵等持续性海洋灾害呈增加态势。从海洋生态环境治理体制机制看，沿海地区经济发展与环境保护的矛盾依然突出，陆海统筹的海洋生态环境保护监管体系仍待健全，海洋生态环境法规制度体系已不能满足新时期需要。此外，海洋垃圾、海洋微塑料、抗生素污染等新兴全球海洋生态环境问题对我国海洋生态环境保护提出了新挑战。

陆海统筹是世界海洋国家在制定和实施海洋发展战略时需要研究的一个长期课题，需要综合考虑，多部门协调配合推进。本书基于陆海统筹保护海洋的基本原则和要求，充分分析国外生态修复的成功案例，研究厘清我国陆海统筹保护海洋生态环境中存在的关键问题，重点针对长江流域—长江口—杭州湾这一从流域到海洋的生态环境相互作用的重要经济区域，提出长江流域—长江口—杭州湾协同治理的对策和方案，从海陆共治的角度，协力推进长江经济带和长三角地区经济高质量发展和生态环境高水平保护。

本书依托于中国工程院重点咨询项目"陆海统筹加强海洋生态环境保护"，是项目组的主要成果，由李家彪提出详细撰写提纲。各章节主要撰写人：前言由李家彪撰写；第一章主要由唐勇、王迪锋、赵彦伟、周峰、金海燕、许妍、于晓果、张华国、王维扬、管清胜等撰写；第二章主要由何頔、赵彦伟、蔡宴朋、马晓明、万航、朱志华等撰写；第三章主要由曾江宁、唐勇、李彦、王维扬、李赫、王元媛等撰写；第四章主要由张志峰、朱志华、许妍、唐勇、曾江宁等撰写；第五章主要由蔡宴朋、赵彦伟、何頔、万航、马晓明、朱志华等撰写；第六章主要由白敏冬、陈建芳、周峰、赵彦伟、金海燕、王迪锋等撰写。笪良龙、方银霞、孙湫词、李方、过武宏、黄凌风、寿鹿、管卫兵、许东峰、王斌、尹洁、吕秋晓等参与了编写并提供建议。全书最后由李家彪、杨志峰汇总、修改、定稿，并对部分章节内容进行了调整、补充、编辑完成。本书得到了中国工程院、生态环境部和自然资源部的大力支持，在此一并表示感谢。

目　录

第一章

中国海洋生态环境现状与问题

一、海洋生态环境总体现状

生态环境（ecological environment）是指生物或种群周围的生物和非生物成分的总和，一般包含影响生物生存、繁衍以及进化的各种自然因素。因此生态环境包括了生态系统和环境系统中的各种元素，是生物生存环境等各方面的综合。

海洋生态环境是海洋生物生存和发展的基本条件，生态环境的任何改变都有可能导致生态系统和生物资源的变化，海水及其流动交换等物理、化学、生物、地质的有机联系，使海洋的整体性和组成要素之间密切相关，任何海域某一要素的变化（包括自然和人为的），都不可能仅仅局限在具体地点上，都有可能对邻近海域或者其他要素产生直接或间接的影响和作用。

中国是一个海洋大国，海域辽阔、岸线漫长、岛屿众多、资源丰富，具有丰富的海洋生物物种多样性、生态系统多样性和生物遗传多样性。中国管辖海域面积约为300万平方千米，包括38万平方千米的内水和领海区域、200多万平方千米专属经济区、滨海湿地面积5.44万平方千米（2017年）。大陆岸线1.8万千米，面积大于500平方米的岛屿6900多个，岛屿岸线1.4万千米，海洋生物资源极其丰富，种类繁多，海洋生物物种多达2.6万多种，其中鱼类3000多种、浅海和滩涂生物资源2257种。中国海洋生态系统多样性较高，拥有世界海洋大部分生态系统类型，包括红树林、珊瑚礁、海草床、盐沼、滩涂、海岛、海湾、河口、泻湖等。中国海良好的生态系统为我国社会经济发展提供了必不可少的空间和基础条件。

改革开放40多年来，中国形成了经济高速发展的沿海地带，随之而来的是人口密度增长和城市化。沿海和海洋生态系统在支持沿海经济发展的同时，也承受着巨大的生态破坏和陆基污染压力，维持发展的能力已大大下降。排放入海的营养物质有70%以上来自陆源，直接导致了海水、沉积物和生物质量的下降，沿海水体营养物质的变化与中国的经济增长速度、发展模式、人口增长以及环境保护政策和措施密切相关，海洋生态环境问题已经引起了我国政府和公众的高度关注。

近年来，通过实施大气、水、土壤污染防治行动计划及污染防治攻坚战，全国海洋生态环境状况整体稳中向好，海水环境质量总体有所改善。2012—2018年，我国近岸海域优良水质面积比例从64%增加至77%，海水环境质量呈现稳中向好态势，劣四类海水水质面积呈下降趋势（图1-1）。典型海洋生态系统健康状况和海洋保护区对象基本保持稳定，入海河流水质较上年同期有所提升。但与2035年生态环境根本好转，美丽中国目标基本实现的总体要求相比，入海河流水质状况仍不容乐观，近岸局部海域污染仍然严重，近岸劣四类海水水质面积甚至还未达到21世纪前10年的平均值，海洋生态环境质量持续改善面临的形势依然严峻。

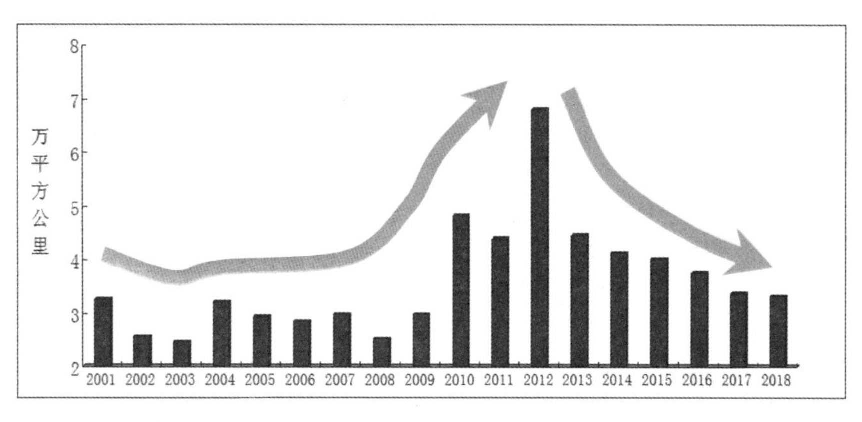

图1-1　2001—2018年近岸劣四类海水水质面积变化趋势

1.我国海洋环境质量总体现状

当前我国仍处在污染物排放和环境风险的高峰期、海洋生态退化和灾害频发的叠加期，渤海、长江口、珠江口等重点海域生态环境问题依然突出，近岸局部海域污染仍较严重，海洋垃圾、抗生素等新兴海洋污染对我国海洋生态环境保护提出了新的挑战。

（1）近岸海水质量依然堪忧

近岸海域水质污染严重。2018年，全国近岸海域水质总体稳中向好，水质级别为一般，近岸海域劣四类水质面积为33270平方千米，占比为10.99%，主要超标要素为无机氮和活性磷酸盐。

其中，渤海近岸海域水质一般，劣四类水质面积占近岸海域比例为11.1%，与2017年相比增加了1.2%，主要污染指标为无机氮；劣四类水质海域主要分布在辽东湾、渤海湾、莱州湾、滦河口等近岸海域。黄海近岸海域水质良好，劣四类水质面积占近岸海域比例2.2%，与2017年相比持平，主要污染指标为无机氮；劣四类水质海域主要分布在黄海北部、江苏沿岸等近岸海域。东海近岸海域水质差，劣四类水质面积占近岸海域比例为32.7%，与2017年相比增加了1.7%，主要污染指标为无机氮和活性磷酸盐；主要分布在长江口、杭州湾、象山港、三门湾、三沙湾等近岸海域。南海近岸海域水质良好，劣四类水质面积占近岸海域比例为12.9%，与2017年相比减少了2.3%，主要污染指标为无机氮和活性磷酸盐（表1–1），主要分布在珠江口、钦州湾、大风江口等近岸海域。

从沿海各省（区、市）来看，海南、河北和广西近岸海域水质优，山东、辽宁和福建近岸海域水质良好，江苏和广东近岸海域水质一般，天津近岸海域水质差，浙江和上海近岸海域水质极差（图1–2）。

表1–1　2018年四大海区近岸海域水质比例年际比较

海区	比例（%）					比2017年变化（百分点）				
	一类	二类	三类	四类	劣四类	一类	二类	三类	四类	劣四类
渤海	50.6	25.9	9.9	2.5	11.1	30.8	–22.2	4.9	–4.9	1.2
黄海	38.5	53.8	4.4	1.1	2.2	1.1	8.7	–5.5	–4.4	0.0
东海	21.2	31.0	10.6	4.4	32.7	5.3	0.0	–1.8	–5.3	1.7
南海	69.7	10.6	3.0	3.8	12.9	12.1	–7.6	–2.3	0.0	–2.3

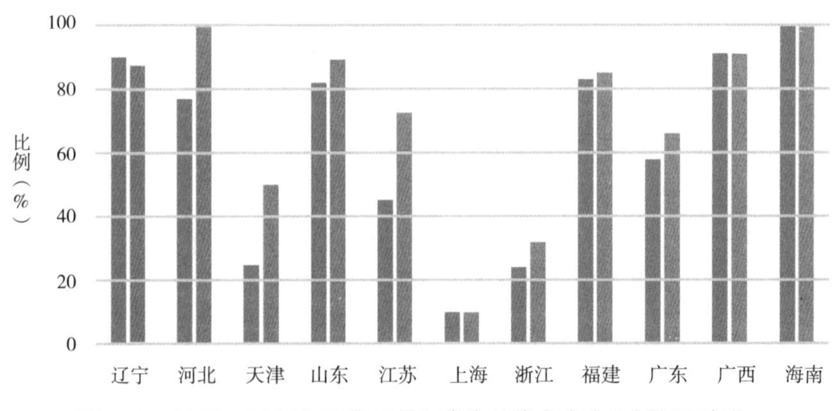

图1–2　2017—2018年沿海省份近岸海域优良海水比例年际变化
（数据来源：《2018年中国海洋生态环境状况公报》）

重要河口海湾水质变差。2018年，面积大于100平方千米的44个海湾中，有16个海湾四季均出现劣四类水质（图1–3），仍有22.7%的海湾呈现下降趋势，主要超标要素为无机氮和磷酸盐。我国的重要河口海湾中，北部湾近岸海域水质优，胶州湾近岸海域水质良好，辽东湾、渤海湾和闽江口近岸海域水质差，黄河口、长江口、杭州湾、象山港和珠江口近岸海域水质极差。与2017年相比，莱州湾、套子湾、海州湾、乐清湾、三沙湾、大亚湾、镇海湾、湛江港、廉州湾、防城港等海湾优良水质比例呈现下降趋势，其他重要河口海湾水质基本保持稳定或上升。

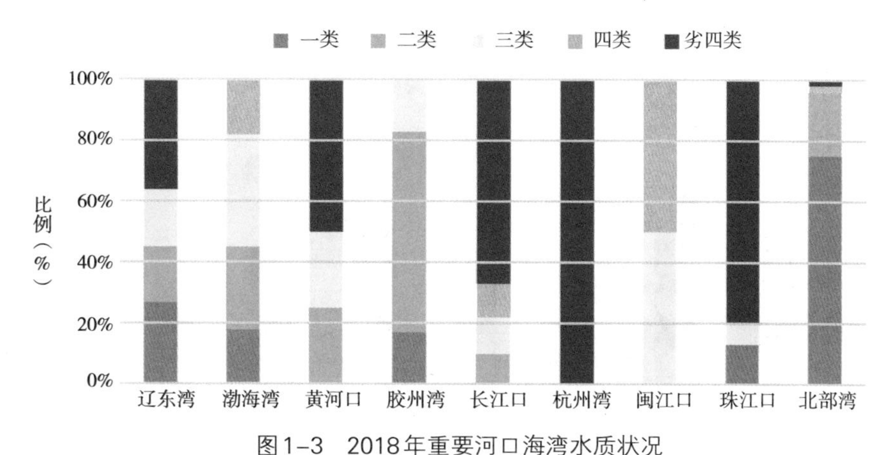

图1–3　2018年重要河口海湾水质状况

（数据来源：《2018年中国海洋生态环境状况公报》）

管辖海域海水富营养化严重。2018年，呈富营养化状态的海域面积共56680平方千米，其中轻度、中度和重度富营养化海域面积分别为24590、17910和14180平方千米（表1–2）。重度富营养化海域主要集中在辽东湾、渤海湾、长江口、杭州湾、珠江口等近岸海域。例如东海区是我国海水富营养化程度最为严重的区域之一，DIN和活性磷酸盐是主要的超标因子，重度富营养化区域主要集中在灌河口、长江口、杭州湾、闽江口和厦门港等近岸海域。氮、磷等随着入海河流和排污口而汇入近岸海域，造成了营养物质过剩。2011—2018年，我国管辖海域富营养化面积总体呈下降趋势，总体减少了17300平方千米，轻度、中度和重度富营养化海域面积分别下降了22.7%、13.2%和35.1%（图1–4）。

表1–2　2018年我国管辖海域呈富营养化状态的海域面积（单位：平方千米）

海区	轻度富营养化	中度富营养化	重度富营养化	合计
渤海	3220	660	370	4250
黄海	9240	4630	310	14180
东海	7960	10030	11740	29730
南海	4170	2590	1760	8520
管辖海域	24590	17910	14180	56680

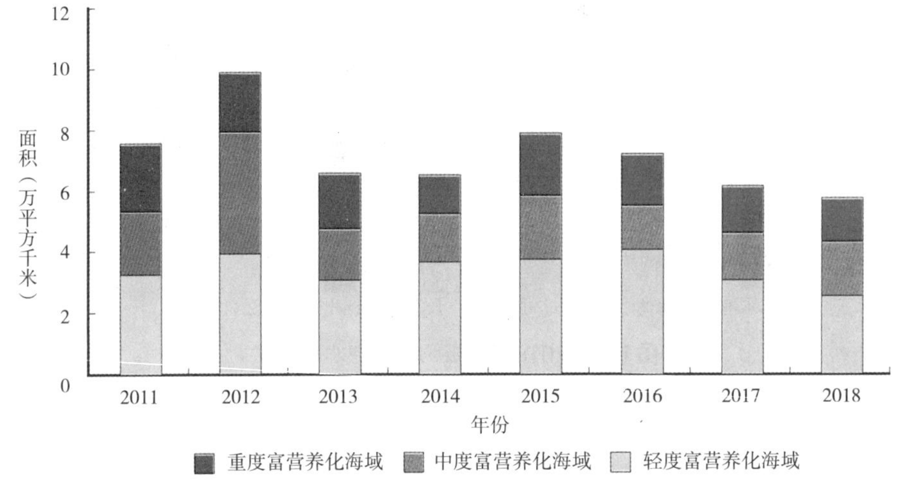

图1–4　2011—2018年我国管辖海域富营养化面积
（数据来源:《2018年中国海洋生态环境状况公报》）

（2）近岸沉积物质量总体稳定

2018年，辽河口、海河口、黄河口、长江口、九龙江口和珠江口等6个河口区域沉积物质量总体趋好（图1–5）。长江口以北的4个主要河口沉积物质量良好的点位比例均为100%；长江口以南的九龙江口和珠江口沉积物质量良好的点位比例分别为81.8%和64.1%，主要超标元素为铜、锌、石油类和砷。如东海泥质区表层沉积物中的有机氯农药、多溴联苯醚、典型内分泌干扰素（如壬基酚）也超过了生态风险值，长江口和附近海域表层沉积物中多氯联苯（PCBs）的浓度为0.19—18.95纳克/克。

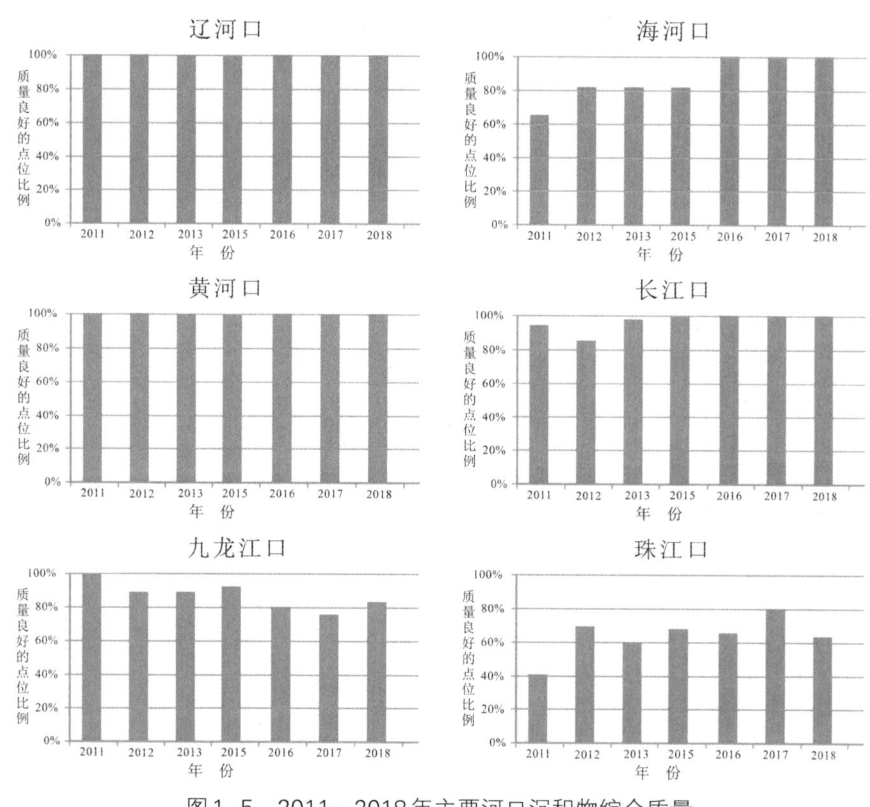

图1–5　2011—2018年主要河口沉积物综合质量

（数据来源：《2018年中国海洋生态环境状况公报》）

（3）海洋大气污染物沉降值得关注

大气沉降也是营养物质和重金属向海洋输送的重要途径之一。在受人类活动影响较大的近岸海区，大量营养盐（特别是氮）随大气输入海洋，会对浮游植物生长和组成产生重要影响，甚至会引发赤潮。研究表明，大气沉降是陆地溶解无机氮输入到黄海西部地区的主要途径，黄海由大气沉降输入海洋的氨氮甚至超过了河流输入量。目前我国气溶胶和降水的常规性监测主要集中于部分城市和地区，缺乏长期大范围的常规性监测，对大气污染物沉降入海的研究和监测还处于初始阶段。

2018年，在大连老虎滩等18个监测站开展了海洋大气气溶胶污染物含量监测（图1–6，图1–7）。气溶胶中硝酸盐含量最高值（4.1微克/立方米）出现在塘沽监测站，最低值（0.90微克/立方米）出现在广西涠洲岛监测站；铵盐含量最高值（5.4微克/立方米）出现在营口监测站，最低值（1.0微克/立方米）出现在海南博鳌监测站；铜含量最高值（71.0纳克/立方米）出现在连云港监测站，最低值（5.3纳克/立方米）出现在青岛小麦岛监测站；铅含量最高值（137.7纳克/立方米）出现在塘沽监测站，最低值（3.4纳克/立方米）出现在广东遮浪监测站。监测结果与当地工业排放和结构布局有密切关系。

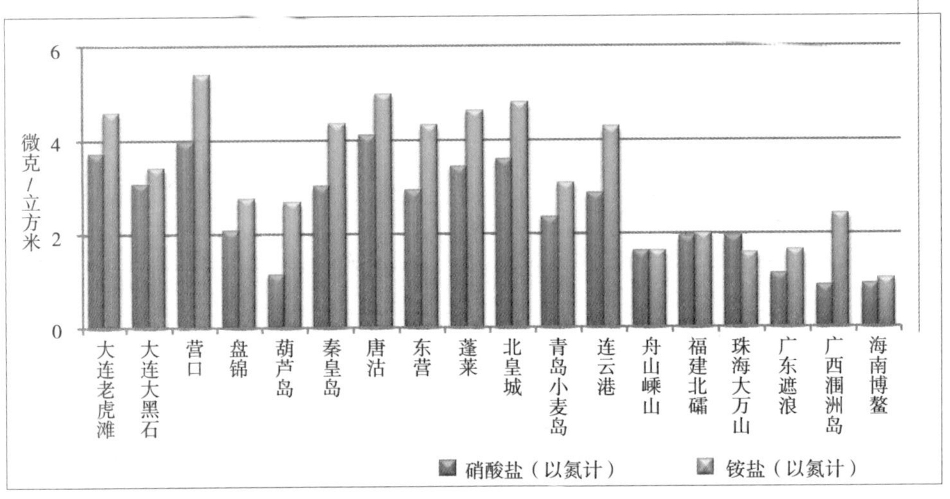

图1-6　2018年各监测站气溶胶中硝酸盐和铵盐的含量
（数据来源:《2018年中国海洋生态环境状况公报》）

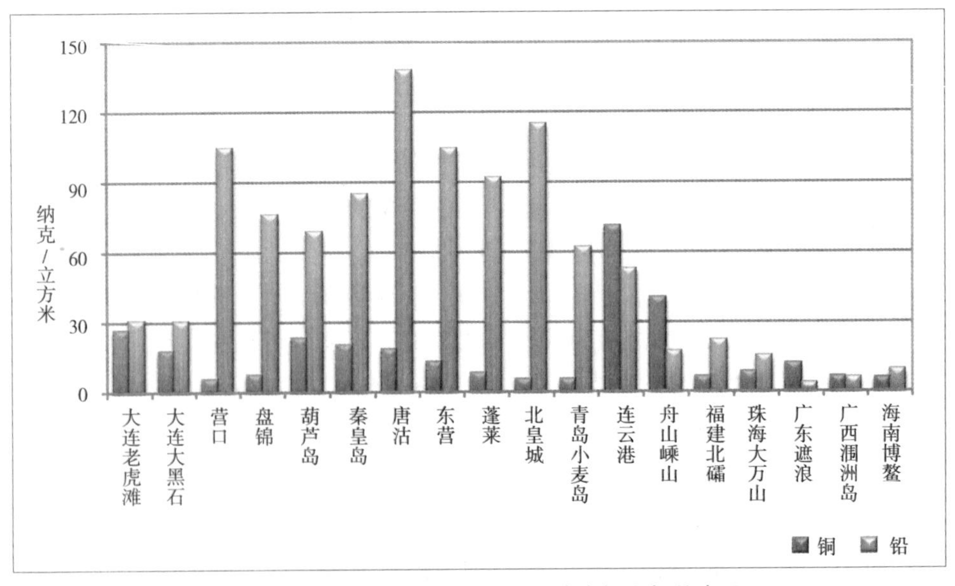

图1-7　2018年各监测站气溶胶中铜和铅的含量
（数据来源:《2018年中国海洋生态环境状况公报》）

（4）海洋垃圾和微塑料密度较高

我国是世界上最大的塑料生产和消费国，塑料又是海洋垃圾的主要组成部分。海洋垃圾对我国滨海旅游休闲娱乐区、农渔业区、港口航运区及邻近海域的影响日益显著，沿海村镇生活垃圾、海岸带开发、海水养殖是海洋垃圾的主要来源。多次监测调查结果显示，近岸海域水体可见漂浮垃圾个数约为3500/平方千米，其中约80%为塑料垃圾。2018年，海面漂浮垃圾中的大块和特大块漂浮垃圾平均个数为21/平方千米；中块和小块漂浮垃圾平均个数为2358/平方千米，平均密度为24千克/平方千米，塑料垃圾数占88.7%。海滩垃圾平均个数为60761/平方千米，平均密度为1284千克/平方千米，塑料类垃圾占比77.5%。海底垃圾平均个数为1031/平方千米，平均密度为18千克/平方千米，塑料类垃圾占88.2%。海洋垃圾密度较高的区域主要分布在旅游休闲娱乐区、农渔业区、港口航运区及邻近海域。

微塑料可吸附有毒有害物质，因粒径小易被鸟类、鱼类、底栖动物等海洋生物摄食，并可通过食物链传递，对公众健康存在潜在威胁。据监测，微塑料广泛存在于我国近海、河口和生物体中，其中，渤海、黄海表层水体微塑料平均丰度略高于东海，南海丰度值最低，整体处于全球中低水平。在东海开展的微塑料调查研究显示，东海水体环境中潮下带和深海沉积物中微塑料的丰度高，具有微塑料污染“汇”的特征。东海表层海水中广泛存在微塑料，微塑料的分布密度在0.011—2.198个/立方米之间，平均含量为0.31个/立方米。其化学成分主要是聚乙烯（45.5%）和聚丙烯（34.6%）。这些微塑料主要来源于陆地，在沿海通过海岸或河流进入海洋。近海鱼类消化道内微塑料含量为1.1—7.2个/个体，海洋贝类软组织中微塑料含量为0.9—4.6个/克，鱼类消化道内微塑料污染处于中等水平。漂浮微塑料主要为碎片、纤维和线，成分主要为聚丙烯、聚乙烯和聚对苯二甲酸乙二醇酯。

2. 我国海洋生态系统总体现状

当前我国海洋生态系统退化问题突出，滨海湿地等生态空间被大量挤占，红树林、珊瑚礁、海草床等典型生境大面积退化，大陆自然岸线保有率不足35%，生境持续丧失和岸线人工化导致的海洋生态健康问题令人担忧。2017年我国滨海湿地面积约5.44万平方千米，与20世纪50年代相比，面积减少60%以上，滨海湿地丧失的速度高于全球平均水平，红树林、珊瑚礁面积分别减少

73%和80%，海草床仅有零星分布。80%的典型海洋生态系统处于亚健康或不健康状态。海洋物种多样性严重退化，优质渔业资源锐减。濒危物种数目显著增多，珍稀物种濒危级别增加，海洋生物遗传多样性受到威胁。近年来，通过严格围填海管控和实施“蓝色海湾”生态环境整治修复等系列工程，完成600余个非法（或不合理）入海排污口清理，累计修复岸线260余千米，修复沙滩面积12余平方千米，修复恢复湿地面积40余平方千米，有效遏制了海岸线、滨海湿地和重点海湾生态退化趋势。

（1）海洋生态系统健康状况

2018年，监测的河口、海湾、滩涂湿地、珊瑚礁、红树林和海草床等海洋生态系统中，处于健康、亚健康和不健康状态的海洋生态系统分别占23.8%、71.4%和4.8%。2005—2018年间，监测的上述生态系统中，仅珠江口、莱州湾生态健康状况略有改善，其他的生态系统没有改善的趋势，海南东海岸和西沙珊瑚礁区健康状况下降，由健康状态转为亚健康状态。除污染外，近岸海域自然生境的丧失是影响生态健康的主要原因。我国滨海湿地自然生境丧失的速度高于全球平均水平，2017年全球海洋健康指数评估结果显示，我国得分为62分，低于全球平均水平（70分）。

监测的河口生态系统全部呈亚健康状态，海湾生态系统多数呈亚健康状态，杭州湾生态系统呈不健康状态。部分河口和海湾生态系统海水呈富营养化状态，部分生物体内镉、铅、砷残留水平较高，多数河口和海湾生态系统的浮游植物密度偏高，鱼卵仔鱼密度总体偏低。监测的苏北浅滩滩涂湿地生态系统呈亚健康状态，互花米草、碱蓬和芦苇是苏北浅滩湿地的主要植被类型，浮游植物和浮游动物物种多样性丰富，潮间带生物群落稳定，鱼卵仔鱼密度过低。监测的雷州半岛西南沿岸、广西北海、海南东海岸和西沙珊瑚礁生态系统呈亚健康状态，雷州半岛西南沿岸珊瑚礁生态系统活珊瑚盖度较5年前有所下降，海南东海岸珊瑚礁生态系统活珊瑚盖度仍处于较低水平，西沙珊瑚礁生态系统活珊瑚盖度呈上升趋势。监测的广西北海和北仑河口红树林生态系统均呈健康状态，红树林面积与群落类型稳定，大型底栖动物种类丰富，密度和生物量均增加，监测到的鸟类种类增加。海南东海岸海草床生态系统呈健康状态，广西北海海草床生态系统呈亚健康状态。

（2）海洋生物多样性风险状况

中国海洋生态系统具有明显的地区性和封闭性特征，海洋生物特有种和地方种种类较多，高度依赖于沿岸原始生境条件，生态系统和生物多样性脆弱性明显。加之，外来种入侵危害加大，造成海洋生物多样性风险加剧。

到目前为止，引进或者进入中国的海洋外来物种数量约有119种之多，包括浮游植物、病原生物、大型藻类、无脊椎动物、鱼类和海洋哺乳动物等。互花米草最为典型，在中国滨海湿地的分布面积高达34451公顷，侵占了中国滨海湿地土著物种（如红树林）生境，破坏了中国近海生物栖息环境，同时还造成堵塞航道，影响海水交换，极大地威胁着近海生态系统和生物多样性。2018年，对管辖海域的1705个点位开展海洋生物多样性监测，包括浮游生物、底栖生物、海草、红树植物、珊瑚等生物的种类组成和数量分布。结果显示，浮游植物鉴定718种，浮游动物鉴定686种，大型底栖生物鉴定1572种，海草鉴定7种，红树植物鉴定11种，造礁珊瑚鉴定85种。浮游生物和底栖生物物种数从北到南呈增加趋势，符合其自然分布规律。

《中国生物多样性红色名录》显示，我国海洋濒危物种数目已显著增多，珍稀物种濒危级别增加。一些过去产量很大的重要经济种、特有种已成为濒危和近危种，最严重的是150种中国海参种由于过度采捕竟有53种成为濒危种。曾经数量多得惊人的中国鲎，1970—1980年在北部湾的年产量约20万对，目前已沦为濒危或近危等级。国家一级保护动物斑海豹的历史最高纪录为8000头左右，从20世纪80年代起，我国海域的斑海豹数量一直处在比较低的水平，最低时约为1200头，2006年和2007年的调查结果约为2000头。2002—2012年，国家二级保护动物文昌鱼在昌黎黄金海岸国家级自然保护区的栖息密度总体呈下降趋势，2001年最大栖息密度达到500尾/平方米以上，2000年最小栖息密度仅10尾/平方米，群体瓶颈效应严重威胁海洋生物遗传多样性。

（3）海洋保护区监测状况

自然保护地是各级政府依法划定或确认，对重要的自然生态系统、自然遗迹、自然景观及其所承载的自然资源、生态功能和文化价值实施长期保护的陆域或海域。在自然保护地体系中，保护区建设是我国自然保护地建设的主体。2018年，我国新增国家级自然保护区11处，总数已达474处。在自然保护区范围内拥有90.5%的陆地生态系统类型、85%的野生动植物种类、65%的高等植物群落。截至目前，全国共建有各级各种类型海洋保护区271处（不含港澳台地区），其中，海洋自然保护区186处，海洋特别保护区63处，约占我国管辖海域面积的4.1%，遍布沿海11个省、市、自治区，涵盖多个典型海洋生态系统及珍稀濒危海洋生物物种，海洋生物多样性得到有效保护。

2018年，对89个海洋保护区开展了监测，其中，对25个保护区开展了保护对象监测（表1–3）。监测的保护对象中，沙滩、海岸、基岩海岛及历史遗迹状况基本保持稳定，活珊瑚覆盖度有所降低，贝壳堤面积持续减少。在开展外来入侵物种监测的15个保护区中，均有互花米草分布。

表1–3　25个海洋保护区监测状况

序号	保护区	保护区监测状况
1	河北昌黎黄金海岸国家级海洋自然保护区	文昌鱼栖息密度为17.5尾/平方米，生物量为0.71克/平方米，均较上年明显减少
2	滨州贝壳堤岛与湿地国家级自然保护区	贝壳堤面积为36.49万平方米，较上年有所减少。监测到世界自然保护联盟（IUCN）易危物种黑嘴鸥
3	东营河口浅海贝类生态国家级海洋特别保护区	贝类种类、密度和生物量均较上年明显减少
4	东营利津底栖鱼类生态国家级海洋特别保护区	仔稚鱼密度2.8尾/平方米，生物量20.6克/平方米
5	黄河三角洲国家级自然保护区	监测到IUCN濒危物种东方白鹳、易危物种黑嘴鸥
6	山东昌邑国家级海洋生态特别保护区	生长茂密的天然柽柳面积约为2070万平方米
7	威海小石岛国家级海洋生态特别保护区	刺参分布面积为200万平方米，平均密度约为0.5个/平方米，较上年明显增加
8	威海刘公岛国家级海洋特别保护区	牙石岛、黑鱼岛、青岛、黄岛、连林岛、大泓岛、小泓岛等7个无人海岛，维持海岛的自然状态
9	刘公岛国家级海洋公园	刘公岛和日岛的历史遗迹基本保持稳定，未有损坏事件发生
10	山东文登海洋生态国家级海洋特别保护区	松江鲈鱼平均生物量为0.35克/平方米，平均密度为0.0061个/平方米，较上年均有所减少
11	江苏盐城湿地珍禽国家级自然保护区	监测到IUCN濒危物种大杓鹬、大滨鹬

（续表）

序号	保护区	保护区监测状况
12	浙江嵊泗马鞍列岛国家级海洋公园	贝类种类较上年增加，生物量和密度减少
13	浙江普陀中街山列岛国家级海洋公园	贝类种类和密度均较上年增加，生物量减少。藻类种类较上年减少，生物量增加
14	象山韭山列岛国家级自然保护区	监测到 IUCN 极危物种中华凤头燕鸥 49 只，黑尾鸥 1000 余只，大凤头燕鸥 5000 余只
15	乐清市西门岛国家级海洋特别保护区	红树种类为秋茄，平均密度为 3.95 株 / 平方米
16	平潭综合实验区海坦湾国家级海洋公园	仙女蛤分布范围为 1626 万平方米，密度为 0.04 个平方米，生物量为 1.54 克 / 平方米
17	广东南澎列岛国家级自然保护区	共监测到中华白海豚 605 头次，最多一次为 550 头，仅发现 1 头为新生儿，其余均成年
18	广东珠江口中华白海豚国家级自然保护区	累计监测到中华白海豚 2381 头次
19	广东阳江海陵岛国家级海洋公园	监测到十里银滩面积为 110.84 万平方米，大角湾沙滩面积为 32.48 万平方米，总面积较上年有所减少
20	海南万宁大洲岛国家级海洋生态自然保护区	活珊瑚平均覆盖面积约为 11.3%，较上年有所降低
21	海南三亚珊瑚礁国家级自然保护区	活珊瑚平均覆盖度约为 22.9%，较上年有所上升
22	广东徐闻珊瑚礁国家级自然保护区	活珊瑚平均覆盖度约为 6.95%，较上年明显降低
23	广东雷州乌石国家级海洋公园	监测到沙滩面积 102.9 万平方米，较上年有所减少
24	广西山口国家级红树林生态自然保护区	5 月份沙尾缓冲区内有 1 万平方米的红树林受到广州小斑螟的侵袭
25	广西涠洲岛国家级海洋公园	活珊瑚平均覆盖度约为 27.2%，较上年明显降低

（数据来源：《2018 年中国海洋生态环境状况公报》）

（4）滨海湿地保护状况

滨海湿地是海洋生态系统和陆地生态系统之间的过渡地带，由连续的沿海区域、潮间带区域以及包括河网、河口、盐沼、沙滩等在内的水生态系统组成，受海陆共同作用的影响，是比较脆弱的生态敏感区。《中华人民共和国海洋环境保护法》明确规定，滨海湿地是指低潮时水深浅于6米的水域及其沿岸浸湿地带，包括水深不超过6米的永久性水域，潮间带（或泛洪地带）和沿海低地等。国内学者以《关于特别是作为水禽栖息地的国际重要湿地公约》（简称《湿地公约》）及美国和加拿大等国的湿地定义为基础，结合我国的实际情况将滨海湿地定义为：陆缘为60%以上湿生植物的植被区、水缘为海平面以下6米的近海区域，包括江河流域中自然或人工的、咸水或淡水的所有富水区域（枯水期水深2米以上的水域除外），不论区域内的水是流动的还是静止的、间歇的还是永久的。

2018年我国湿地总面积为53.6万平方千米，居亚洲第一位、世界第四位。目前，我国已建立57处国际重要湿地、600多处湿地自然保护区、1000多处湿地公园。2018年5月、9月、10月，对24处滨海湿地开展了1次鸟类或植被监测。其中，在辽宁盘锦、河北唐山、天津滨海新区、山东滨州、山东东营、山东潍坊、山东青岛、江苏盐城、上海崇明三岛、浙江温州、广东阳江和广东特呈岛滨海湿地监测到世界自然保护联盟《世界自然保护联盟濒危物种红色名录》所列受威胁鸟类物种共7种，包括3种濒危物种、4种易危物种（表1-4）。检测到的湿地植物主要包括碱蓬、芦苇、柽柳、藨草、互花米草、11种红树植物和7种海草。2019年7月，中国黄（渤）海候鸟栖息地（第一期）被列入《世界遗产名录》，这块位于江苏盐城的自然湿地填补了我国滨海湿地类型遗产空白，世界自然保护联盟认为，这里是珍稀濒危候鸟保护不可替代的自然栖息地，具有全球突出普遍价值。中国加入《湿地公约》后，湿地保护和履约机构随之建立。在政策方面，相继出台了《中国湿地保护行动计划》《全国湿地保护工程规划》《推进生态文明建设规划纲要》《湿地保护修复制度方案》《全国湿地保护“十三五”实施规划》及地方各级人民政府等相应文件。

中国湿地保护取得了一定的成效，但依然存在以下问题：湿地面积急剧减少，自然和人类威胁加剧、修复能力难以满足湿地恢复的需求、小微湿地生态问题被忽视和湿地服务经济发展的积极效应没有得到充分发挥等。

表 1-4　滨海湿地鸟类状况监测结果

滨海湿地名称	鸟类种类	IUCN 受威胁物种		
		极危	濒危	易危
辽宁盘锦	30	未监测到	大杓鹬、大滨鹬	黑嘴鸥
河北唐山	17	未监测到	大杓鹬、大滨鹬	遗鸥
天津滨海新区	22	未监测到	大滨鹬	未监测到
山东滨州	22	未监测到	大滨鹬	黑嘴鸥
山东东营	35	未监测到	大杓鹬、东方白鹳	黑嘴鸥
山东潍坊	28	未监测到	大杓鹬、大滨鹬	黑嘴鸥
山东青岛	13	未监测到	大杓鹬	未监测到
江苏盐城	29	未监测到	大杓鹬、大滨鹬	未监测到
上海崇明三岛	10	未监测到	大滨鹬	鸿雁
上海九段沙	12	未监测到	未监测到	未监测到
浙江宁波	10	未监测到	未监测到	未监测到
浙江温州	21	未监测到	大杓鹬	黄嘴白鹭
福建漳州	13	未监测到	未监测到	未监测到
广东阳江	14	未监测到	未监测到	黄嘴白鹭
广东特呈岛	15	未监测到	大滨鹬	未监测到
广东湛江	16	未监测到	未监测到	未监测到
广西山口	11	未监测到	未监测到	未监测到
广西北仑河口	14	未监测到	未监测到	未监测到
海南东寨港	5	未监测到	未监测到	未监测到

（数据来源:《2018年中国海洋生态环境状况公报》）

（5）海洋生态环境灾害状况

当前我国海洋生态灾害严重，突发环境事故风险居高不下。海洋生态灾害呈多灾种并发态势。海洋赤潮仍处于高发期，以甲藻和着色鞭毛藻为主的有毒有害赤潮生物增多，总体呈现频率增多、持续时间加长的态势。绿潮灾害等大型藻华仍持续暴发，影响时空范围大。水母旺发对海洋生态环境安全威胁逐步加重。海洋外来物种增多、入侵风险增大、典型入侵种分布面积增加。气候变化也已对海洋及海岸带生态产生影响，台风和风暴潮灾害加剧、洪涝威胁加重、咸潮上溯加重，沿海城市排污困难加大。珊瑚礁出现“白化”现象，海岸侵蚀、海水入侵等持续性海洋灾害呈增加态势。海岸带突发环境事故风险交织叠加，船舶溢油、海上油气平台和管道溢油风险持续加大，化学品泄漏事故的风险隐患居高不下，区域性、结构性、布局性的危化品泄漏风险隐患极大。2018年，我国海洋灾害以风暴潮、海浪、海冰和海岸侵蚀等灾害为主，赤潮、绿潮、海水入侵与土壤盐渍化、咸潮入侵等灾害均有不同程度发生。海洋灾害对我国沿海经济社会发展和海洋生态环境造成了诸多不利影响。各类海洋灾害共造成直接经济损失47.77亿元，死亡（含失踪）73人。

近岸海域富营养化导致我国近岸海域赤潮、绿潮灾害的频繁发生和水体缺氧现象的出现，伴随近海富营养化的不断加剧，有更多有毒有害藻类形成藻华，严重缺氧会造成海洋生态系统和渔业资源的崩溃，营养盐污染使我国近海生态系统呈现退化迹象。除有害藻华和水体缺氧问题之外，水母旺发、渔业资源衰退等生态环境问题也在一定程度上受到近海富营养化影响，在近海富营养化的驱动下，我国近海生态系统正处于演变关键时期。2018年，我国管辖海域共发现赤潮36次，累计面积约为1406平方千米（图1-8）。东海发现赤潮次数最多，为23次，且累计面积最大，为1107平方千米，2000—2016年，东海沿海赤潮发生呈明显的区域分布特征，赤潮多发区主要在浙江舟山、福建平潭、厦门与长江口附近区域。赤潮高发期主要集中在8月份。与上年相比，赤潮发现次数减少32次，累计面积减少2273平方千米；与近5年平均值相比，赤潮发现次数减少17次，累计面积减少3127平方千米。2017年，东海浒苔绿潮最大覆盖面积及分布面积分别为138平方千米、17400平方千米，赤潮全年发现41次，累计影响面积约2288平方千米，其中，有毒藻类引发的赤潮16次。与2012—2016年平均值相比，2017年赤潮发现次数增加，累计影响面积减少。2018年4—8月，黄海南部海域发生浒苔绿潮。4月25日，在江苏南通海域发现零星浒苔；5月26日，在山东半岛沿岸海域发现浒苔绿潮；6月29日，浒苔绿潮规模达到最大，最大分布面积为38046平方千米，最大覆盖面积为193平方千米；7月下旬，浒苔绿潮进入消

海区	赤潮发现次数	赤潮累计面积（平方千米）
渤海	5	62
黄海	1	35
东海	23	1107
南海	7	202
合计	36	1406

（a）2018年各海区赤潮情况

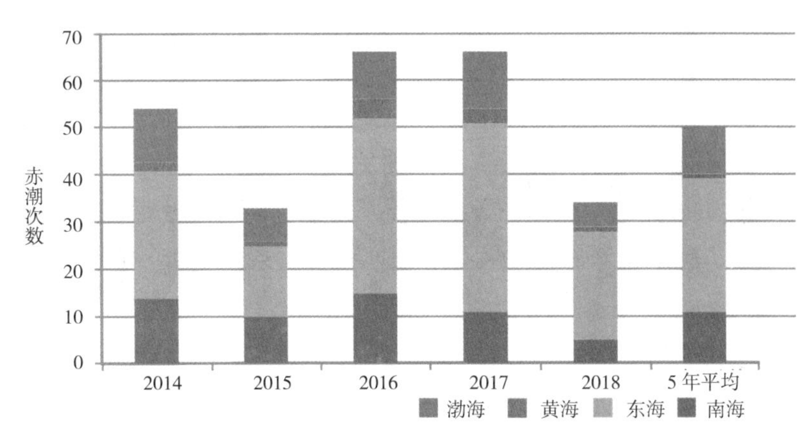

（b）2014—2018年我国海域发现的赤潮次数

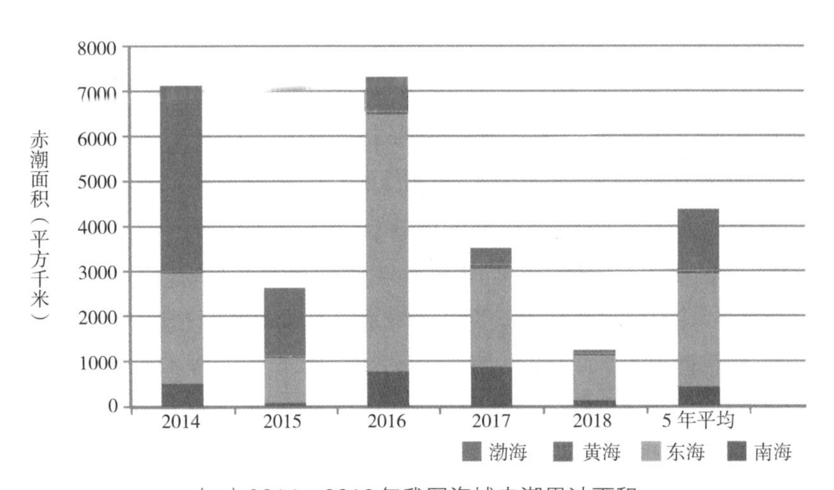

（c）2014—2018年我国海域赤潮累计面积

图1–8　2014—2018年海洋生态环境灾害状况

（数据来源:《2018年中国海洋生态环境状况公报》）

亡期；8月中旬，浒苔绿潮基本消亡。2018年，黄海浒苔绿潮具有持续时间长、分布面积和覆盖面积较小的特点，与近5年平均值相比，最大分布面积减少16%，最大覆盖面积减少55%（图1-9）。

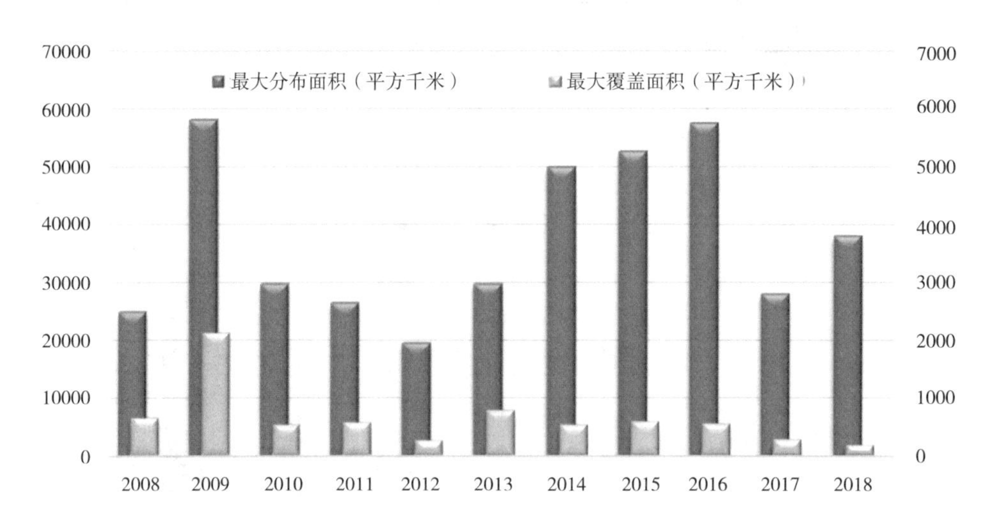

图1-9　2008—2018年黄海浒苔绿潮最大分布面积和最大覆盖面积
（数据来源：《2018年中国海洋生态环境状况公报》）

我国海岸带地质灾害主要包括海岸侵蚀和海水入侵。多年监测结果显示，我国海岸侵蚀灾害十分普遍，海岸侵蚀主要分布在地质岩性相对脆弱的岸段，受到海平面上升和频繁风暴潮等自然因素，以及海滩和海底采砂、上游泥沙拦截和海岸工程修建等人类活动的影响，海岸侵蚀速率增加。2018年海岸侵蚀监测结果显示，我国砂质海岸和粉沙淤泥质海岸侵蚀严重。与2017年相比，辽宁砂质岸段侵蚀海岸长度明显增加，广东砂质岸段平均侵蚀速度有所增长，江苏粉砂淤泥质岸段平均侵蚀速度有所增长。海水入侵是海水或与海水有直接关系的地下咸水沿含水层向陆地方向扩展，使地下水资源遭到破坏所造成的现象和过程。海水入侵会使灌溉地下水水质变咸，土壤盐渍化，灌溉机井报废，导致水田面积减少，旱田面积增加，农田保浇面积减少，荒地面积增加。

二、主要河口、湾区海洋生态环境现状与问题

1. 渤海生态环境现状与问题

（1）渤海生态环境总体现状

渤海不仅是我国重要的石油生产基地，也是我国大型海洋水产养殖基地，主要生产对虾和黄鱼。然而，由于渤海为瓶颈式的半封闭内海，海水交换周期较长，水体更新90%需要20年以上的时间，导致渤海自净能力差、环境承载能力较弱。环渤海地区和渤海广阔流域的发展也对海洋环境产生巨大的污染和生态环境压力。环渤海地区包括京津冀、辽中南和山东半岛等3个城市群。改革开放以来，环渤海区域经济总量和人口数量快速增长，基础设施与城镇化建设高速发展，占中国国土的12%和人口的20%。目前环渤海地区经济密度为全国的4.7倍，人口密度为全国的3.4倍，高速公路密度为全国的3.1倍，城镇化率比全国平均水平高出13%。

近年来，随着环渤海地区经济社会的快速发展，渤海生态环境面临巨大压力，近岸局部海域污染严重，海洋生态系统功能受损，海洋生态灾害和污染事故频发，海洋环境保护形势十分严峻。近年来，在环渤海省市的共同努力下，渤海近岸海域水质污染取得了一定成效，污染面积呈逐渐减小趋势（图1–10），但同时，其分布区域却呈扩散态势。

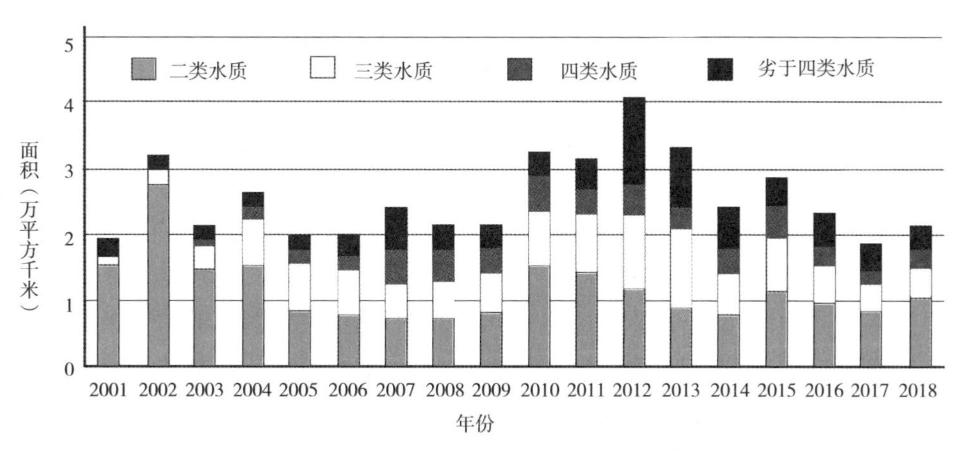

图1–10　渤海污染海域面积趋势图

（数据来源：《中国海洋生态环境状况公报》和《中国生态环境状况公报》）

2004年以来，渤海6个海洋生态监控区连续监测结果显示，渤海河口、海湾等重点海域生态系统均处于亚健康或不健康状态。其中双台子河口、滦河口—北戴河口、黄河口等渤海三大河口区生态系统以及渤海湾主要为亚健康状态，锦州湾和莱州湾生态系统主要为不健康状态，渤海生态环境问题突出。

（2）渤海生态环境现状与问题

1）水质状况没有根本好转

随着环渤海地区经济社会快速发展，渤海生态环境面临巨大压力，近岸局部海域水质满足不了生态功能提升的要求。由2001—2018年渤海未达到一类水质海域面积变化情况可看出（图1-10），近20年渤海的污染总体呈先增加后减小的趋势。污染面积到2010年达到了32730平方千米，占渤海海域面积的42.35%，这种情况持续增长到2012年达到最高峰之后才开始回落，呈现好转趋势。根据《2018年中国海洋生态环境状况公报》，2018年渤海未达到一类海水水质标准的海域面积为21560平方千米，其中劣四类水质海域面积为3330平方千米，虽然严重污染水域面积近年来有所减少，但三类、四类和劣四类水域面积占比仍维持在较大水平，主要超标污染物为无机氮、活性磷酸盐和石油类。

在渤海严重污染海域面积减小的同时，其分布区域却呈扩散态势。2001年，渤海劣四类严重污染海域仅局限在辽东湾、渤海湾近岸局部海域；2015年，已经扩展到大部分近岸海域，并向三大海湾中部扩展。近年来持续严重污染的海域主要集中在双台子河口—辽河口、天津滨海新区、莱州湾等近岸海域。此外，葫芦岛绥中近岸海域水质近年来也明显变差（李保磊等，2016）。

研究表明，渤海湾近岸海水中海洋溶解无机氮、磷酸盐年均浓度整体呈上升趋势，超过国家一类海水水质标准。同时，近岸海域水质监测、入海河流水质监测、直排海污染源监测等多项监测表明，渤海湾是水质超标点位最为集中的海湾之一（阚文静等，2016）。

莱州湾水环境质量极不理想。莱州湾水域油类、重金属和氮污染分别达到Ⅲ、Ⅱ、Ⅱ级，水质污染物严重超标；湾内80%以上海域无机氮浓度达到或超过四类标准。莱州湾2017年水质状况一般，主要水质类别为一、二类海水，主要污染物为石油类、海洋溶解无机氮和化学耗氧量（COD），水质超标率为23.9%。莱州湾西岸海洋溶解无机氮浓度较高，尤其在小清河、黄河入海口附近较为明显，呈扇形向外扩散；西北部石油类浓度较高，分布密集。

辽东湾水质问题较为突出，其中无机氮、活性磷酸盐为主要污染因子。2017年5月无机氮含量均超标，最小超标倍数为2.04倍，最大超标倍数为8.13倍；活性磷酸盐和COD的超标率分别为30%和10%。

总体上看，渤海三大海湾污染较重。根据《2017年北海区海洋环境质量公报》，渤海湾和莱州湾达到一类水质标准的清洁海域面积仅为51.5%和46.9%，辽东湾水质状况相对较好，实际污染海域面积比例仍较高（11.4%），其中严重污染海域面积占8.2%（图1–11）；三大海湾主要超标物质为无机氮和活性磷酸盐。

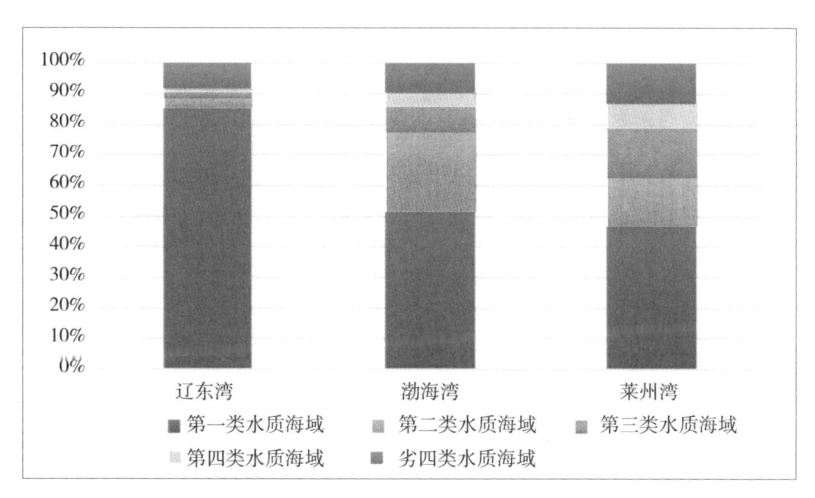

图1–11　2017年渤海三大海湾各类水质海域面积比例
（数据来源：《2017年北海区海洋环境质量公报》）

2）富营养化问题比较严重

渤海富营养化和赤潮频发依旧是不容忽视的问题，其中辽东湾和渤海湾均属于重度富营养化的海域。如图1–12所示，近5年富营养化海域面积虽呈逐年减少趋势，但中度和重度富营养化海域面积占比仍然较高，渤海近海富营养化状况仍比较严重。

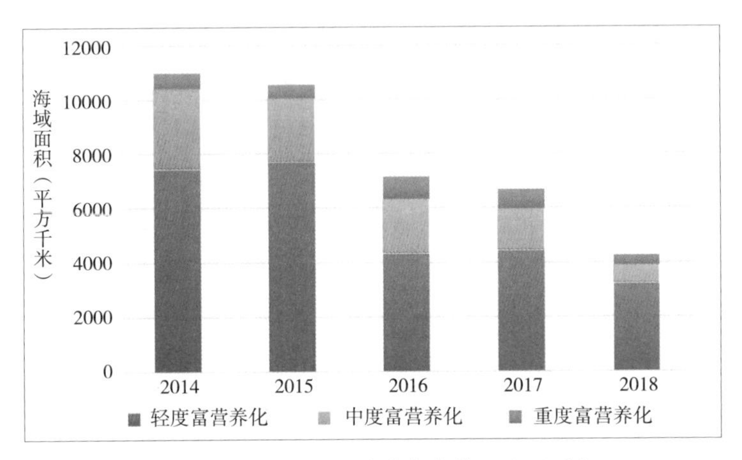

图1–12　渤海海区富营养化情况（夏季）
（数据来源：《2017-2018年中国海洋生态环境状况公报》《2014—2016年中国海洋环境状况公报》）

近年渤海赤潮累计面积有所减少，但发生频率依旧较高，2001—2017年渤海赤潮发生次数及累计面积统计如图1-13所示。2014—2018年《中国海洋环境状况公报》显示，近5年渤海赤潮发生总次数为45次，累计面积平均值分别为1348.8平方千米，占海域总面积的24%。21世纪以来，渤海赤潮灾害明显呈现出发生时间段延长、发生次数和面积增加、分布空间扩大和优势种类增多的特点，赤潮发生区域已经从近岸局部海域向整个渤海近岸海域蔓延（林凤翱等，2008）。

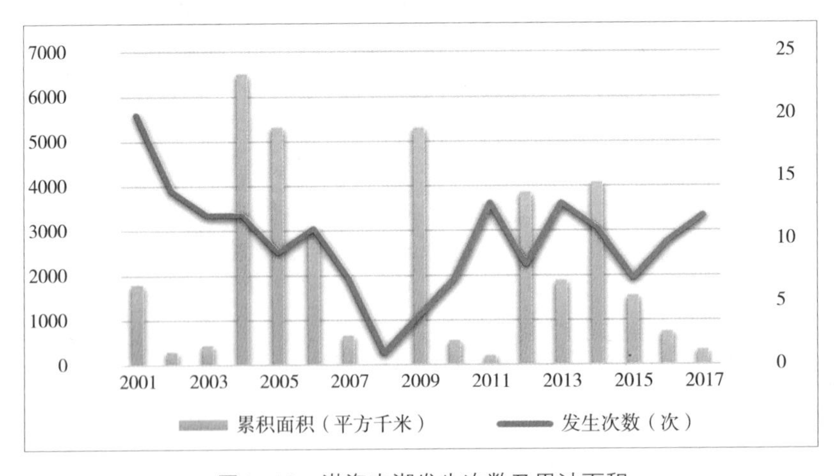

图1–13　渤海赤潮发生次数及累计面积
（数据来源：《2017年中国海洋生态环境状况公报》《2010—2016年中国海洋环境状况公报》《2001—2009年中国海洋环境质量公报》《2010—2017年近岸海域环境质量公报》）

总体上，近年来渤海富营养化面积得到控制，但重度富营养化面积的比率仍较高，且富营养化造成赤潮发生频率不断提高，尤其是辽东湾、渤海湾湾底等沿岸水域成为渤海赤潮发生重点水域（孙培艳，2007）。

3）海岸带生境退化问题突出

由于历史上的水质污染、土地占用等因素的叠加作用，渤海生境退化问题不容忽视。以1995年、2000年、2005年和2008年的土地利用状况为基础，分析渤海海岸带地区土地利用的时空演变特征（图1-14）。结果表明，在这期间，城乡、工矿、居民用地的扩展面积较大，从1995年的12.4%扩展到了2008年的14.85%，且面积来源主要是位于其周边的优质耕地；海域转化成工矿交通建设用地的现象呈现出逐年递增的趋势；耕地总面积在整个监测期内变化不大，但存在较大的区域分布调整，主要表现为城乡周边优质耕地的流失和山地丘陵区林地、草地向耕地的转化（图1-14）。

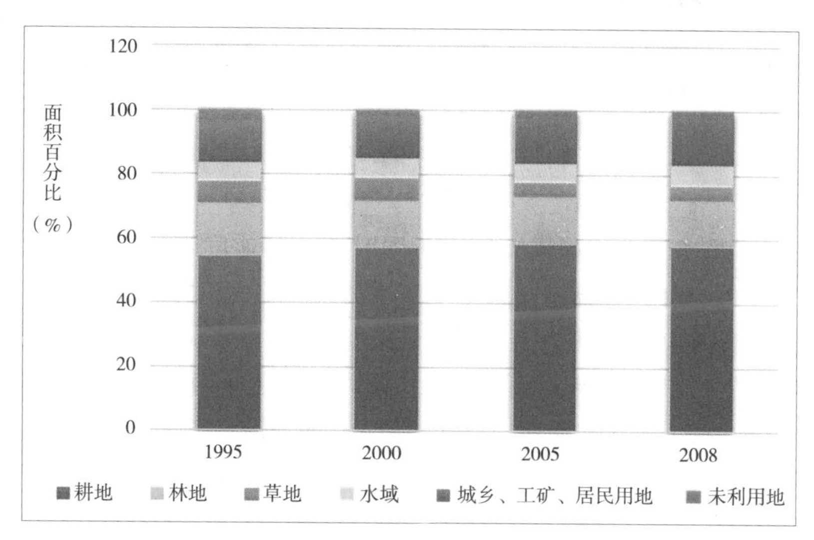

图1-14　1995—2008年渤海海岸带地区各土地利用类型面积比例变化
（数据来源：左丽君等，2011）

由1954年、2000年和2008年渤海湾海岸带利用情况（图1-15）可以看出，渤海湾海岸带高功能生境占比呈明显下降趋势（雷坤等，2011）。海域、无植被滩地、草地、林地的面积占比逐年减少，而建设用地、农田和坑塘的面积占比不断增加，渤海湾海湾带高功能生境面积比例从1954年的78%下降到2000年的58%，再到2008年的42%，而低功能生境面积比例从22%上升到了58%。

2001—2013年辽东湾海岸的海岸线和土地利用变化明显。整体变化趋势表现为由陆地向海洋扩展，海岸线总长度增加了514千米，海岸面积总共增加了404平方千米；从土地利用方面来看，港口不断扩建，建筑用地和未利用土地不断增加，绿地、湿地和滩涂大幅减少（杨长坤等，2015）。

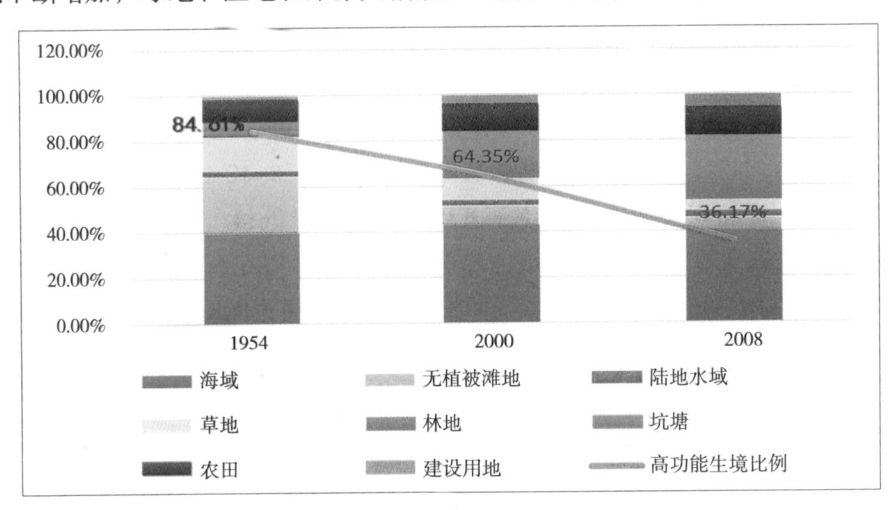

图1–15　渤海湾海岸带各生境面积占比变化
（数据来源：雷坤等，2011）

莱州湾海岸带土地利用类型在不同时期转移速度不一，整体呈加快趋势。2000—2014年莱州湾海岸带土地利用类型转移面积达4474平方千米，其中2010年前转移速度较慢，而之后转移速度加快。主要减少类型为滨海湿地、草地和耕地，分别占总转移面积26%、21%和20%；主要扩张类型为城镇用地、盐田、耕地、养殖和工矿交通。东营、寿光、潍坊沿海区域，工矿交通用地加速扩张，侵占了大量滨海湿地、草地、耕地、海域和未利用地，其中2014年工矿交通用地面积是2000年的1.65倍（李晓炜等，2016）。

在渤海沿岸湿地生态系统方面，1985—2015年环渤海滨海湿地变化热点区域为黄河三角洲、莱州湾、渤海湾和辽河三角洲。近30年，环渤海滨海区域自然湿地面积减少了45.37%，人工湿地面积增加了57.23%，以盐田、养殖池面积增加为主，主要由沼泽、滩涂转出（魏帆等，2018）。渤海滨海湿地生态系统变化的特征主要是通过围垦草本沼泽等自然湿地，改造为水产养殖塘或耕地等人类活动强度较高的生态系统类型。

在人类活动影响下，渤海生境呈高功能向低功能生境转化、陆地向海洋扩张的趋势，尤其历史开发和污染对渤海生境造成难以恢复的破坏，海岸带生境修复之路任重道远。

4）沉积物污染高于中国海域平均值

根据《2017年北海区海洋环境质量公报》，渤海沉积物一般污染指标均为良好，近年来达到一类标准的站位比例不断上升，98%的站位理化性质指标为良好，沉积物质量总体良好（表1–5）。但近岸局部海域部分污染物超标情况并没有完全得到改善，从综合监测结果来看，渤海大部分沉积物监测指标保持稳定，硫化物含量变化较大，石油类含量近几年逐年降低但整体呈上升趋势，污染仍比较严重。部分污染物分布范围也在不断扩大，如2010年多氯联苯超过第一类海洋沉积物质量标准的海域主要是渤海湾，到2017年扩展到了渤海湾天津近岸、绥中六股河口、双台子河口附近海域、辽东湾东北部及辽东湾与渤海湾交界处等多处。

局部海域沉积物中监测到的主要超标物质是石油类和重金属类。石油类一直是辽东湾至大连近岸一线沉积物中最主要的污染物，近年来辽东湾、渤海湾、黄河口、莱州湾和大连近岸沉积物中石油类均呈显著上升趋势（刘亮等，2014）。

渤海典型海湾沉积物重金属质量浓度统计结果（表1–5）显示，汞、铜、镉的平均值均超过中国海域的平均值，特别是汞和镉。与2003年渤海重金属平均浓度的对比研究表明，渤海三个海湾铅、镉和砷的平均浓度均有不同程度的增长。其中汞、铜和镉高值区主要分布在锦州湾、大连湾附近海域，南堡镇和曹妃甸以南海域以及东营沿岸海域。铅和砷的高值区主要分布在锦州湾、长兴岛和大连的沿岸海域、曹妃甸至南堡镇附近海域、营口以东、莱州至龙口市附近海域。

表1–5　近年渤海沉积物情况统计

时间	沉积物质量总体状况	达到一类标准的站位比例	主要超标污染物
2010	良好	/	辽东湾：石油类、重金属（镉）
			渤海湾：多氯联苯
			莱州湾：重金属（铅、镉）

（续表）

时间	沉积物质量总体状况	达到一类标准的站位比例	主要超标污染物
2011	良好	81%	辽东湾：硫化物、重金属（镉、总汞、铜、铬）
			渤海湾：多氯联苯、重金属（铬、铜）
			莱州湾：无
2012	良好	92%	辽东湾：石油类、重金属（总汞、铬）
			渤海湾：多氯联苯、石油类
			莱州湾：无
2013	良好	96%	辽东湾：石油类、重金属（镉、锌、铬）
			渤海湾：多氯联苯、重金属（铜）
			莱州湾：无
2014	良好	/	辽东湾：石油类、重金属（镉、锌、铬）
			渤海湾：多氯联苯、重金属（铜）
			莱州湾：无
2015	良好	98%	辽东湾：硫化物、石油类、重金属（铜）
			渤海湾：多氯联苯
			莱州湾：无
2016	良好	/	辽东湾：重金属（镉、锌、铜、铅、砷）、硫化物、石油类
			渤海湾：重金属（铅、镉）
			莱州湾：重金属（总汞）
2017	良好	98%	辽东湾：重金属（镉、汞、锌、铜、砷）、石油类、多氯联苯、硫化物
			渤海湾：多氯联苯
			莱州湾：重金属（总汞）、滴滴涕

（数据来源：2010—2017年《北海区海洋环境质量公报》）

5）生物多样性逐年降低

《2018年中国海洋生态环境状况公报》显示，渤海有浮游植物171种，主要群类为硅藻和甲藻；浮游动物85种，主要群类为桡足类和水母类；大型底栖生物286种，主要为环节、软体和节肢动物。根据《中国海洋生态环境状况公报》统计数据显示，2014—2018年渤海生物多样性整体上呈现逐年降低的趋势，其中浮游动物近5年物种数变化较小，浮游植物物种数整体呈下降趋势，大型底栖动物物种数明显逐年递减（图1–16）。

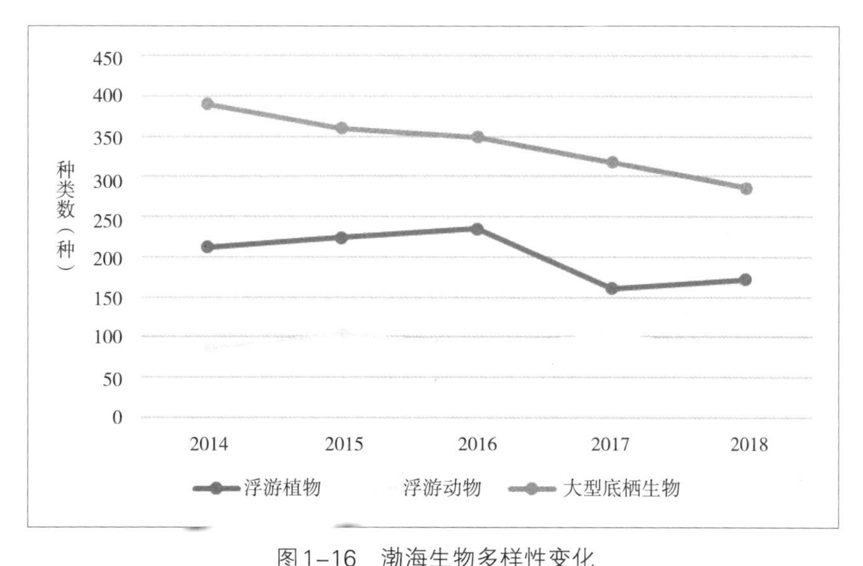

图1–16　渤海生物多样性变化

（数据来源：《2017—2018年中国海洋生态环境状况公报》《2014—2016年中国海洋环境状况公报》）

对主要海湾2012—2018年生物多样性指数的统计分析结果显示，渤海湾浮游植物生物多样性指数虽然在2014—2015年显著上升，但整体上明显下降，特别是2017—2018年由2.78下降到1.18；浮游动物多样性指数在2015—2017年小有上升，总体趋势同样下降（图1–17）。莱州湾近几年浮游动物和浮游植物的生物多样性指数整体上也呈下降趋势（图1–18），锦州湾浮游动物多样性指数2013—2016年比较平稳，2017年升高至1.62，2018年基本恢复至之前水平，浮游植物多样性指数2014年开始呈下降趋势，2018年升高至2.66，与2014年相差不大（图1–19）。

综合来看，渤海局部某些海湾生物多样性逐年递减的趋势得到一定遏制，但整体呈下降趋势，生物多样性受损问题仍较突出。

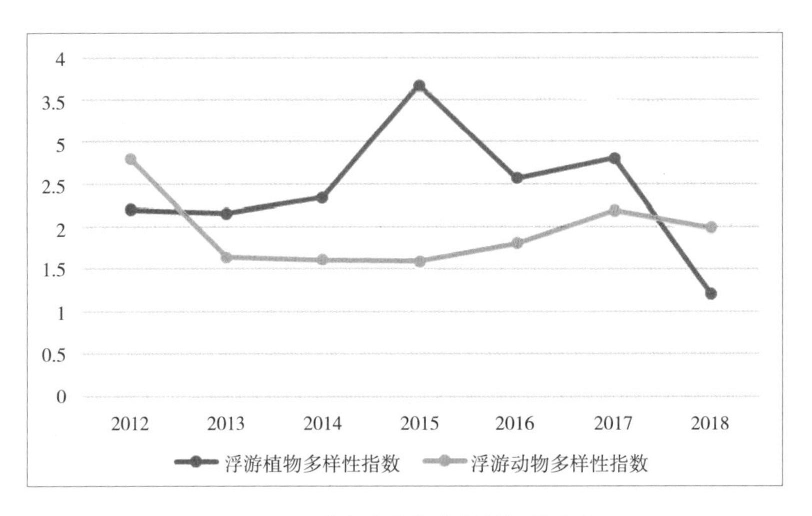

图1–17　渤海湾生物多样性指数变化
（数据来源：《2012—2017年近岸海域环境质量公报》《2017—2018年中国海洋生态环境状况公报》《2012—2016年中国海洋环境状况公报》）

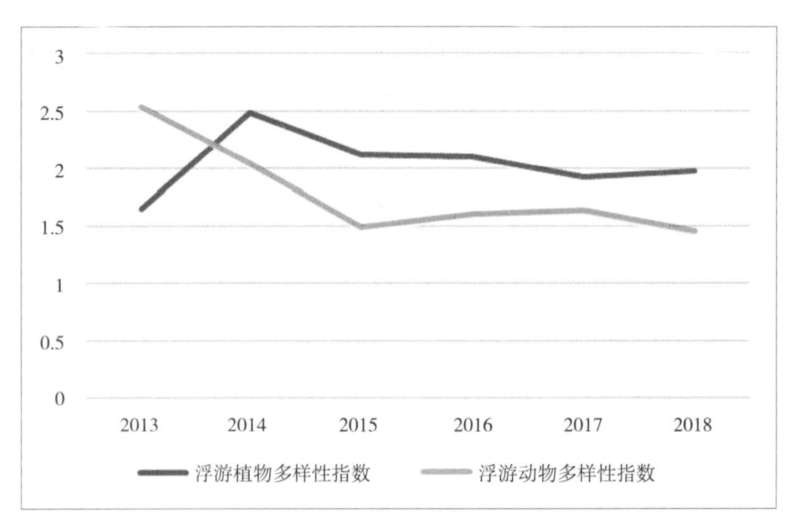

图1–18　莱州湾生物多样性指数变化
（数据来源：《2013—2017年近岸海域环境质量公报》《2017—2018年中国海洋生态环境状况公报》《2013—2016年中国海洋环境状况公报》）

图1-19　锦州湾生物多样性指数变化

（数据来源:《2013—2017年近岸海域环境质量公报》《2017—2018年中国海洋生态环境状况公报》《2013—2016年中国海洋环境状况公报》）

（3）渤海生态环境变化主要影响因素

大规模开发、建设和污染排放已成为渤海生态恶化的重要原因，近年来入海污染排放、围垦、港口开发、采油、过度捕捞等问题，正严重透支渤海海洋生态。

1）大规模围填海

20世纪90年代以前，渤海湾地区进行了大量的填海造地，主要用于修建盐场和水产养殖场，如1974年至1993年，在津唐地区共有总计313平方千米的潮间滩涂被围垦后主要用作盐池。

90年代后，随着该地区经济的飞速发展，渤海湾主要的围垦项目包括天津滨海新区围垦项目、唐山曹妃甸新区围垦项目和沧州渤海新区围垦项目等。其主要目的是修建大型港口和提供工业用地，包括钢铁、化工、电能、装备制造、新型材料、物流等。这三个项目计划围垦大量的潮间滩涂和浅海，总面积约达500平方千米，在2005—2010年的5年内就已经有78%的滩涂被围垦。

围填海是导致沿岸水质，尤其是垦区直排口附近水质恶化的重要原因。一方面围填海工程降低海湾水交换能力和污染物的自净能力，另一方面沿海海洋开发和入海河流给海洋带来的污水污物，更加重了海洋环境的负荷。

围填海引起的纳潮量的变化可能破坏水动力条件和海域生态的动态平衡。同时，纳潮量的减小还将影响污染物的迁移扩散，降低海湾的自净能力。根据对莱州湾近年海洋环境的研究，由于2000年后大规模的围填海工程的实施，莱州湾海域面积减小，流场变化，导致了纳潮量的减少。十几年间，大潮纳潮量累计减少了3.81%，小潮纳潮量累计减少了4.76%。

大规模围填海造地发展海水养殖、港口建设、工业化和城镇化都不同程度地增加了生产和生活污水入海量。据不完全统计，全国5000万吨以上港口共计7个，环渤海地区就占了4个。港口大多运输煤炭、钢铁、矿石等大宗货物，给近岸海域带来了较大的环境压力，其产生的大量工业废物，使渤海生态环境面临恶化。同时，围垦的土地绝大部分依然在种植户和养殖户手中，大量使用的化肥、农药及排放的污染物，也严重污染了海洋环境。

此外，围填海工程极大地改变了海洋生物赖以生存的自然条件，致使围海工程附近海区生物多样性普遍降低，对海洋生态环境造成不利影响。围填海工程导致自然岸线和滨海湿地大量丧失和退化，底质类型改变，水深逐渐变浅，改变了大型底栖动物生境状况。同时占用近岸浅滩，滩涂湿地为鱼虾类的重要产卵场和索饵场，浅滩填埋造陆后，生物全部死亡，造成生物群落不可逆的损害。渤海湾内潮间滩涂同样支持着大量的迁徙水鸟，尤其是鸻鹬类和鸥类，其中包括东亚—大洋洲迁徙路线上绝大多数北迁中停的红腹滨鹬、弯嘴滨鹬和绝大多数越冬的遗鸥和数量众多的白腰杓鹬，大规模围填海工程对鸟类等生物的栖息和生存也造成了严重威胁。

综上，大规模围填海占用土地造成自然岸线和滨海湿地的退化，对海洋水动力环境产生不利影响，导致水质下降和水体富营养化等问题，各种原因综合造成生物多样性下降，海洋生态环境遭到一定程度破坏。

2）陆域污染排放

《中国海洋发展报告》指出，渤海辽东湾、渤海湾和莱州湾成为海水污染的重灾区，陆源污染物排海是造成海洋环境污染的主要原因。根据2013—2017年的统计数据，陆源入海排污达标排放率总体呈上升趋势，但到2017年达标排放率也只有48%，整体上陆源污染依旧严重，直接影响渤海水质，接连造成海水富营养化等灾害，对生物多样性等各方面造成不利影响。

陆域污染主要来自于近岸工业、农业和生活污水排放。随环渤海地区社会经济不断发展，重化工企业布局呈现向渤海沿海集中趋势，包括山东半岛的城市群、河北唐山的曹妃甸、沧州的黄骅港、天津的滨海新区、辽宁沿海城市群等，同时由于大小港口星罗棋布，港口运输及临港工业的发展加大海上溢油风险，严重威胁近岸海域生态环境安全。

农业方面，种植业、畜牧业污染排放是海水中氮、磷污染的重要来源。目前，环渤海地区农业总产值增长了40多倍，其中种植业产值增长25倍，畜牧业产值增长110倍，渔业产值增长160倍。种植业化肥、农药的使用量大、利用率低等造成农业面源污染严重，进一步对渤海水质造成影响，甚至引发赤潮等灾害。根据统计年鉴，2017年“三省一市”中除天津市外，其余三省农药施用量均超过全国平均值（11.7千克/公顷）；除天津市、辽宁省，化肥施用量均明显超过全国均值（434.4千克/公顷），尤其山东环渤海地区耕地面积化肥施用量达675千克/公顷,是全国平均水平的1.56倍,但利用率较低，氮肥利用率只有30%~35%。此外，近年环渤海地区畜牧业的排污量远大于种植业，已成为渤海地区水体污染的重要源头。

农业发展和工业聚集带动环渤海地区生活聚集，导致生活污水排放对其临近海域造成较大程度的环境影响。据《中国环境统计年鉴》，2011—2017年三省一市城市生活污水排放量整体呈逐年上升趋势；据《中国城乡建设统计年鉴》，2016年城市对生活污水处理的村、镇、乡比例，除山东省进行生活污水处理的建制镇比例在76.36%外普遍较低。大量的排放和农村乡镇较低的处理水平导致生活污水排放对渤海水质产生直接的影响。

①入海河流污染

大部分陆源污染物主要通过河流排放入海。注入渤海的河流众多，注入渤海的径流有50条，包括黄河，海河，辽河、滦河等河流。其中，莱州湾沿岸有19条河流，渤海湾有16条河流，辽东湾有15条河流。这些河流携带大量的泥沙及各种物质注入渤海，影响了渤海的循环格局。

2010—2018年，渤海入海河流的劣五类水质断面平均比例为40.8%，具体入海河流监测断面水质情况如图1-20所示。根据统计结果，近9年渤海入海河流监测断面没有达到一类水质的断面，劣五类水质断面比例整体呈下降趋势，四类和五类断面比例呈上升趋势。

除影响渤海水质，入海河流的重金属排放量是沉积物中重金属的主要来源。研究表明重金属在沉积物中的蓄积存在一定的时滞，河流排放的重金属对滞后一年的沉积物中的汞、镉、铅、砷等重金属含量存在显著影响。

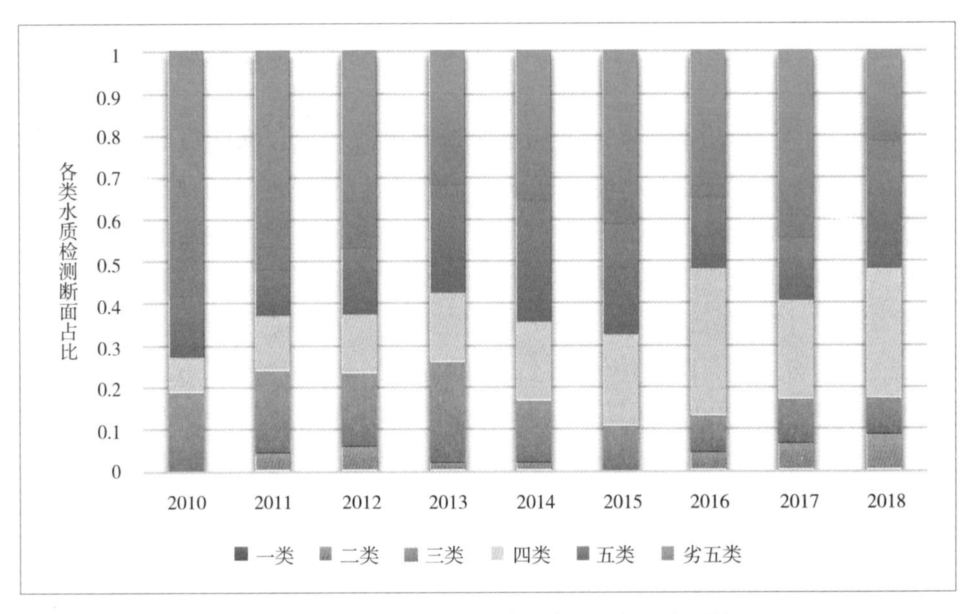

图1–20　2010—2018年入海河流监测断面水质情况
（数据来源:《近岸海域环境质量公报》《中国海洋生态环境状况公报》）

②入海排污口污染

除入海河流污染外，入海直排口也是陆源污染排放的主要途径之一。如图2–21，根据国家海洋局的监测结果，连续多年来入海排污口的达标排放次数占总监测次数的50%左右，历年均有超过100个排污口全年的四次检测均超标排污。根据《2017年北海区海洋环境质量公报》，对渤海沿岸96个陆源入海排污口（河）各开展了6次排污状况监测，其中，工业排污口占26%，市政排污口占14%，排污河占41%，其他类型排污口占19%。监测结果表明，渤海沿岸陆源入海排污口（河）达标排放比率为48%（图1–21）。排污口（河）主要超标物质为化学需氧量（CODCr）、总磷和悬浮物。全年开展排污口化学需氧量（CODCr）监测535次，达标比例为73%；总磷监测537次，达标比例为81%；悬浮物监测537次，达标比例为86%。

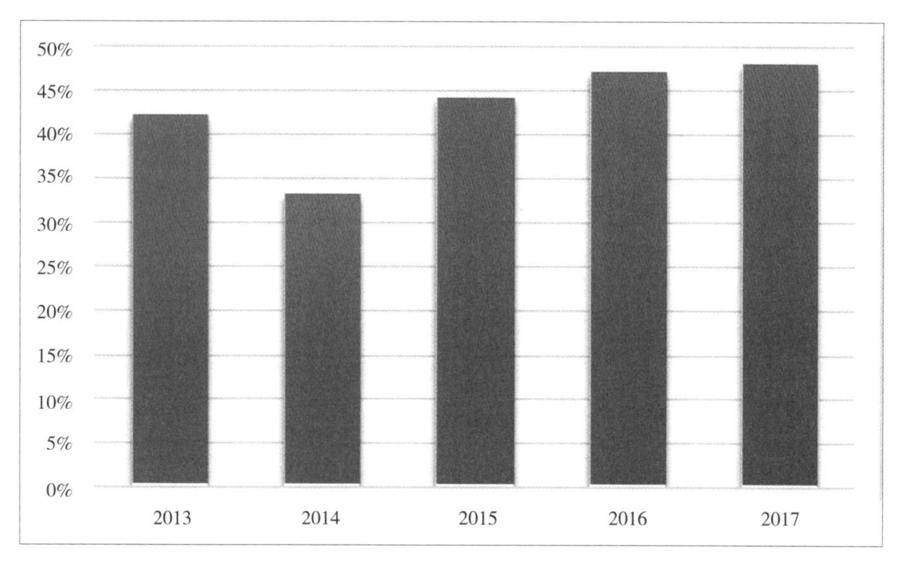

图1-21　2013—2017年陆源入海排污口（河）达标排放率
（数据来源:《2017年北海区海洋环境质量公报》）

入海排污口主要对海洋水质和沉积物造成不良影响。2017年5月和8月，对渤海17个入海排污口邻近海域水质进行了监测，结果显示94%的入海排污口邻近海域水质未达到所在海洋功能区水质要求。其中，5月有11个未达到要求，8月有16个未达到要求。主要超标物质为无机氮、活性磷酸盐和生化需氧量，个别排污口邻近海域水质重金属和石油类有超标现象。《2017年北海区海洋环境质量公报》显示，对17个入海排污口邻近海域沉积物质量进行监测，5个排污口邻近海域的沉积物质量未达到所在海洋功能区沉积物质量要求，主要超标物质为汞和镉。

3）海域污染排放

①采油

渤海油气资源丰富，海上油田多年高效开发，在开发过程中产生大量的采油、生活等污水，虽然目前采油过程的污水处理技术已经比较完善，但大规模开采仍会对海洋水质和沉积物等产生不利影响。对渤海27个海洋油气田（群）及周边海域海水的监测显示，渤海局部海域海水石油类浓度超第二类海水水质标准，5个排放生产水的海洋油气田（埕北、渤南、渤西、曹妃甸、秦皇岛32-6）局部区域沉积物石油类含量有所升高。大连湾、青岛近岸海域个别站位

沉积物石油类含量超标

②海水养殖

大规模、集约化的海水养殖在获取可观的经济效益的同时，引发了一系列生态环境问题：水质变差、富营养化导致赤潮等灾害、海域生物群落结构变化、生物多样性减少、鸟类及重要水生动物栖息地破坏等。海水养殖用药现象也普遍存在，对海洋生态造成严重威胁。

在发展海水养殖业的过程中，排出的过量或者未经处理的污水，严重影响了周围海域海水水质，甚至造成底泥和沉积物污染。受大面积养殖池塘开发的影响，河北昌黎七里海泻湖、滦河口湿地等重要海洋生态系统的生态功能明显衰退，大面积、高密度的筏式养殖改变了海洋水动力环境，导致海洋自净和污染物扩散能力降低。与此同时，大量的排泄物、钓饵、鱼粪和养殖户生活垃圾的分解，产生大量的氮、磷和有机颗粒物。除去鱼类、虾类吞食和新陈代谢的必要消耗，污染物质大部分随沉积和水体交换直接流入海域，造成藻类等水生植物严重富营养化。渤海沿岸本身是农业以及工业的聚集地，氮、磷等污染物初始污染含量高，因此极易引起周围发生赤潮现象。

研究表明，海水养殖区的碳、氮、磷的含量远远高于周围水体沉积物，沉降量远远大于非海水养殖区。海水养殖区底泥沉积物过多会破坏其生态平衡，过量沉积物会改变海域底质环境，强化海底原有海洋微生物的分解功能，从而导致附近海域的过高耗氧量，海水溶解氧能力降低，海水呈现出缺氧、无氧的状况。

海水养殖对海洋生态系统（主要对浮游生物和底栖生物）的影响不容忽视。养殖区富含营养物质，水体透明度低，光照不足，浮游植物的数量减少。持续变差的水质，使具有优势种群的硅藻变为蓝藻。底栖动物具有指示水质的重要功能，然而附近的残饵和生物粪便消耗大量氧气，使得其数量锐减。由此而见，工厂化集中养殖会影响浮游生物和底栖生物种群结构，威胁海洋生态稳定。同时渤海海水养殖中还存在冬季反季节养殖和育苗带来的问题。养殖户打深井过度提取地下热水用于加热水体温度，并将温度远高于海水温度的地下水直接排放到渤海中，也会引起海洋生态系统的紊乱。

4）事故性排放

作为油气资源相当丰富的沉积盆地，自20世纪下半叶以来，渤海地区的海上油气田与沿岸的胜利、大港和辽河三大油田构成了中国第二大产油区，全国50%以上的海洋油气工业贡献出自该地区。2009年，渤海已建成海上油气田21个，共有采油井1419口，海上采油平台178个。环渤海各港口将极度加大油类和化学品吞吐能力的建设，2020年各港口油类吞吐量将达到2.1亿吨，海洋石油开采以及繁忙的海上交通运输，使渤海溢油潜在风险增加。

根据《近岸海域环境质量公报》，2017年，全国沿海共发生0.1吨以上船舶污染事故14起（全部17起），总泄漏量约1159吨，事故主要发生在渤海、珠江口等水域。船舶碰撞、搁浅、触礁等事故使各种污染物质，主要是燃油外溢、由于事故破裂造成的油舱渗漏，对渤海造成严重污染。2006年至今，渤海共发现132起不同规模的溢油事件，主要溢油事故统计见表1–6。

表1–6　近30年渤海主要溢油事故统计

时间	地点	原因	溢油量（吨）
1983 年 11 月	青岛中沙礁海域	触礁	3343
1984 年 9 月	青岛中沙礁海域	触礁	757
1986 年 10 月	青岛黄岛油码头	爆炸	100
1989 年	黄岛油库岸边	雷击油管爆炸	625
1994 年 7 月	青岛港锚地	碰撞	100
2002 年 11 月 23 日	天津	原油泄漏	450
2005 年 7 月	青岛港	漏油	25
2006 年 2 月	青岛港 13 泊位	船壳破损漏油	64
2010 年 7 月 16 日	大连新港	输油管线爆炸	1500
2011 年 6 月 4 日	蓬莱 19–3 油田	漏油	7070
2011 年 10 月	主航道第三警戒区	船舶碰撞	30
2013 年 11 月 22 日	黄岛	输油管道爆炸	2000

（数据来源：《海洋生态环境状况公报》、沈光玉，2012、王业保，2018.）

事故排放直接导致海域水质变差，恢复困难。蓬莱19–3溢油事故排放原油近7070吨，造成劣四类海水面积为840平方千米，该区域水质由溢油前的一类一夜之间变成了劣四类。溢油事故造成蓬莱19–3油田周边及其西北部海域海水受到污染，超第一类海水水质标准的海域面积约6200平方千米，其中870平方千米海域海水受到严重污染，石油类含量劣于第四类海水水质标准。海水中石油类含量最高为1280微克/升，超背景值53倍。2010年发生的大连新港“7.16”油污染事件，到2011年4月，离事故现场较近的大连湾、大窑湾和小窑湾海域海水中石油类含量仍明显高于附近其他海域；大连湾西北部湾底沉积物中石油类含量明显高于其他区域。

石油污染将使许多海洋生物的胚胎和幼体发育异常，海洋生态系统中的脆弱环节一旦受到损害，几十年都难以恢复。大连新港受油污染危害严重的潮间带生物恢复缓慢，大连湾潮间带白脊藤壶几乎全为空壳，大窑湾潮间带牡蛎空壳率达64%，金石滩潮间带短滨螺空壳率达68%。此外，溢油事故排放可能污染滨海湿地，对湿地生态系统产生不利影响，直接影响生物多样性。

总体而言，随海上交通运输、临港工业的快速发展，各类海洋船舶活动显著增加，渤海事故性溢油频发，对水质、水生态造成难以恢复的破坏。

5）过度捕捞

渤海的辽东湾、莱州湾、渤海湾、滦河口等都是重要渔场。由于多年过度捕捞,多种传统捕捞对象已经灭绝。目前渤海水质恶化，渔业堪忧。以辽东湾为例，原有各种鱼类约155种，仅剩92种，下降了40.6%，已难以形成有经济价值的鱼汛，鱼类资源仅是20世纪80年代7%到8%的水平。

据专家估计，渤海渔业资源的可捕量约在30万吨，而早在20世纪70年代，渤海的年捕捞量就已超过了30万吨；80年代中期，该可捕捞量被突破；此后10多年，渤海的年捕捞量迅速增长，1998、1999年的峰值捕捞量突破160万吨，达到可捕捞量的5.4倍；最近10年，年均捕捞量是可持续利用可捕捞量的3.5倍（图1–22）。高强度的捕捞必然对渤海渔业资源造成不可逆的破坏。

近年来由于渔业资源减少，休渔期“偷渔”现象开始出现。此外，为加大捕获能力，渔民偷用地笼、浮拖网等国家明令禁止的“绝户网”，导致渤海渔业资源进一步遭到破坏，近海捕捞陷入恶性循环。河北、天津部分县区在暑期开办“出海打鱼”旅游项目，表面上是以观光为主的体验项目，一般出海不超过2海里，实际是从事“出海打鱼”的黑船，一些渔民为加大捕捞能力，使用地笼、浮拖网等，进一步加速渤海生态环境的恶化。

过度捕捞对生物多样性造成极大破坏，导致了生物量的下降，也在一定程度上导致生态系统生物多样性的减少，削弱生态系统功能。根据研究，在日益增强的捕捞压力的影响下，20世纪50年代末以来，渤海生态系统处于不稳定状态。20世纪60年代初至80年代中期，由于捕捞方式的限制，在渤海对虾渔业兴盛时期，机帆船和机轮双拖网的大量使用，导致连带捕捞了带鱼、鳓鱼等游泳动物食性鱼类，以及小黄鱼和黄姑鱼等底栖动物食性鱼类的大量幼鱼，引起游泳动物食性鱼类和底栖动物食性鱼类等的衰退。到20世纪90年代，渤海生态系统的关键种底栖大型甲壳类受高强度渔业捕捞的影响而严重衰退。

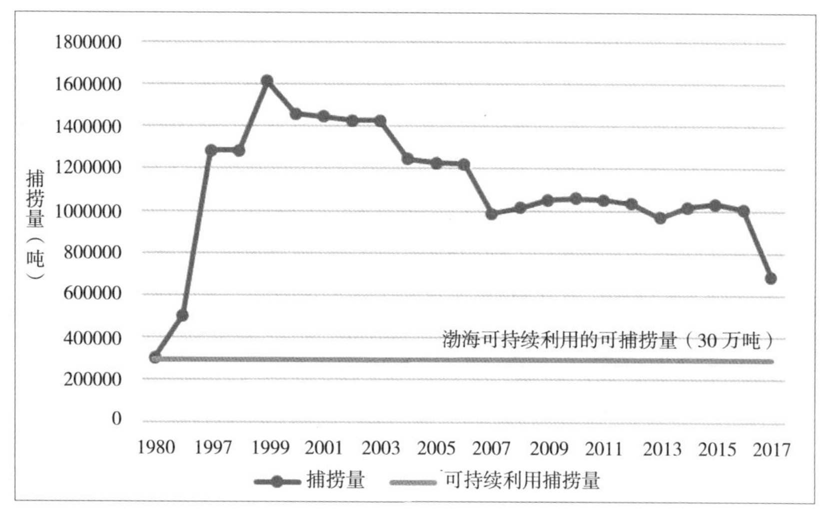

图1-22　1980—2017年渤海海洋捕捞量
（数据来源：《中国渔业统计年鉴》）

综上，渤海渔业过度开发、过度捕捞导致渔业资源衰减，是影响海洋生物多样性的重要人为因素之一，高强度的捕捞情况已经对渤海生态环境造成严重威胁。

6）入海流量减少

近年来，渤海沿岸河流入海径流量显著减少，影响河口水质，成为导致渤海盐度升高、河口生态环境改变、海洋生物产卵场退化的重要原因之一。

入渤海的河流主要有黄河、海河和辽河。黄河是渤海最大的入海河流，其淡水入海量约占渤海入海径流量的3/4。黄河中、下游自1972年开始，经常发生断流现象，1997年利津水文站断流226天。1999年以后，黄河不再断流，但径流量仍比较低。黄河入海径流量从20世纪50年代的500亿立方米下降到现在的约81亿立方米（图1-23）。海河和辽河的平均入海径流量自60年代起有依次减小的趋势，21世纪初有所回升（图1–24，图1–25）。

整体上黄河、海河和辽河流域入海径流量在2012年开始的最近5年内均呈下降趋势。分析来看，2012—2017年的水质变化情况可能与入海径流量变化有关，2012—2013年间入海径流量增加，之后减少，2012—2013年水质情况则好于2013—2017年，说明入海径流量的减少在一定程度上造成水质变差。

此外，入海径流量减少与渤海表层平均盐度升高之间有着密切联系。研究表明，在入海径流减少的冬季，渤海绝大部分沿岸海域的月平均盐度值均超过30，而夏季渤海绝大部分沿岸海域的表层盐度为全年最低值。近年主要渤海入海河流径流量均呈下降趋势，势必对渤海平均盐度产生一定影响。

大陆径流在河口和近岸海域形成的低盐区是众多海洋生物的产卵场和育幼场，因此入海径流量对维护海洋生态系系统平衡也具有重要的意义。20世纪80年代前，渤海三大湾底部均有较大面积的低盐区分布，而近年渤海底部的大部分低盐区变成了高盐区。到2008年8月，仅莱州湾底部分布有较大面积的低盐区，渤海湾、辽东湾底部低盐区面积严重萎缩，与2004年同期相比，面积减少了70%。低盐区面积减少将影响海洋生物种群的补充能力，对半封闭性渤海的生态系统潜在危害严重。

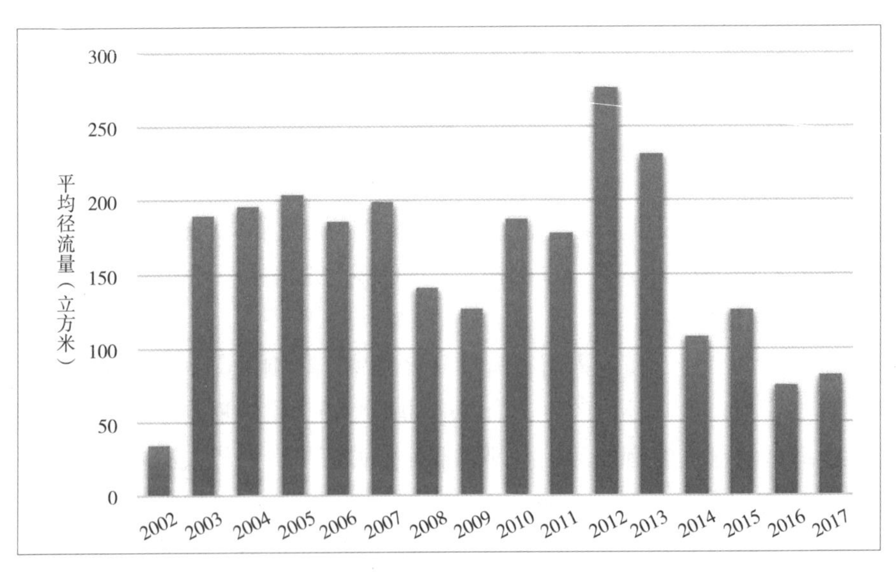

图1–23　2002—2017黄河平均入海径流量变化
（数据来源：《黄河水资源公报》）

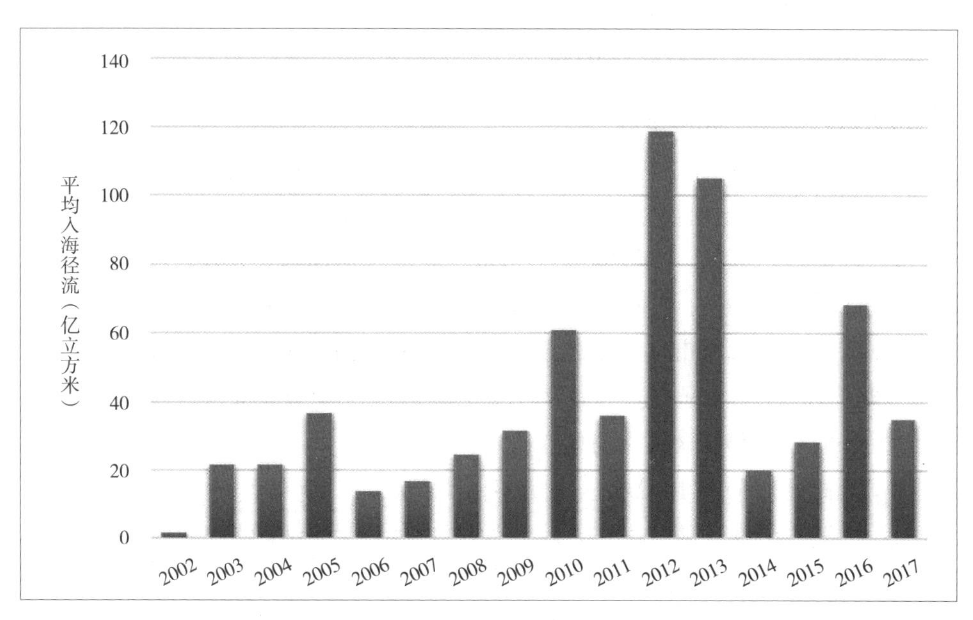

图1-24　2002—2017海河流域平均入海径流量变化
（数据来源：《海河流域水资源公报》）

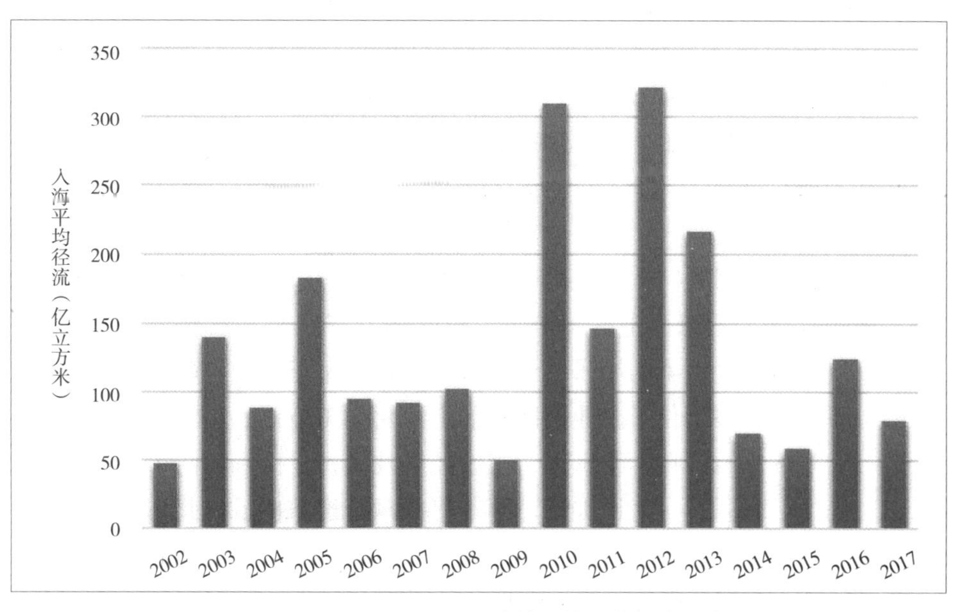

图1-25　2002—2017辽河流域平均入海径流量变化
（数据来源：《松辽流域水资源公报》）

2 杭州湾生态环境现状与问题

（1）杭州湾生态环境概况

杭州湾位于中国浙江省东北部，是我国重要的渔业饵料区和鱼类洄游通道。杭州湾内有钱塘江注入，是一个喇叭形强潮河口湾海湾。湾口宽约100千米，自口外向口内渐狭，到澉浦为20千米，海湾水域面积49876平方千米。如此独特的海洋地理条件，使得杭州湾成为一个典型的半封闭性海湾。

杭州湾沿岸区域城市化程度高，来自长江径流等陆源污染物排放总量居高不下，以水体严重富营养化为特征的生态环境问题已成为环杭州湾地区经济社会持续发展的瓶颈和公众关注的焦点。

杭州湾海水水质自1992年以来历年监测结果均为劣四类海水，主要超标因子为无机氮、活性磷酸盐。主要原因为长江输入性污染、特殊的地形和水文条件、面源污染、湿地围垦和生态系统遭受破坏等。

杭州湾近岸海域富营养化程度总体较高，水质无机氮、活性磷酸盐污染严重。2012—2016年，杭州湾南岸富营养化指数由60.27上升至120.78；镇海—北仑—大榭近岸海域富营养化指数由12.64上升到31.5。

1994年杭州湾环境研究和2005年长江口及毗邻海域碧海行动计划调查结果显示，进入杭州湾的无机氮、活性磷酸盐分别有约90%、94%来自长江，杭州湾是我国唯一的河口型海湾，其喇叭状地形和半日潮水文导致海湾内水动力条件较弱，水体半交换时间约90天，比胶州湾、大连湾长一倍以上。

杭州湾的污染问题，主要是由于杭州湾沿岸布满了化工园区，且成包围之势，横跨浙江、上海两地。2010年，绍兴成立了绍兴滨海新城，新城成立之际，虽打出拒绝污染的旗号，但引进的企业中不乏制药、热电与印染企业。杭州湾地区有多个化工企业园区，如上海化学工业区、上海精细化工产业园区、宁波石化经济技术开发区、宁波经济技术开发区和嘉兴市乍浦化工园区，这些化工园区具有普遍共性，即都将排污管道布向了杭州湾，有些企业甚至将管道深埋，直接进入大海。

另外在浙江全省范围内，围海造地的数量更是惊人。至2006年，浙江全省围垦滩涂形成的土地面积达2020平方千米，平均每年约35.4平方千米。特别是自1997年《浙江省滩涂围垦管理条例》实施以来，各级政府将滩涂围垦作为一项重要任务来谋划。1997至2006年的10年间，围垦滩涂达456.9平方千米，平均每年约45.7平方千米。尽管目前围垦在浙江已不再大张旗鼓，但经济发展的内在驱动，仍然让杭州湾海岸的滩涂地块逐年减少。根据浙江省海洋局的统计，杭州湾在最近5年内的滩涂湿地缩减面积超出了10%，湿地水生生物和水禽栖息面积也在锐减。

（2）杭州湾海洋生态环境存在的突出问题

1）杭州湾是我国富营养化最为严重的海域

历年的《中国近岸海域生态环境质量公报》显示，杭州湾是我国近海富营养化最严重的海湾。自1994年起，杭州湾全海域就处于严重富营养化状态。杭州湾是我国近岸众多河口、港湾中水质最差的海湾（中国近岸海域生态环境质量公报，2017）。

杭州湾水质的污染元素主要以氮、磷为主，无机氮的分布由湾内向湾口递减，在杭州湾中部至湾口呈现北高南低的分布特征，最高值出现在钱塘江入海口附近。2018年杭州湾营养盐夏季调查结果与2006年调查数据相比，无机氮和活性磷酸盐均表现出增加的趋势，尤其是无机氮，在北部近长江口区的增加较为明显。从氮/磷（N/P）比值分布图中可以看出2018年杭州湾N/P比值要显著高于2006年，表明无机氮的增量要显著高于活性磷酸盐（图1–26，图1–27）。

近几十年来，杭州湾营养盐浓度急剧增加，硝酸盐浓度从20世纪80年代到2010年浓度增加了2—3倍；磷酸盐增加了2倍。90年代以来，杭州湾海域无机氮、活性磷酸盐浓度以及富营养化指数呈现显著的增长趋势，富营养化指数在夏季高于5（李潇等，2017）。此外，化学耗氧量（COD）也是表征水质状况的重要参数，同时也指示水体营养盐的潜在来源。杭州湾内钱塘江是重要的陆地径流，近10年（2006—2015年），钱塘江COD的入海排放量为31.3—99.3吨/年，平均为79.6吨/年，是杭州湾高COD的重要来源之一（图1–28）。

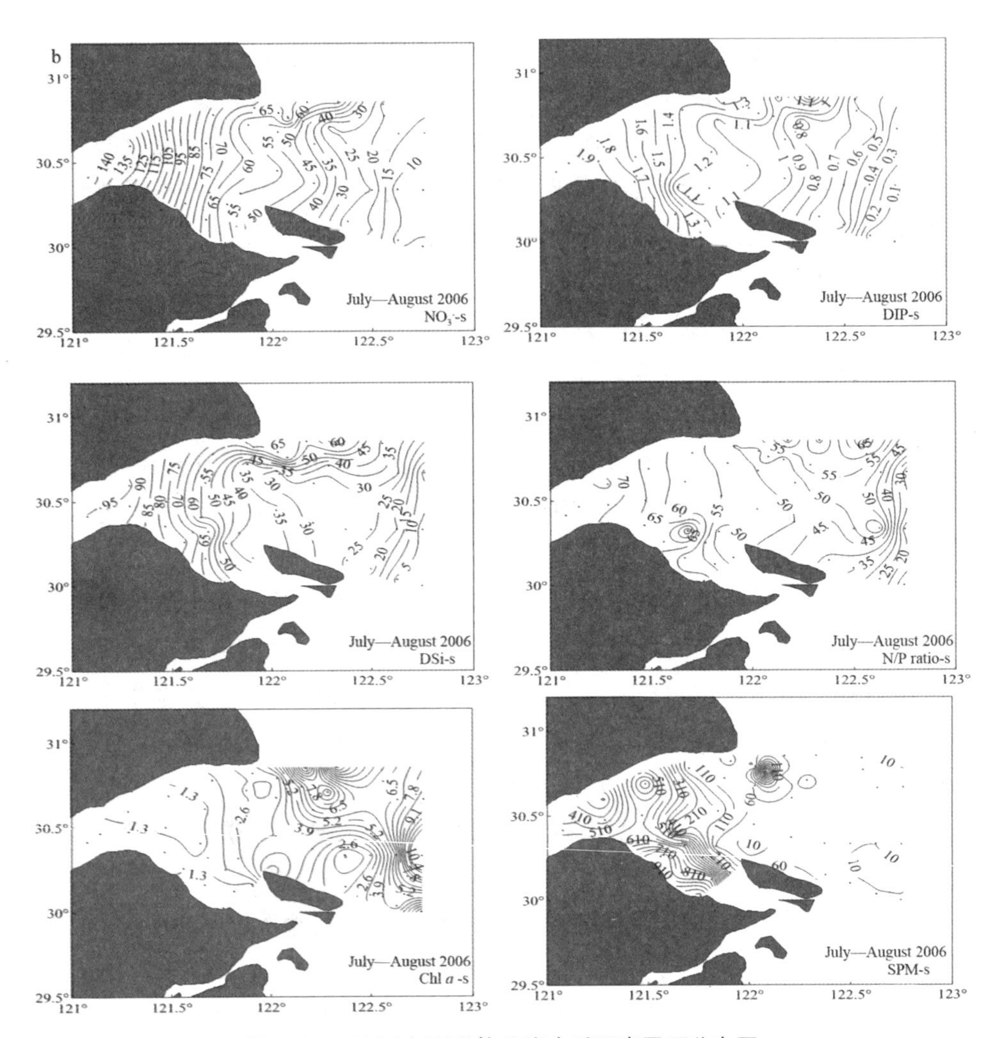

图1-26 2006年夏季杭州湾水质要素平面分布图

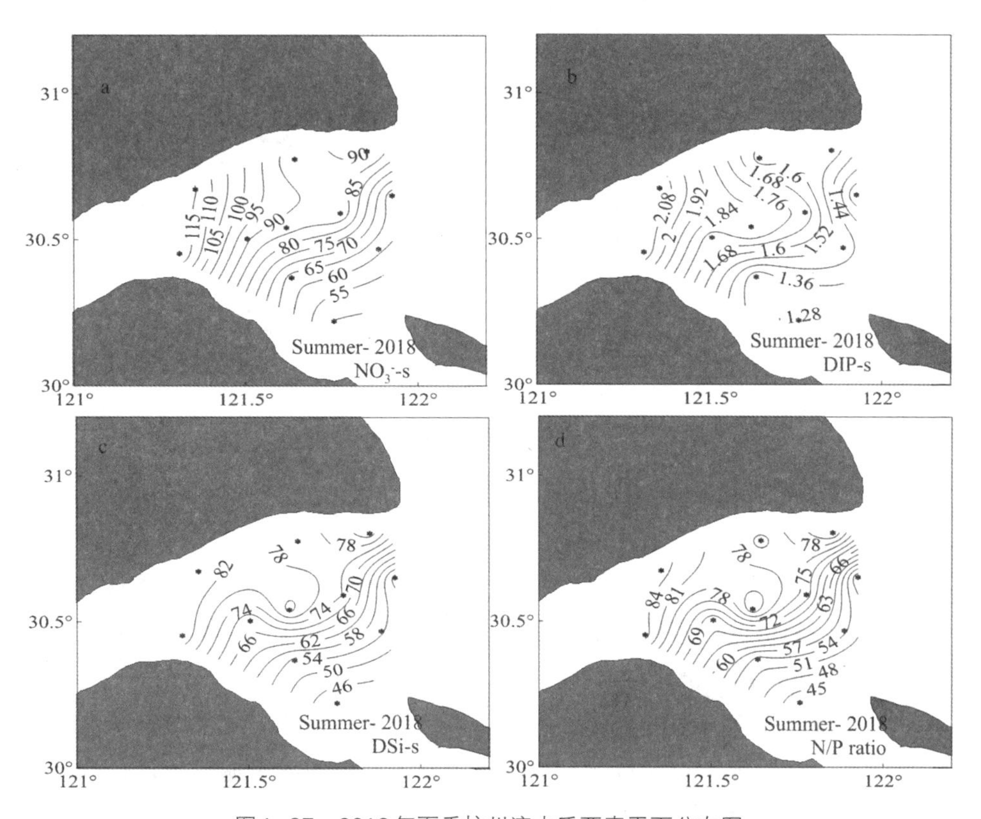

图1–27　2018年夏季杭州湾水质要素平面分布图

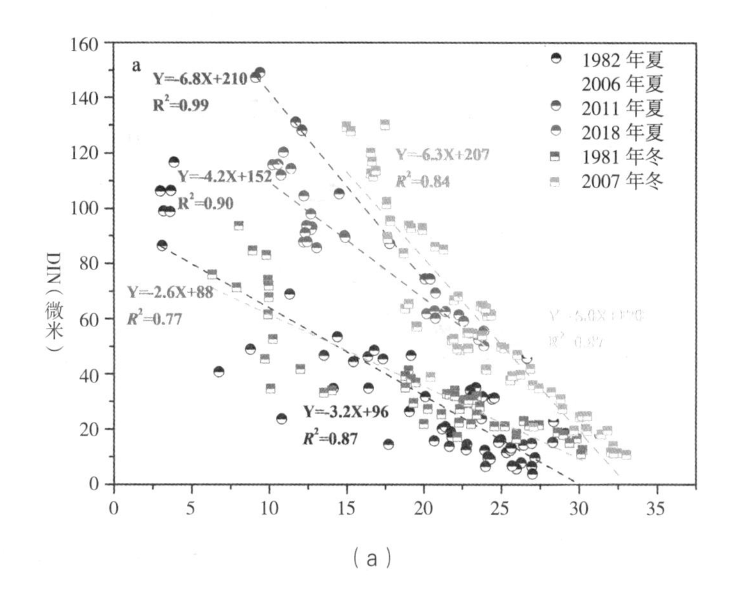

（a）

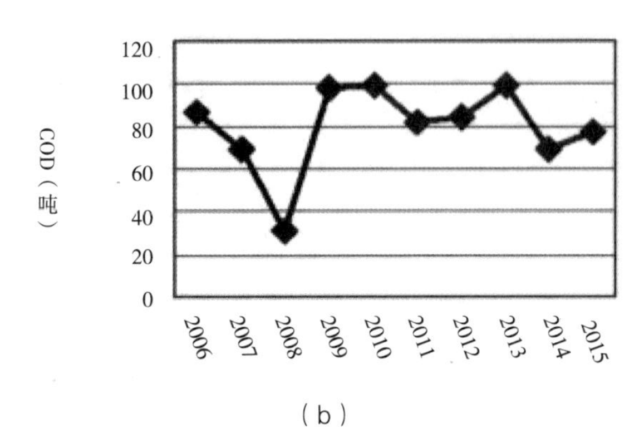

（b）

图1–28 （a）杭州湾营养盐多年增量变化图（数据来源：Wu et al., 2019）
（b）钱塘江入海COD多年变化图（数据来源：李潇等，2017）

2）杭州湾水质浑浊，具有高泥沙含量的特点

浙江近海海域含沙量分布主要受长江、钱塘江等河流输沙以及泥沙再悬浮的影响。杭州湾悬浮泥沙含量较高的分布特征，最高值可达8.00克/升以上，高含沙出现在湾内中部。

长江每年输送入海的悬浮颗粒物约4.53亿吨。杭州湾北部毗邻长江，长江入海携带悬浮泥沙也为杭州湾提供了丰富的海域泥沙来源。长江径流量大小的季节性差异和悬浮颗粒物含量直接影响入海颗粒物的总量。尤其在冬季，盛行东北季风，东海沿岸流为优势流，入海悬浮颗粒物大量向南输运，经杭州湾进入浙闽沿岸区，形成连续的悬浮物聚集带。长江泥沙入海后向南扩散的部分物质在潮流的作用下进入杭州湾及舟山群岛海域，由于受到钱塘江径流入海的对碰，动力减弱，颗粒沉降，同时受到舟山群岛的阻挡，不利于同外海进行物质交换，因此杭州湾为底质余流与外海潮流作用的海湾现代沉积区（章伟艳等，2013）。海域水体含沙量分布除了主要与长江口泥沙的运移补给有直接关系外，还受涨落潮水流和不同季节、不同风向风浪掀沙的影响。杭州湾为强潮海湾，海域中的悬沙变化和分布主要受制于潮流、波浪和泥沙来源等诸多因素，潮差愈大，水体含沙量愈大。调查结果显示，大、中潮的含沙量远大于小潮，大潮含沙量是中潮含沙量的1.2倍，是小潮含沙量的4.3倍。

3）杭州湾沉积物重金属和有机污染物呈增长趋势

重金属因其具有高毒性和难降解性，对人类及生物生存和自然环境造成严重危害。沉积物在水相吸收和释放各种元素的过程中表现出至关重要的角色。杭州湾海域悬浮颗粒物中重金属含量均比其在表层沉积物中要高，空间分布更均匀，杭州湾湾口中部是重金属重要的汇集区。杭州湾及其邻近海域表层沉积物中重金属的空间分布结果显示，杭州湾及其邻近海域表层沉积物中铜（Cu）、铅（Pb）、锌（Zn）、镉（Cd）和砷（As）均在长江南支入海口附近海域存在一个高值区，分别为33毫克/千克，32毫克/千克，95毫克/千克，0.21毫克/千克，11毫克/千克，并向东部海域呈舌状递减趋势。受长江径流影响，长江口沉积物重金属含量向外海呈舌状递减的分布趋势（李磊等，2012；方明等，2013）。铜、铅、锌、镉在杭州湾北岸也出现明显高值区，并向南呈舌状递减趋势，这可能源于长江径流的影响。

已有研究表明，长江口每年携带的泥沙，有30%沿岸南下，是杭州湾各种物质的重要来源（Milliman et al., 1985）。从长江径流携带的泥沙从北岸进入杭州湾，并向南和向西输送（王昆山等，2013）。其中，锌和镉含量较低，不会产生负面生物效应，铅和汞（Hg）含量在个别站位较高，可能会有负面的生物效应，铜和砷含量总体相对较高，存在发生负面生物效应的可能性。杭州湾、长江口及其邻近海域表层沉积物中重金属对水生生物的生态风险指数研究结果显示，长江口附近站点的风险指数最高，个别站点达到300以上，杭州湾中部区域多数站点的生态风险指数处于中级水平，杭州湾南部区域表层沉积物中重金属的生态风险指数相对较低（Li et al., 2018）。

杭州湾及其邻近海域表层沉积物重金属年际变化趋势研究结果显示（图1-29），杭州湾及其邻近海域表层沉积物重金属的年际变化存在一定的波动。1996—2012年间杭州湾及其邻近海域表层沉积物中重金属元素呈现出不同的变化趋势。铅含量有一定程度的上升趋势；铜、锌、砷含量在2001—2009年间表现出了上升趋势，2009年以后总体呈下降趋势；与浙北海域背景值比较，镉、汞有一定程度的污染且含量有个别激增现象。此外，近期研究显示（Mao et al., 2017），杭州湾南岸海域表层沉积物中重金属镉、铬（Cr）、铅、锌和汞近年来的含量均有明显上升趋势。因此，杭州湾海域重金属污染问题仍需引起关注。

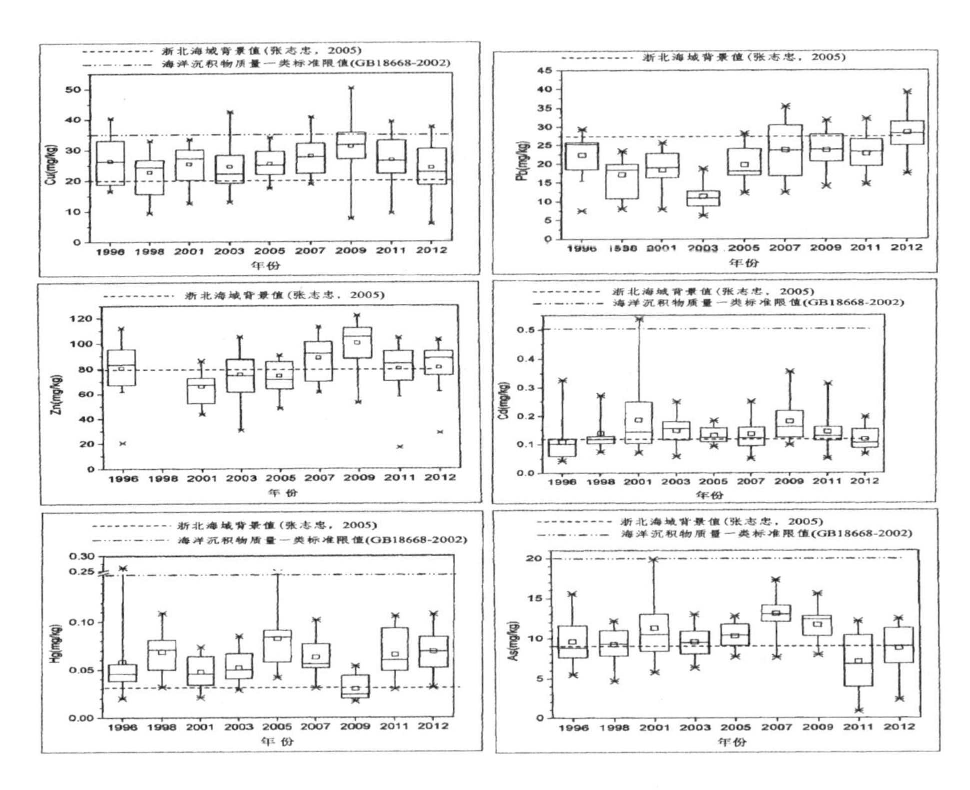

图1-29　杭州湾及其邻近海域表层沉积物重金属含量年际变化趋势

沉积物也是有机污染物的最终归宿，研究发现，杭州湾海洋沉积物中的各种持久性有机污染物（POPs）主要为：沉积物中六氯环己烷（HCHs）、滴滴涕（DDTs）、多环芳烃（PAHs）和多氯联苯（PCBs），总浓度分别为0.50—15.60，0.40—5.10，62.90—169.80和2.60—43.40纳克/克（dw）（Adeleye et al., 2016）。在湾内，湾口近长江口区以及杭州湾南部海域均有高PCBs浓度分布，该浓度超过了对底栖生物产生10%影响的浓度水平设定值，可能对沉积物底栖动物产生毒害作用。其中一些站位总滴滴涕浓度超过了风险评估低值（ERL），也将会对沉积物栖息生物产生毒害作用。湾内，湾口近长江口区以及杭州湾南部海域的总PAHs浓度相对高于其他研究区域，源解析显示PAHs为热解来源，表明化石燃料燃烧是主要的污染源（由于交通和能源消耗的增加）。

杭州湾表层沉积多溴联苯醚（PBDEs）分布显示Σ7PBDEs和BDE-209的高值分布在杭州湾东北部（Li et al., 2019）。Σ7PBDEs（BDE-28, 47, 99,

100, 153, 154,183的总和）和BDE-209的浓度范围分别为3.61至91.09 皮克/克，ND至2007.52 皮克/克（dw）。杭州湾北部的PBDEs浓度与TOCs和粒度之间的线性关系更为显著。危险系数（hazard quotients, HQs）和风险系数（risk quotients, RQs）的结果表明，杭州湾多溴二苯醚的生态风险较低（Wang et al., 2019）。复杂流体动力强迫的多重效应和大范围的潮流使杭州湾的有机物质和污染物质难以沉积，但可以看出高浓度主要分布在北部湾口。具有显著的长江冲淡水携带入杭州湾的特点。由于杭州湾水动力比较强，因此，颗粒物中的浓度含量以及迁移、转化对杭州湾生物毒害的影响不容忽视。

可吸附有机卤素（AOX），如DDTs、HCHs、PCBs和有机氯农药（OCPs）等，以污水处理厂为代表的杭州湾周围的点源每年向杭州湾排放至少645.4吨，在杭州湾海水中的浓度范围为140.6 ± 45.6毫克/升至716.1 ± 62.3毫克/升，沉积物中AOX浓度范围为11.3 ± 2.4毫克/千克至112.7 ± 7.2毫克/千克。在空间分布上，在南部和北部沿海地区检测到更高的AOX浓度，显示了洋流、河流和长江对杭州湾中AOX的分布影响（Xie et al., 2018）（图1-30）。

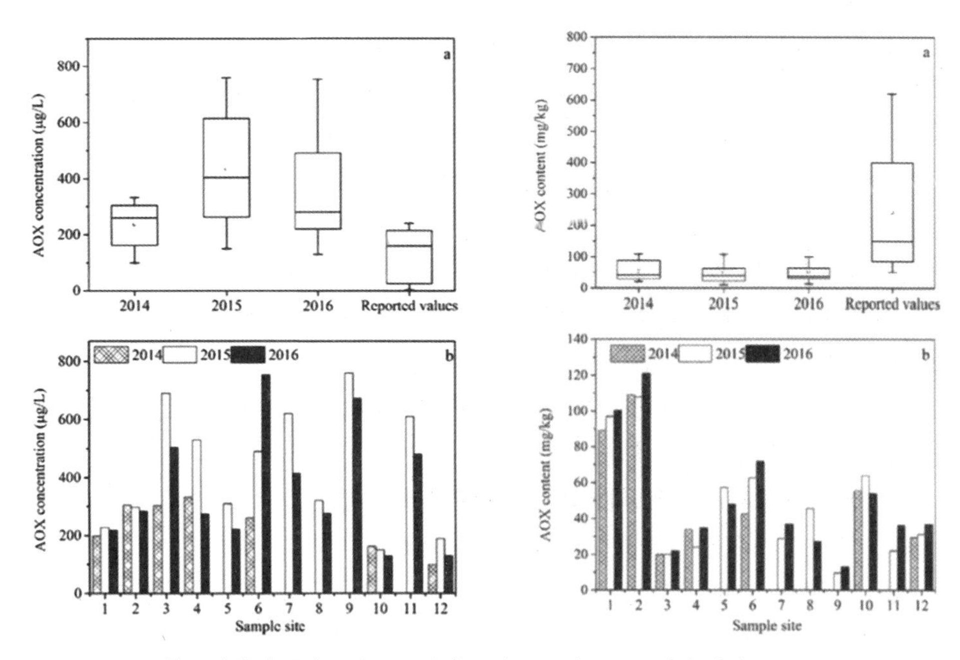

图1-30　杭州湾海水（左图）和沉积物（右图）中可吸附有机卤素（AOX）的分布

4）杭州湾生态系统受到严重影响

作为河口水与外海水相互交汇、相互推移比较频繁的海域，杭州湾浮游动、植物等饵料资源十分丰富，历来成为东海的一些经济鱼虾类产卵、孵化及育幼的场所，也曾是我国沿岸渔业重要的基地之一（朱启琴，1988）。杭州湾浮游植物种类和生物量变化不明显，但浮游动物、底栖生物的种类数量和生物量则呈现下降趋势，群落结构趋向简单、小型化。杭州湾不同水域浮游动物群落结构的空间异质性分布明显（张冬融等，2015、2016），潮汐和水团是导致杭州湾不同水域浮游动物数量分布区域差异的主要原因（Zhang et al., 2016）。

已有的研究结果表明，在杭州湾北侧海域，浮游动物的分布与水文条件、环境污染有密切关系，其随着潮汐运动而发生水平和垂直迁移（邓邦平等，2011），并且水质的轻度污染已对群落结构产生影响，浮游生物总生物量降低。胡冰等（1998）认为主要与周边石油化工业对生物的毒害作用有关；温度和盐度均与浮游动物丰度、生物量和多样性呈极显著相关（张冬融等，2014；唐子涵等，2016），而Sun等（2016）则认为浮游动物群落与盐度无明显相关性。不同的研究结果与该海域复杂多变的独特水域环境有关。

陆源径流输入携带富含氮、磷等营养物质可能会引起河口、海湾水体中营养盐浓度的变化，从而对区域浮游动物的物种多样性产生影响，并造成优势种演替（Park et al., 2000）。

Sun等（2016）研究也表明，杭州湾海域无机氮浓度与浮游动物的群落结构呈显著正相关。浮游动物是比环境变量更敏感的指示生物，主要在于生物群落的非线性响应能放大微弱的环境波动（Taylor et al., 2002），因此，浮游动物成为海洋环境中气候变化的最佳指示生物。例如，徐兆礼等（2009）研究发现，真刺唇角水蚤作为沿岸咸淡水交错水域的关键种，成为长江口海洋环境变暖的一个重要指示种，而且由于全球变暖导致真刺唇角水蚤种群数量的减少，这可能是长江口海域海洋生态灾害多发的原因之一。

（3）杭州湾海洋生态环境问题的主要影响因素

1）浙江近海氮磷营养盐的陆源输入与外源输入

浙江近海氮磷主要来源包括钱塘江淡水直接输入、长江冲淡水输送、外海水输送和地下水输送等。杭州湾主要入海河流为钱塘江，尽管钱塘江营养盐浓度较高，但其流量相对较小，约是长江流量的1/20。杭州湾富营养化物质来源除了浙江境内陆源和养殖活动排放的氮磷污染物质，以及少量的大气沉降输入物质外，长江携带物质是杭州湾富营养化物质最重要的来源。长江冲淡水是影响浙江近岸的主要水团之一，而且长江携带的无机态氮磷浓度远高于外海水团，因此长江冲淡水携带的陆源氮磷输入是影响浙江近海营养盐的主要因素之一。长江冲淡水携带的营养物质向外扩散，羽状锋可以延伸几百千米并影响浙江近岸水体。在夏季，长江冲淡水为双舌结构，其中一边往东北方向扩展，另一边则朝东南或东扩散，已有端元混合模型表明，冲淡水是夏季浙江近岸水体的重要来源。在冬季，受东北季风的影响，冲淡水贴岸朝南运输与沿岸水团形成沿岸流，是浙江近岸水团的主要来源。

多年的海洋观测资料表明，来自长江流域的污染物入海后，在强劲的南向沿岸流的作用以及科氏力作用下，存在物质向浙江近岸海域跨界输运的问题。这种物质跨界输运在冬季特别显著。根据国家海洋局多年的观测资料和模式估算，冬季长江口污染物可以在几周之内输送至浙江中南部沿海。另据文献报道，根据河流入海通量估算，杭州湾和浙江中部沿岸的冲淡水，有大约80%—90%来自长江口。杭州湾受长江径流输入的影响，成为我国富营养化最为严重的海域之一，其化学需氧量、氨氮、总氮和总磷分别有88%、70%、84%和86%来自于长江径流。1981—2015年，杭州湾无机氮、磷酸盐污染总体呈上升趋势，无机氮浓度增加了5—6倍。近20年来，劣四类水质比例一直保持在100%，全海域处于严重富营养化状态，生态系统处于不健康状态。

黑潮入侵带来的营养盐输入是浙江近岸及东海陆架又一重要的营养盐来源。杭州湾海水盐度最高值可达20 psu以上，表明外海水营养物质也将为杭州湾营养盐带来贡献，但由于陆地径流以及长江冲淡水的高营养盐表征，外海水则显示了一定的稀释作用。

2）海洋开发利用等人类活动（造桥工程、围填海、船舶运输等）的影响

杭州湾是我国近海渔业重要的洄游通道，是大闸蟹苗、青蟹苗等的重要养殖区，也是浙江沿海海蜇产地之一。由于社会经济发展的需要，杭州湾开发利用包括造桥，围填海等工程等是把双刃剑，在为社会经济发展创造条件的同时，也对海洋生态产生影响。杭州湾跨海大桥近年建成，它北起浙江嘉兴海盐郑家埭，南至宁波慈溪水路湾，全长36千米，向湾内还有连接嘉兴和绍兴的嘉绍大桥。大桥的建设可能会影响湾区的水动力条件，进而影响杭州湾的生态环境，需要后续持续观测研究。同时杭州湾航口航道资源丰富，有独山、乍浦、海盐等3个港区，是承担区域所需能源、原材料运输和外贸物资近洋运输的重

要港口。此外，还有嘉兴港航道区，由杭州湾南航道、杭州湾北航道、七姐妹航道等航道组成。杭州湾沿岸地带大型工业企业有上海金山石化总厂、浙江炼油厂、镇海石化厂、镇海发电厂以及秦山核电站等。这些人类活动可能会对杭州湾海域的有机污染物及重金属污染产生一定的作用，这些都是造成湾区污染的潜在因素，需要长时间连续观测研究。

此外，长江径流每年裹挟约5亿吨泥沙入海，其中部分扩散南下进入杭州湾，为杭州湾周边市县提供了丰富的滩涂资源。滩涂历来是生物资源丰富的地方，也是水产养殖和发展农业生产的重要基地。沿海、沿湾滩涂资源的过度开发将会严重破坏滩涂的生态平衡。杭州湾沿岸滩涂资源开发迅猛，或海水养殖，或进行围垦，滩涂区域遭受永久破坏，海域自净能力下降，也是造成污染的重要原因之一。

3.粤港澳大湾区生态环境现状与问题

（1）粤港澳大湾区概况

粤港澳大湾区位于北纬21° 30′—24° 40′ 和东经111° 21′ —114° 53′ ，由广州、深圳、佛山、东莞、惠州、中山、珠海、江门、肇庆9个市和中国香港、中国澳门两个特别行政区组成，总面积5.6万平方千米，是中国人口最稠密的地区之一。湾区地处华南地区，面向南海，位于“一带一路”交汇点和中国—东盟经济合作圈内。

其位于珠江支流——西江、北江、东江的下游，包括西江、北江、东江和三角洲诸河4大水系。河网区集雨面积9750平方千米，河网密度0.8，主要河道有102条、长度约1700千米，水道纵横交错，相互贯通（表1–7）。

表1–7　粤港澳大湾区流域特征

水系名称	干流长度 / 千米	主要河流	流域面积 / 平方千米	覆盖城市（湾区）
西江	2075	西江干流水道、崖门水道、虎跳门水道、鸡啼门水道、磨刀门水道和古镇水道	17960	肇庆、珠海、中山、江门、广州
北江	468	东平水道、顺德水道、潭洲水道、东海水道、李家沙水道、洪奇沥水道、蕉门水道、佛山水道、横门水道和鬼洲水道	46710	佛山、广州

（续表）

水系名称	干流长度／千米	主要河流	流域面积／平方千米	覆盖城市（湾区）
东江	520	增江，东江北干流、麻涌水道、倒运海水道、中堂水道和东江南支流	27040	广州、深圳、东莞、惠州
珠江三角洲	/	潭江、流溪河、增江、沙河、高明河	26820	佛山、珠海、中山、江门、广州、东莞、深圳

（2）粤港澳大湾区生态环境状况

粤港澳大湾区当前生态环境质量总体处于全国领先水平，大多地区生态环境状况都处于优、良级别（优被认为是植被覆盖度高，生物多样性丰富，生态系统稳定；良被认为是植被覆盖度较高，生物多样性较丰富，适合人类生活）。但仍存在突出问题，主要表现在：

1）地标水质状况

2018年，78个地级以上市在用集中式饮用水源水质达标率为97.4%，84个县级集中式饮用水源水质达标率为100%。

广东省168个省地表水考核断面中，水质优良（一至三类）断面比例为78.9%，劣五类断面比例为12.7%（图1–31）。与上年相比，可比断面水质优良率（一至三类）下降1.8%，劣五类比例上升2.4%，主要污染指标为氨氮、总磷和耗氧有机物。21个地级以上市中，珠海、韶关、河源、中山、江门、阳江、肇庆、云浮8个市年度水质目标达标，广州等13个市仍未达标。按断面目标评价，全省31个断面未达标。北江、西江、东江干流及其主要支流、韩江、鉴江、南渡河、珠三角河网区的主要干流水道等93个江段和新丰江水库等5个主要湖库水质优良；深圳河河口段、漫水河佛山段、茅洲河、练江揭阳段、练江汕头段等21个河段水质属重度污染。

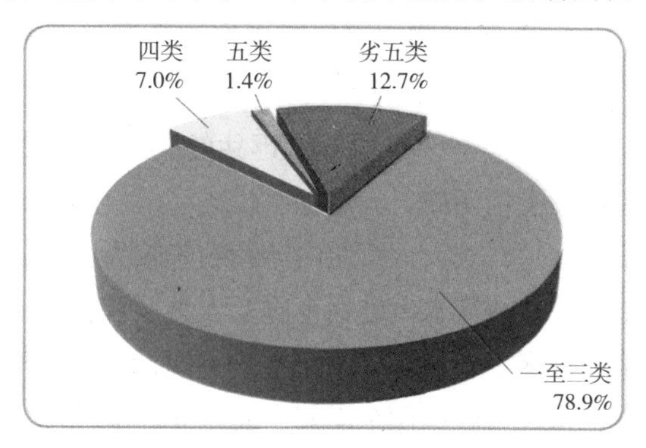

图1–31　地表水水质类别比例

2）近岸海域水质局部超标

海水主要超标污染物为无机氮和活性磷酸盐，珠江口、深圳湾海域水质污染依然很严重，并无改善，大部分为劣四类水体，且珠江口水质略变差；西部海域水质较为稳定，由于有些海域靠近城区，会出现个别站点水质超标的情况；香港海水水质1998年以后整体达标率显著提升，2017年达标率为85%；澳门海域水质总评价指数、重金属评估指数及非金属评估指数等指标大幅下降，但非金属评估指数仍高于标准值，多个监测点的富营养化指数亦有不同程度上升，其中内港富营养化指数较高。

海洋生态状况基本稳定，近岸海域水质符合第一、二类海水水质标准的面积比例约为79.3%。劣四类为11.7%，主要分布在珠江口、汕头港、湛江港等局部海域，超标因子为无机氮和活性磷酸盐。重点海水浴场水质状况优良，健康指数均为优良。海面漂浮垃圾主要为泡沫和塑料类；海滩垃圾、海底垃圾也以塑料类居多。珠江口和大亚湾海洋生态系统均呈亚健康状态，广东省近岸海域共发现赤潮事件7次，均未造成重大损失。

3）海洋生态呈亚健康

2018年对大亚湾和珠江口海域开展了生物多样性和典型生态系统健康状况监测。大亚湾浮游植物多样性指数等级为较差，浮游动物为中，大型底栖动物为较差。大亚湾生态系统呈亚健康状态，主要影响因素为海水受石油类污染，浮游植物密度过高，浮游动物密度过低，生物量过高，鱼卵仔鱼密度过低，底栖动物密度和生物量过低。珠江口浮游植物多样性指数等级为较差，浮游动物为中，大型底栖动物为差。珠江口生态系统呈亚健康状态，主要影响因素为海水呈富营养化，浮游植物密度过低，底栖动物密度过低。

（3）粤港澳大湾区海洋生态环境存在的突出问题及主要影响因素

1）流域污染排量较大

粤港澳乡镇企业发展迅猛的同时，规模小、布局分散的特点，使得城乡之间点面交错污染，大量污水排入江河，给区域生态造成严重污染。而由于污水收集措施缺口较大，水质的持续改善较为困难；粤港澳大湾区主要江河水质总体较好，珠江流域水质处在全国七大水系首位，地表水黑臭水体占比也处国内各大湾区最低水平，但部分河流水质重度污染，劣于国家地表水Ⅴ类标准。从各城市来看，珠江口西岸比东岸好，而东莞、深圳水质污染最严重，水体主要超标因子为总磷、氨氮和化学需氧量。从流域方向上看，上游的水质明显好于下游。而中国香港方面，总体水质指标达标率在90%左右；中国澳门境内无河流。

根据2013年广东省政府发布的《广东省水污染防治行动计划》，粤港澳大湾区广东省9市共有153条黑臭水体，其中重度黑臭73条，轻度黑臭80条，以广州和深圳数量最多（表1–8）。

表1–8 粤港澳大湾区黑臭水体数量表（条）

城市	黑臭河流总数	重度黑臭	轻度黑臭
广州	35	3	32
深圳	44	29	15
珠海	12	7	5
佛山	6	/	6
江门	6	6	/
肇庆	2	2	/
惠州	27	8	19
东莞	10	9	1
中山	11	9	2
合计	153	73	80

（数据来源：《广东省水污染防治行动计划》）

跨界水污染仍然突出。珠三角地区河网密布，跨界河流众多，跨界水体污染仍然突出，如深圳河、淡水河、茅洲河、小东江、独水河、前山河、广佛跨界河涌等。

2）大气沉降问题依然突出

区域内的细颗粒物（PM2.5）、可吸入颗粒物（PM10）、一氧化氮（CO）、二氧化硫（SO_2）和二氧化氮（NO_2）年平均浓度总体呈下降趋势；2006—2018年平均浓度呈上升趋势，春冬季高于夏秋季；pH值上升，酸雨程度逐步下降；在空间分布上，大湾区中部工业城市污染物下降趋势显著；近十年来，珠三角细颗粒物（PM2.5）区域年均浓度呈整体下降趋势，但灰霾天气依然突出（表1–9，图1–32）。

主要原因在于传统能源结构比重仍然较大，且机动车保有量的持续增加，船舶码头的繁荣（一艘燃油含硫量3.5%的中大型集装箱船，以70%最大功率的负荷24小时航行，其一天排放的PM2.5相当于21万辆国四排放标准重型货车）和施工、裸土地面积的增加大大增多了PM2.5的排放量，加上源头防控的困难很大，PM2.5浓度与国际湾区差距较大，达到1倍以上。另一方面，粤港澳大湾区初步构建了政府间环境合作的行动框架，环境合作不断拓展和深化，并取得了一定的治理成效，但是粤港澳区域大气污染联防联控工作仍徘徊在技术协作层面，三地依然按照各自的法律法规和行政举措对区域大气污染进行治理，这种合作方式缺乏长效的保障机制。

表1–9 监测网络污染物浓度年均值趋势变化

	二氧化硫（/微克）	二氧化氮（/微克）	臭氧（/微克）	颗粒物（/微克）	颗粒物（/微克）	一氧化碳（/微克）
2006	47	46	48	74	/	/
2007	48	45	51	79	/	/
2008	39	45	51	70	/	/
2009	29	42	56	69	/	/
2010	25	43	53	64	/	/
2011	24	40	58	64	/	/
2012	18	38	54	56	/	/
2013	18	40	54	63	/	/
2014	16	37	57	56	/	/
2015	13	33	53	49	32	0.791
2016	12	35	50	46	29	0.786
2017	11	34	58	49	31	0.739
2018	9	33	58	47	28	0.691

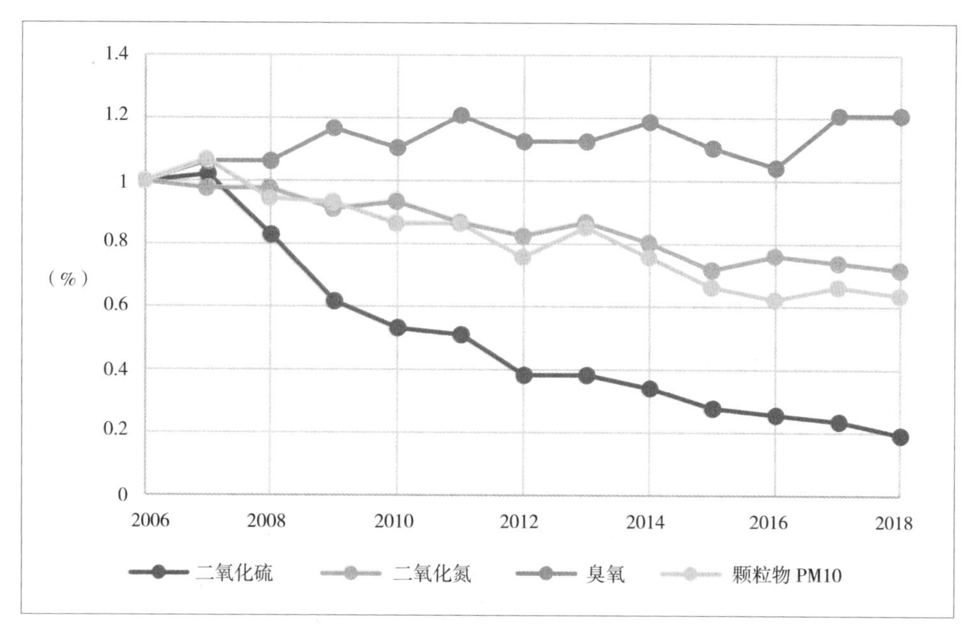

图1–32 监测网络污染物浓度年均值趋势变化

3）减排任重道远

陆源排污量巨大，海水富营养化严重。珠江口近几年来一直是广东省污染最严重的海域，广州市，东莞市和中山市几乎全部近岸海域都受到污染，主要原因是城市向海域排放的污染物总量较为巨大，仅珠江和深圳河向珠江口和深圳湾排入的污染物每年就超过200万吨。

广东省纳入监测的各类代表性排污口共73个，14个沿海地级以上市沿岸均有分布。在73个入海排污口中，分布在珠三角地区沿岸的32个、粤西地区沿岸27个、粤东地区沿岸14个，分别占监测排污口总数的43.8%、37.0%、19.2%。

2017年，广东省实施监测的73个各类代表性入海排污口中，有21个入海排污口超标排放，超标率（超标排放的入海排污口数量占实施监测的入海排污口数量的比例）约为28.8%，较2016年略有降低，主要超标因子为总磷、化学需氧量、氨氮、五日生化需氧量。监测的24个工业废水入海排污口中，有2个排污口排放的废水超标，超标率为8.3%，较2016年略有降低，主要超标因子为总磷。监测的12条排污河中，有3条排污河排放的污水超标，超标率为25.0%，与2016年一致，主要超标因子为总磷、五日生化需氧量。监测的37个市政污水入海排口中，有16个排污口放的水超标，超标率为43.2%，较2016年略有降低，主要超标因子为化学需氧量、氨氮、总磷和五日生需氧量。

2017年珠江、榕江、练江、深圳河、黄冈河河流携带污染物入海总量为347.61万吨，其中化学需氧量287.45万吨，氨氮3.93万吨，硝酸盐氮48.53万吨，亚硝酸盐氮2.46万吨，总磷4.51万吨，石油类0.38万吨，重金属（铜、铅、锌、镉、汞）0.30万吨和砷0.05万吨。

近岸产业密集，污染事件频发。珠江口水域船舶事业兴盛，超大型油船增多，发生船舶溢油事故频率也大大升高，其中最大溢油量曾达到1200吨。另外，随着粤港澳大湾区岸线的大量开发，滩涂湿地面积大量减少，导致港口湾内生境退化，海岸侵蚀加剧，海洋污染富集等生态风险增加。

4）主要生态资源大幅缩减

①自然岸线缩短

由于海洋开发利用程度的大幅增加，粤港澳大湾区的海岸线发生了较大的变化，总体上，海岸线结构趋于复杂，岸线长度大幅增加。海岸线从1979年的1317.63千米增加到1547.26千米，共增加229.63千米，其中1979—1989年海岸线增加幅度最大，增加区域主要集中在中山、珠海和江门等城市（图1–33）。

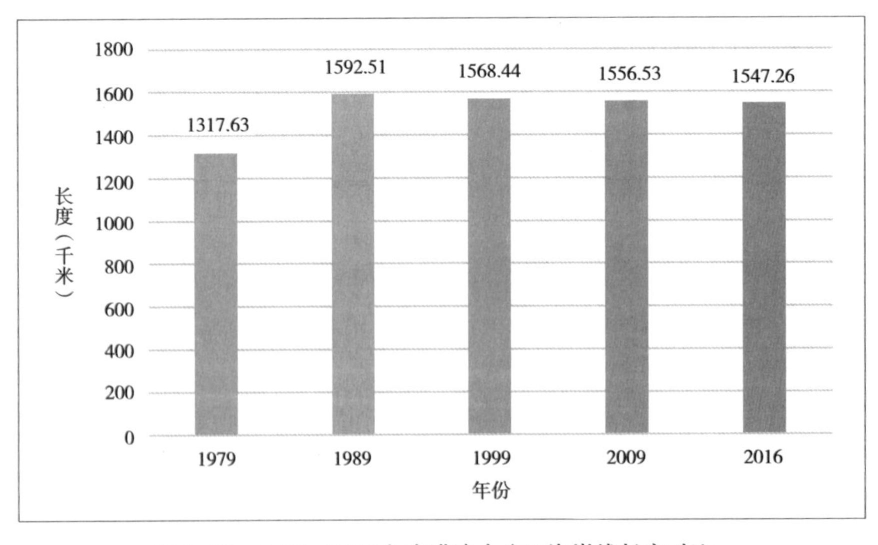

图1–33　1979–2016年粤港澳大湾区海岸线长度对比

由于填海围垦、筑堤养殖、码头建设等人为开发建设活动的持续加强，自然岸线不断被人工岸线所替代，1973—2015年人工岸线的长度增加了111.39千米，比例由1979年的9.91%增加到2015年的55.70%（图1-34）。与此同时，由于陆连岛等工程，原有群岛岸线长度也大大缩短，使部分海洋生物失去繁殖和栖息空间，加之围堤使海水波浪缓冲减少，污染物入海过滤功能被削减，海岛自然生态调节功能减弱。

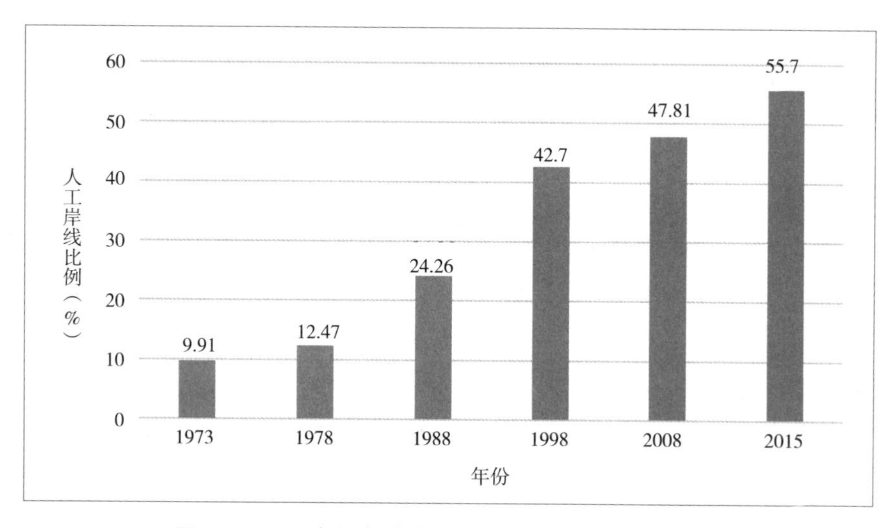

图1-34　40余年粤港澳大湾区人工岸线占比变化

②天然湿地逐步减少

粤港澳大湾区湿地资源丰富，主要分为滨海湿地、河流湿地、湖泊湿地和水库湿地。其中，河流湿地主要有西江、北江、东江等；湖泊湿地主要有肇庆星湖、惠州西湖等；水库湿地主要有惠东白盆珠水库等；滨海湿地主要有珠江口中华白海豚自然保护区、惠州大亚湾自然保护区等。（表1-10）。

表1-10　粤港澳大湾区主要红树林自然保护区概况

自然保护区	地理位置	面积	动植物资源
深圳市福田国家级红树林自然保护区	深圳湾北岸，深圳河口	368平方千米，其中天然红树林平方千米	22种红树植物，189种鸟类，其中23种国家保护的珍稀濒危鸟类

（续表）

自然保护区	地理位置	面积	动植物资源
珠海淇澳红树林保护区（省级）	珠海市淇澳岛西北部	5103.77 平方千米，其中天然红树林 700 平方千米	15 种红树植物、9 种半红树植物、15 种红树林伴生植物。动物种类达数百种，其中包括中华白海豚等国家级保护动物 15 种。为中国三大候鸟迁徙路径之一，秋冬季栖息着 90 多种数以万计的迁飞的候鸟
广东惠东市级红树林自然保护区	广东省惠东县稔山、铁冲等镇的沿海	533.3 平方千米，其中红树林面积 136 平方千米	11 种红树植物 ,15 种湿地候鸟
香港米埔红树林自然保护区（列入拉姆萨尔国际重要湿地）	香港大榔基、石山和尖鼻咀一带	380平方千米，其中红树林面积 300 平方千米	大面积天然红树林，鸟类 325 种

受城市开发建设、湿地围垦等原因影响,粤港澳大湾区天然湿地面积逐步减少。如惠州的潼湖曾是广东省面积最大的淡水湖泊,20世纪90年代面积超过10千米，现存6.5千米。而沿海滩涂受填海造陆、围垦养殖等因素影响破坏尤为严重，仅1950—1997年损失面积累计就达到797.12千米，相当于现有滩涂面积的70.2%，其中最为典型的就是红树林面积的大幅度减少，自1981年以来共损失10.82千米，其中96.2%被挖塘养殖占用,3.8%被工程建设占用,至2015年仅存24.65千米，历史上珠江的广州黄埔出海口至狮子洋到伶仃洋沿岸成片茂密的天然红树林,现仅存南沙坦头村,面积不足0.03平方千米。湿地面积减少导致蓄水调洪、提供水源、防护海岸、优化生态环境的服务功能不断下降,湿地生态系统破坏显著。

③ 耕地面积的大幅减小

1979年以前粤港澳大湾区的优势资源类型是耕地，1989年以后，随着面积的减小，耕地优势地位逐渐下降，从而成为粤港澳大湾区生态资源变化的显著特征，与此同时，草地、水域、未利用地面积均呈现减小趋势，而林地、建设用地和基塘面积增加。其中中心城市耕地侵占最快，深圳的建设面积增加最快。

④区域生态系统功能下降

改革开放以来，粤港澳大湾区开发利用强度不断加大，建设用地扩张十余倍。一方面，城市开发不断挤占生态空间，耕地大幅减少，人均耕地面积已低于联合国人均耕地面积警戒线；另一方面，海陆之间的过渡带、山体边缘过渡带、重要的河流生态廊道等被不合理地人为破坏和截断，区域内自然生态空间日趋破碎化。

珠三角城市快速扩张，导致大量耕地、林地、湿地和水域等生态用地被占用，区域自然生态系统服务功能下降，物种多样性降低，生态系统自我调节能力变差。

三、影响海洋生态环境的主要因素

影响海洋生态环境的因素因海区的特点不同而不同，但主要受河流输入、大气沉降、外海叠加、人类活动和长期变化等因素的影响。在中国沿海地区，长江流域和东海近海是上述影响因素最全、相互作用最强烈的地方，因此也是最具典型意义的研究区域。

1. 流域输入

（1）点源污染输入

1）废水排放

近10年来，长江流域废污水排放量不断上升，工业废水及生活污水排放比例逐年接近。据《长江流域及西南诸河水资源公报》，2006—2016年流域废污水排放量由305.54亿吨增长至353.2亿吨，增幅为16%（图1–35）。工业废水占比逐年下降，生活污水则呈上升趋势。到2016年，工业废水及生活污水排放量分别为总量的55.1%和41.9%（图1–36）。

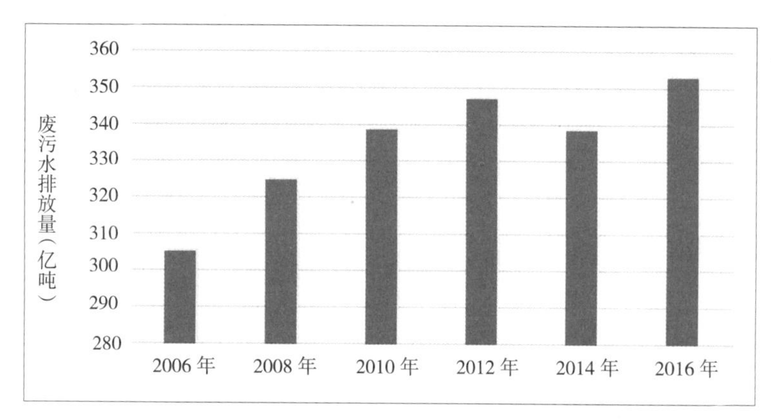

图1–35　2006—2016年长江流域污水排放
（数据来源：《长江流域及西南诸河水资源公报》）

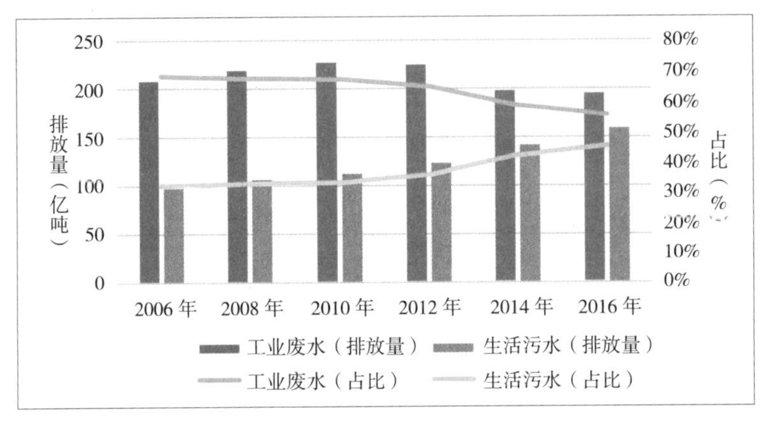

图1-36　2006—2016年长江流域工业污水及生活废水排放量
（数据来源:《长江流域及西南诸河水资源公报》）

规模化畜禽养殖的污水产生量远小于工业废水及生活污水。据全国第一次污染源普查结果，长江流域规模化畜禽养殖年污水产生量为15126.5万立方米，居十大流域第三位（表1-11）。

表1-11　十大流域规模化畜禽养殖废水产生量（单位：万立方米/年）

流域	规模化畜禽养殖	畜禽养殖总量	占比
淮河	43446.4	45298.4	95.9%
珠江	29931.5	21374.9	99.6%
长江	15126.5	16605.9	91.1%
西北诸河	11231.5	5997.6	95.8%
海河	10464.7	11446.6	91.4%
东南诸河	7560.0	7595.6	99.5%
黄河	6318.5	8389.7	75.3%
松花江	6186.0	9506.2	65.1%
辽河	4780.5	5659.9	84.5%
西南诸河	391.3	223.3	98.2%

（数据来源:《第一次全国污染源普查技术报告（下）》）

2）污染物排放

污染物排放方面，长江流域工业废水产生的砷、镉占全国60%以上，铅、汞占40%以上，氨氮、石油类达到全国三分之一以上，除挥发酚、氰化物、铬外，其余物质皆居十大流域首位。湖南、湖北、江苏、江西、云南几省污染物排放较多，尤其湖南省，化学需氧量（COD）、氨氮、砷、铅、镉、汞等排放量均居地区前列（表1-12）。

表1-12　长江流域工业废水污染物排放情况

项目		排放数据
化学需氧量（COD）	排放量 / 吨	1967605
	占全国比例 /%	27.51
	主要排放地区	湖南、江苏、湖北
氨氮	排放量 / 吨	106980
	占全国比例 /%	35.23
	主要排放地区	湖南、湖北、江苏
石油	排放量 / 吨	22051
	占全国比例 /%	33.23
	主要排放地区	江苏、湖南、湖北
挥发酚	排放量 / 吨	1410
	占全国比例 /%	18.82
	主要排放地区	江西、江苏、湖南
氰化物	排放量 / 千克	196574
	占全国比例 /%	24.75
	主要排放地区	江西、湖南、江苏
砷	排放量 / 千克	111191
	占全国比例 /%	60.12
	主要排放地区	湖南、湖北、云南

（续表）

项目		排放数据
铬	排放量 / 千克	192224
	占全国比例 /%	11.70
	主要排放地区	江苏、江西、湖南
铅	排放量 / 千克	93016
	占全国比例 /%	48.74
	主要排放地区	湖南、云南、江西
镉	排放量 / 千克	24614
	占全国比例 /%	66.79
	主要排放地区	湖南、云南、江西
汞	排放量 / 千克	578
	占全国比例 /%	41.14
	主要排放地区	湖南、浙江、江西

（数据来源:《第一次全国污染源普查技术报告（上）》）

化学品制造业、造纸和纸制品业、农副产品加工业等行业污染物排放量较大。据《2015年环境统计公报》，长江流域中下游化学原料和化学制品制造业排放的废水、COD及氨氮量皆居行业首位；造纸和纸制品业的COD排放量同样高居不下；农副食品加工业排放的COD及氨氮量较高（表1–13）。

表1–13　2015年长江流域中下游行业污染排放量

<table>
<tr><th colspan="2">项目</th><th colspan="4">排放情况</th></tr>
<tr><td rowspan="3">废水排放量</td><td>前四位</td><td>化学原料和化学制品制造业</td><td>造纸和纸制品业</td><td>黑色金属冶炼和压延加工业</td><td>石油加工、炼焦和核燃料加工业</td></tr>
<tr><td>排放量</td><td colspan="4">14.1 亿吨</td></tr>
<tr><td>占比</td><td colspan="4">47.5%</td></tr>
<tr><td rowspan="3">化学需氧量（COD）排放量</td><td>前四位</td><td>化学原料和化学制品制造业</td><td>造纸和纸制品业</td><td>农副食品加工业</td><td>纺织业</td></tr>
<tr><td>排放量</td><td colspan="4">17.4 万吨</td></tr>
<tr><td>占比</td><td colspan="4">49.5%</td></tr>
</table>

（续表）

	项目	排放情况			
氨氮排放量	前四位	化学原料和化学制品制造业	农副食品加工业	造纸和纸制品业	医药制造业
	排放量	2.4 万吨			
	占比	63.5%			

（数据来源:《2015年环境统计年报》）

除工业污染外，城镇生活污染是流域点源污染的重要组成。据全国第一次污染源普查，长江流域城镇生活污水排放COD510万吨、氨氮56万吨、总磷6万吨，分别占全国排放总量的32.92%、31.46%及32.42%。各类污染物除氰化物和总铬外皆为全国总量的30%以上（表1–14）。

表1–14　长江流域城镇生活污水排放污染物情况

污染物	排放数据	
化学需氧量（COD）	排放量 / 吨	5095263.84
	占全国比例 /%	32.92%
生化需氧量	排放量 / 吨	1680043.18
	占全国比例 /%	32.55%
总磷	排放量 / 吨	59421.76
	占全国比例 /%	32.42%
动植物油	排放量 / 吨	279994.03
	占全国比例 /%	36.95%
氨氮	排放量 / 吨	556599.02
	占全国比例 /%	31.46%
总氮	排放量 / 吨	727713.98
	占全国比例 /%	31.47%
石油类	排放量 / 吨	150.67
	占全国比例 /%	36.84%
铅	排放量 / 千克	302.06
	占全国比例 /%	36.52%
汞	排放量 / 千克	21.40
	占全国比例 /%	32.42%

（续表）

氰化物	排放量 / 千克	3.14
	占全国比例 /%	21.55%
总铬	排放量 / 千克	1.09
	占全国比例 /%	21.63%

（数据来源:《第一次全国污染源普查技术报告（下）》）

此外，规模化畜禽养殖也是点源污染不可忽视的一部分，各类污染物排放占全国同类排放总量的20%左右。氨氮最多，排放量为3.73万吨，占总量的26.94%；COD最少，为226万吨，占总量17.82%。总氮、氨氮、铜、锌、尿液等的排放量居十大流域首位；江苏、湖南、湖北、安徽几省为畜禽养殖污染主要产生地区（表1–15）。

表1–15　长江流域畜禽养殖污染物排放情况

污染物	排放数据	
化学需氧量（COD）	排放量 / 万吨	226
	占全国比例 /%	17.82
	主要排放地区	江苏、湖南、安徽
总氮	排放量 / 万吨	19.16
	占全国比例 /%	18.7
	主要排放地区	湖南、江苏、湖北
总磷	排放量 / 万吨	2.89
	占全国比例 /%	18.02
	主要排放地区	江苏、湖南、安徽
氨氮	排放量 / 万吨	3.73
	占全国比例 /%	26.94
	主要排放地区	湖南、四川、湖北
铜	排放量 / 吨	613.9
	占全国比例 /%	25.61
	主要排放地区	湖南、四川、江苏

（续表）

污染物	排放数据	
锌	排放量 / 吨	1040.7
	占全国比例 /%	21.88
	主要排放地区	江苏、湖南、安徽
畜禽粪便	排放量 / 万吨	3645.69
	占全国比例 /%	14.98
	主要排放地区	江苏、安徽
畜禽尿液	排放量 / 万吨	3685.09
	占全国比例 /%	22.67
	主要排放地区	湖南、湖北

（数据来源:《第一次全国污染源普查技术报告（下）》）

综合来看，长江流域点源污染主要来源为城镇生活污染，其次为工业及规模化畜禽养殖。城镇生活污水排放的COD及氨氮量分别占流域点源排放总量的54.7%和79.4%，远远大于其余两类。由于工业污染的总磷及总氮不做统计，从现有数据来看，以上两类污染物同样以城镇生活为主要污染来源，城镇生活污水总氮排放量达到72.77万吨，是畜禽养殖排放的4倍之多。工业污水排放在石油类污染物中占比最大，占总量的90%以上（表1–16）。因此，城镇生活污染为点源污染控制的关键，对减少COD、氨氮、总磷、总氮等污染物的排放具有重要作用。

表1–16 长江流域污染物排放情况

	工业		城镇生活		规模化畜禽养殖		总量
	排放量	占比	排放量	占比	排放量	占比	
COD / 万吨	196.76	21.1%	509.53	54.7%	226	24.2%	932.29
氨氮 / 万吨	10.7	15.3%	55.66	79.4%	3.73	5.3%	70.09
总磷 / 万吨	–	–	5.94	67.3%	2.89	32.7%	8.83
总氮 / 万吨	–	–	72.77	79.2%	19.16	20.8%	91.93

（续表）

	工业		城镇生活		规模化畜禽养殖		总量
	排放量	占比	排放量	占比	排放量	占比	
石油/吨	22051	99.3%	150.67	0.7%	–	–	22201.6

（数据来源:《第一次全国污染源普查技术报告（上）》《第一次全国污染源普查技术报告（下）》）

（2）非点源污染输入

根据调查分析，长江流域的非点源污染主要包括：农田径流、农村散排生活污水、畜禽养殖以及城市地表径流污染4方面。

1）农田径流

长江流域耕地面积大，农田径流非点源污染问题突出。截至2007年底，长江流域拥有耕地约2420万公顷，虽仅占全国耕地总面积的1/4，但粮食产量却占全国的34%，水稻产量约占全国的70%（许继军等，2011）。近年来，随着长江流域农业种植面积及农作物产量的增长，长江流域农田径流非点源污染问题日益突出，已成为流域污染物的主要来源之一。

长江中下游地区农业源氨氮污染物排放较严重。根据《2015中国环境统计年报》，2015年长江流域氨氮的总排放量为76.1万吨，其中，农业源所产生的氨氮排放总量为24.4万吨，占流域氨氮总排放量的32.1%。根据《重点流域水污染防治“十二五”规划》中的分区，长江中下游流域（含上海、江苏、安徽、江西、河南、湖北、湖南、广西8省市自治区55个地市408个区县）所产生的农业源氨氮的排放总量为14.6万吨/年，占长江流域氨氮排放总量的19.2%，占长江流域农业源氨氮排放总量的60.3%；该流域农业源氨氮排放总量最大的省是湖南省，占长江中下游流域农业源氨氮排放总量的39.6%。太湖、巢湖、滇池流域（含上海、江苏、浙江、安徽、云南5省市13个地市70个区县）所产生的农业源氨氮排放总量为1.5万吨/年，占长江流域氨氮排放总量的2.0%，占长江流域农业源氨氮排放总量的6.1%。三峡库区及其上游流域（含湖北、重庆、四川、贵州、云南5省市自治区42个地市320个区县）所产生的农业源氨氮排放总量为7.4万吨/年，占长江流域氨氮排放总量的9.7%，占长江流域农业源氨氮排放总量的30.3%；该流域农业源氨氮排放总量最大的省是四川省，占该流域农业源氨氮排放总量的70.7%。丹江口库区及其上游（含河南、湖北、陕西3省8个地市43个区县）所产生的农业源氨

（续表）

氮排放总量为0.9万吨/年，占长江流域氨氮排放总量的1.2%，占长江流域农业源氨氮排放总量的3.7%；该流域农业源氨氮排放总量最大的省为陕西省，占该流域农业氨氮排放总量的74.4%（中华人民共和国生态环境部，2015）。通过统计结果可以看出，现阶段长江流域农业非点源污染排放最严重的区域为长江中下游区域，其氨氮排放总量占整个长江流域氨氮排放总量的19.2%，需重点关注此段区域农业非点源污染的治理。

种植业是农业源污染物的主要来源。根据《第一次全国污染源普查技术报告》，2007年长江流域农业源氨氮排放总量约为11.56万吨，总磷排放总量约为8.31万吨，总氮排放总量约为53.81万吨（统计中的农业源包括：种植业、规模化养殖场、养殖小区、养殖专业户、水产养殖场和水产养殖专业户）。其中，种植业所产生的氨氮排放总量约为7.22万吨，占流域农业源氨氮排放总量的62%；种植业所产生的总磷排放总量约为4.03万吨，占流域农业源总磷排放总量的48%；种植业所产生的总氮排放总量约为53.81万吨，占流域农业源总氮排放总量的68%（表1-17）。

表1-17　长江流域主要省市2007年农业源种植业污染物排放情况

省市自治区名称	氨氮（万吨/年）			总磷（万吨/年）			总氮（万吨/年）		
	农业源	种植业	占比	农业源	种植业	占比	农业源	种植业	占比
上海	0.16	0.09	56%	0.08	0.04	50%	1.01	0.59	58%
江苏	1.98	1.37	69%	1.51	0.44	29%	13.98	8.86	63%
安徽	1.2	0.91	76%	1.07	0.5	47%	12.24	9.41	77%
江西	0.85	0.56	66%	0.77	0.42	55%	6.5	4.15	64%
湖北	2.06	1.37	67%	1.3	0.55	42%	12.71	7.67	60%
湖南	1.83	0.89	49%	1.41	0.63	45%	12.76	6.86	54%
重庆	0.5	0.24	48%	0.34	0.22	65%	2.8	2.21	79%
四川	1.9	0.98	52%	1.12	0.66	59%	10.09	7.86	78%
云南	1.01	0.75	74%	0.66	0.53	80%	6.17	5.56	90%
西藏	0.04	0.04	100%	0.03	0.03	100%	0.5	0.49	98%

（续表）

省市自治区名称	氨氮（万吨/年）			总磷（万吨/年）			总氮（万吨/年）		
	农业源	种植业	占比	农业源	种植业	占比	农业源	种植业	占比
青海	0.03	0.02	67%	0.02	0.01	50%	0.37	0.15	41%
合计	11.56	7.22	62%	8.31	4.03	48%	79.13	53.81	68%

（数据来源:《第一次全国污染源普查技术报告（上）》《第一次全国污染源普查技术报告（下）》）

随着流域种植业的快速发展，长江流域农业非点源污染的排放总量呈逐年上涨趋势。以农业源氨氮为例，对比2007年统计结果，2015年长江流域农业源氨氮的排放总量上升了近2倍。随着流域点源污染的强化控制，流域非点源污染，尤其是农业非点源污染已成为长江水环境污染的最大问题，也日益成为长江水环境治理的重点和难点问题。

2）农村散排生活污水

长江流域农村散排生活污染物排放形势不容乐观。根据《第一次全国污染源普查技术报告》，2007年太湖、巢湖、滇池流域以及三峡库区四个重点流域农村生活污水的产生量为3.87亿吨，排放量为3.20亿吨。其中，太湖流域农村生活污水排放量最大，为2.65亿吨，占四大流域农村生活污水排放总量的82.68%。三峡库区的农村生活污水排放总量为1685.23万吨；巢湖为2992.79万吨；滇池流域农村生活污水排放总量最少，为862.73万吨。从重点流域农村生活源人均生活污水排放量来看，太湖地区的农村人均生活污水排放量最大，为每年20.19万吨/人，滇池流域第二，为12.98万吨/人，巢湖和三峡库区农村生活污水人均排放量最小（表1–18）。四个重点流域农村生活源共产生化学需氧量（COD）41.31万吨，排放量28.79万吨；氨氮（NH_3–N）产生量为1.13万吨，排放量为1.06万吨；总磷（TP）产生量为3157.45吨，排放量为2578.43吨；总氮（TN）产生量为2.56万吨，排放量为2.24万吨（表1–19）。

表1–18　重点流域农村生活源污水产生、排放情况

流域	农村生活污水排放量/万吨	人均生活污水排放量/（吨/人）
太湖	26451.37	20.19
三峡库区	1685.23	1.34

（续表）

流域	农村生活污水排放量 / 万吨	人均生活污水排放量 /（吨 / 人）
巢湖	2992.79	4.80
滇池	862.73	12.98
重点流域合计	31992.12	9.83

（数据来源:《第一次全国污染源普查技术报告（上）》《第一次全国污染源普查技术报告（下）》）

表 1–19　重点流域农村生活源污染物排放情况

流域	COD（万吨）	NH3–N(万吨）	TP（万吨）	TN（万吨）
太湖	22.36	1.01	0.23	2.07
三峡库区	2.73	0.03	0.01	0.07
巢湖	2.12	0.02	0.008	0.07
滇池	1.57	0.005	0.006	0.03
合计	28.79	1.06	0.25	2.24

（数据来源:《第一次全国污染源普查技术报告（上）》《第一次全国污染源普查技术报告（下）》）

3）畜禽养殖

畜禽养殖粪污排放总量大。长江流域的畜禽养殖业广泛散布在农村地区，养殖所产生的畜禽粪尿以及废弃污染物对流域水生态环境安全造成了严重的威胁。2019年，人大代表曹清尧在全国两会上提出的《关于加大国家对长江上游地区畜禽粪污资源化利用的建议》指出，每年全国畜禽养殖所产生粪污约为38亿吨，其中长江上游地区就有约10亿吨。但是，目前国家支持的畜禽粪污资源化利用整县推进项目在长江上游地区不足10个。近年来，随着《水污染防治行动计划》的深入推进，面源污染尤其是面源畜禽养殖污染所造成的污染排放正逐渐减少，畜禽粪便的收集、处理和资源化利用比例日益增加，一定程度上降低了面源污染的入河总量，改善了流域水环境质量。

4）城镇地表径流

城镇化建设项目的快速推进增加了区域不透水地面面积，导致城市中的绿地、河道、湖泊、湿地等自然水体面积快速萎缩，加快了城市地表径流及污染物的汇集速度，带来一系列地表径流污染问题。

城市地表径流污染是一种典型的非点源污染。汽车尾气、轮胎磨损、道路老化、大气沉降等原因导致城市道路地表累积了大量的重金属、无机盐、多环芳烃、苯等污染物，在降雨过程中，这些污染物会随着雨水冲刷进入径流，然后通过排水系统直接汇入至城市水体或渗透进入地下，造成地表水和地下水污染。国内外研究表明，城市集水区由降雨径流而造成的城市地表径流污染主要来源于三个方面：一是降雨径流冲刷城市地表累积的污染物；二是降雨径流冲刷污水管道中积累的污泥；三是来源于市政污水。城市地表径流污染已成为仅次于农业面源污染的第二大非点源污染源，尤其是在雨、污混合制的城市群中，城市地表径流污染更加严重（张蕾等,2010）。以武汉市汉阳城区为例（雨、污混合制城市），根据实测资料，2003—2005年，武汉市汉阳城区全年由降雨径流导致的总悬浮固体（TSS）、COD、TN、TP的污染负荷排放分别占全年集水区污染物排放总量的59.4%、26.3%、11.2%、10.1%（李立青等，2007，表1-20）。因此，加快推进城市雨、污管网改造，控制城市地表径流污染势在必行。

表1-20　汉阳城区3个城市集水区年降雨径流污染负荷对集水区年总污染负荷的贡献

集水区	TSS（%）	COD（%）	TP（%）	TN（%）
十里铺	65.9	31.1	12.8	17.1
七里庙	44.1	13.41	7.3	6.2
五里墩	68.1	34.3	10.2	10.4
区域平均	59.4	26.3	11.2	10.1

综上，农业种植业污染是长江流域非点源污染的主要来源。农业种植业所产生的氨氮、总磷、总氮排放总量占非点源污染排放总量的一半以上，总氮的排放比例高达68%。且随着种植面积和种植密度的增大，农业种植业非点源污染的排放总量和排放比例将会呈进一步增大趋势。因此，加强农业非点源污染治理迫在眉睫。

（3）污染排放贡献率分析

长江流域污染排放问题较为突出，COD、氨氮、总磷和总氮等污染物排放量均占全国总量的30%以上，在十大流域中皆居于首位。为理清不同污染源对上述4类污染物的贡献率，综合分析了农业源、工业源、城镇生活源和规模化畜禽养殖对上述不同污染物排放的总体贡献率（图1–37）。由于农业源COD排放量未做统计，因此COD仅统计工业源、城镇生活源和规模化畜禽养殖的贡献率。从图1–85可以看出，城镇生活污染、规模化畜禽养殖及工业污染对COD的贡献率分别为54.7%、24.2%、21.1%；而氨氮主要来源于城镇生活污染，其排放量高达总量的71.4%；农业源及城镇生活污染排放的总磷数量相近，分别为38%、41.7%；总氮主要源于城镇生活污染（57.4%），农业源和规模化畜禽养殖的贡献率分别为27.4%和15.5%。可见，城镇生活污染是长江流域的主要污染源，其次为农业源、规模化畜禽养殖及工业源。

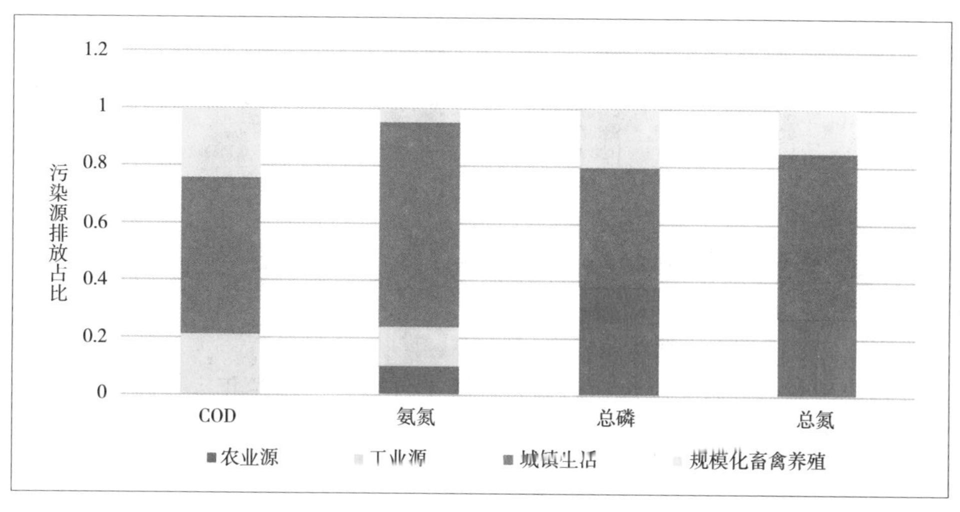

图1–37 长江流域各类型污染排放量占比（农业源COD排放量未作统计）
（数据来源：《第一次全国污染源普查技术报告（上）》《第一次全国污染源普查技术报告（下）》）

受区域经济、社会和人口等多重因素的影响，长江流域各省污染成因复杂，污染物排放不均现象显著。根据《第一次全国污染源普查技术报告》，2007年长江流域污染物排放总体呈上游低、中游高、下游低的趋势（表1–21）。其中，COD排放总量排名前三的省份为江苏（19.0%）、湖南（18.1%）和湖北（13.7%）；生物需氧量（BOD）排放总量排名前三的省份为湖南（18.9%）、湖北（15.9%）、江苏和安徽并列第三（均占18.9%）；NH_3–N排放总量排名前三的省份为江苏（16.9%）、湖南（15.2%）和湖北（14.3%）；总磷排放总量排名前三的省份为江苏（17.6%）、湖南（15.4%）和四川（14.7%）；总氮排放总量排名前三的省份为江苏（18.4%）、湖南（14.6%）和湖北（14.5%）。总体上来看，江苏、湖南、湖北、安徽和四川等省份COD、BOD、NH_3–N、总磷和总氮的排放量均相对较高，需着重关注。

表1–21　2018年长江流域污染排放状况

省市	COD		BOD		NH_3-N		总磷		总氮	
	排放量（万吨/年）	占比	排放量（万吨/年）	占比	排放量（万吨/年）	占比	排放量（万吨/年）	占比	排放量（万吨/年）	占比
上海	27.3	2.9%	0.05	0.0%	5.3	6.9%	0.5	3.7%	8	5.3%
江苏	181	19.0%	21.1	12.3%	13	16.9%	2.4	17.6%	27.6	18.4%
安徽	109.4	11.5%	21.1	12.3%	8	10.4%	1.6	11.8%	20	13.3%
江西	82.1	8.6%	17.1	10.0%	6.8	8.8%	1.2	8.8%	11.9	7.9%
湖北	129.8	13.7%	27.3	15.9%	11	14.3%	1.9	14.0%	21.8	14.5%
湖南	171.6	18.1%	32.4	18.9%	11.7	15.2%	2.1	15.4%	21.9	14.6%
重庆	45.6	4.8%	8.8	5.1%	4.3	5.6%	0.7	5.1%	6.8	4.5%
四川	121	12.7%	20.9	12.2%	10	13.0%	2	14.7%	19.2	12.8%
云南	71.9	7.6%	19.6	11.4%	5.8	7.5%	1	7.4%	11.1	7.4%
西藏	2.7	0.3%	0.7	0.4%	0.3	0.4%	0.1	0.7%	0.9	0.6%
青海	8	0.8%	2.3	1.3%	0.8	1.0%	0.1	0.7%	1.2	0.8%
合计	950.4	1	171.35	1	77	1	13.6	1	150.4	1

（数据来源:《第一次全国污染源普查技术报告（上）》《第一次全国污染源普查技术报告（下）》）

（4）流域污染输入通量

结合所获得的水文、水质数据，计算出2012年、2018年大通断面入海污染物通量的变化情况，如表1–22所示。其中，2012年，大通断面COD_{Mn}、TP的入海总通量为275.9万吨/年、12.7万吨/年；2018年，大通断面COD_{Mn}、TP的入海总通量为140.5万吨/年、7.7万吨/年。与2012年相比，2018年大通断面COD_{Mn}、TP入海总通量明显下降，总体下降了49.1%和39.4%。2012年、2018年大通断面典型污染物入海通量的月变化过程如图1–38、图1–39所示，从COD_{Mn}和TP的月通量变化过程来看，大通断面7—10月COD_{Mn}和TP的月通量明显高于其他月份。其中，2012年7—10月大通断面COD_{Mn}和TP的入海总通量高达114.6万吨和5.1万吨，约占全年的41.5%和40.2%，污染物入海通量最大的月份为8月，其COD_{Mn}和TP的月通量可达54.1万吨和2.3万吨，占全年的19.6%和18.1%；2018年7—10月大通断面COD_{Mn}和TP的入海总通量为56.6万吨和3.2万吨，约占全年的40.3%和41.6%，污染物入海通量最大的月份仍为8月，其COD_{Mn}和TP的月通量可达18.5万吨和1.2万吨，占全年的13.2%和15.6%。通过以上分析可以看出，2012—2018年长江流域污染物入海总通量下降趋势明显，表明十八大以来，水污染防治规划等控污、治污政策的实施在很大程度上控制了流域污染物的入海总量，取得了较高的环境和社会效益；另外从图中还可看出，丰水期长江流域污染物入海总通量要远高于平水期和枯水期，表明非点源污染已成为长江水环境污染的最大问题，也将成为长江水环境治理的重点和难点问题，控制非点源污染迫在眉睫。

表1–22　2012年和2018年大通断面污染物入海通量

月份	2012年		2018年			
	COD_{Mn}（万吨）	TP（万吨）	COD_{Mn}（万吨）	变化率（%）	TP（万吨）	变化率（%）
1	9.2	0.5	7.2	21.7%	0.4	20.0%
2	8	0.5	6.3	21.3%	0.4	20.0%
3	17.6	0.9	10	43.2%	0.4	55.6%
4	15.8	0.9	9.2	41.8%	0.5	44.4%
5	34.9	1.2	14.4	58.7%	0.8	33.3%
6	29.8	1.5	14	53.0%	1	33.3%
7	34.1	1.5	19	44.3%	0.9	40.0%
8	54.1	2.3	18.5	65.8%	1.2	47.8%
9	28.7	1.3	13.2	54.0%	0.6	53.8%
10	16.7	0.8	10.7	35.9%	0.7	12.5%
11	12.7	0.7	9.4	26.0%	0.4	42.9%
12	14.2	0.7	8.7	38.7%	0.4	42.9%
合计	275.9	12.7	140.5	49.1%	7.7	39.4%

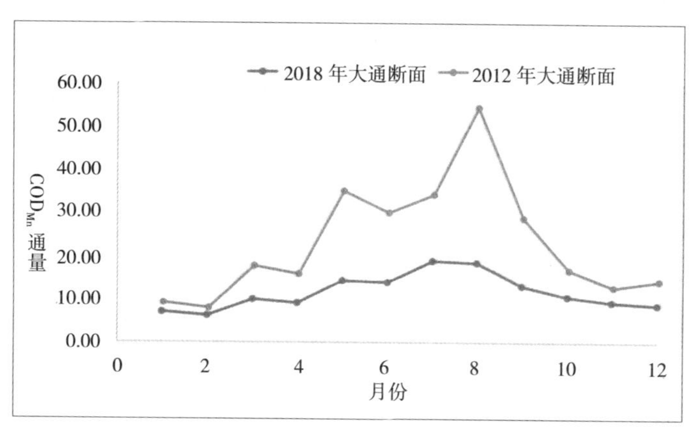

图1–38　COD_{Mn}入海通量的月变化过程

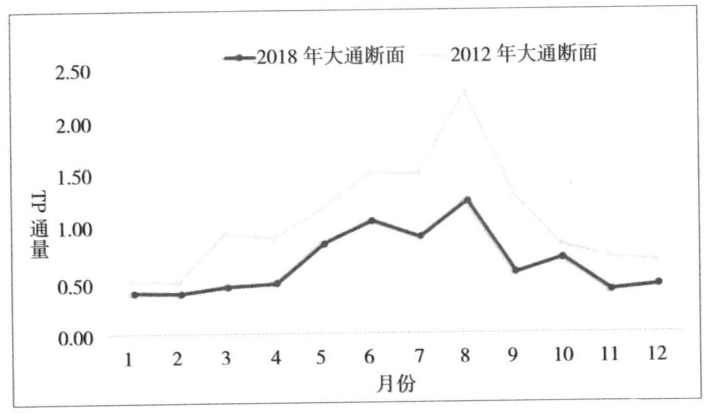

图1-39　TP入海通量的月变化过程

2. 外海影响

长江口邻近海域既受长江等诸多河流影响，也有黑潮及其分支流系以及季风变化的影响，是研究人类活动与气候变化世界级的实验场所，也是研究陆海相互作用、边缘海与大洋相互作用的典型海域（唐启升，1996）。

（1）海洋环境特征

长江口及其邻近海区20世纪四五十年代为暖期，50年代温度最高，60年代为这一时期的低温期。图1-40为20世纪五六十年代盐度分布，图1-41为20世纪五六十年代温度分布，可以看到长江口及其邻近海区温度分布为近岸低、外海高；水温和盐度由南向北递减；夏季水温升到最高，盐度降至最低，此时盐度最低值在长江口附近，并形成明显的羽状锋，淡水舌向东北延伸；水温盐度最高值出现在东海南部；高温中心位于台湾以东海域，最高温度可达12℃；苏北沿岸低温低盐水舌向东南方向延伸；苏浙外海有一个由南向北伸展的高温高盐水舌，其10℃等温线，34.5等盐度线抵达31° N附近。溶解氧含量出现自海区东南向西北递增的趋势，舟山外海表层和10米层左右溶解氧含量高，20米层以下溶解氧含量为未饱和，北部外海出现黄海的高值水舌，底层近岸过饱和，123° E附近出现溶解氧低饱和水舌向北延伸。除冬季外均有明显的层化现象，垂直分布夏季长江口有明显的跃层。溶解氧含量冬季最高，夏季最低，饱和度春季最高，夏季最低。

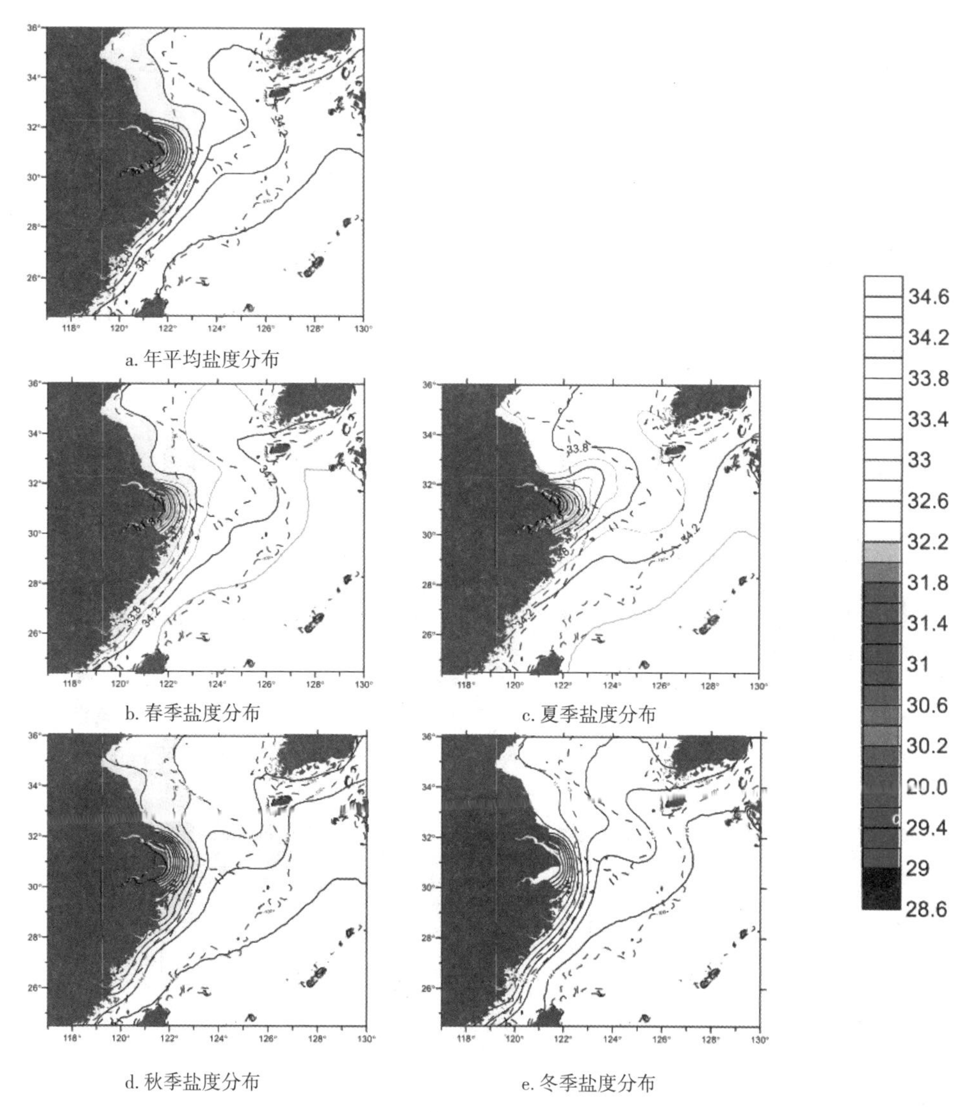

a. 年平均盐度分布

b. 春季盐度分布

c. 夏季盐度分布

d. 秋季盐度分布

e. 冬季盐度分布

图1-40　长江口及其邻近海区全水层平均盐度分布
（数据来源:《渤黄东海海洋图集》）

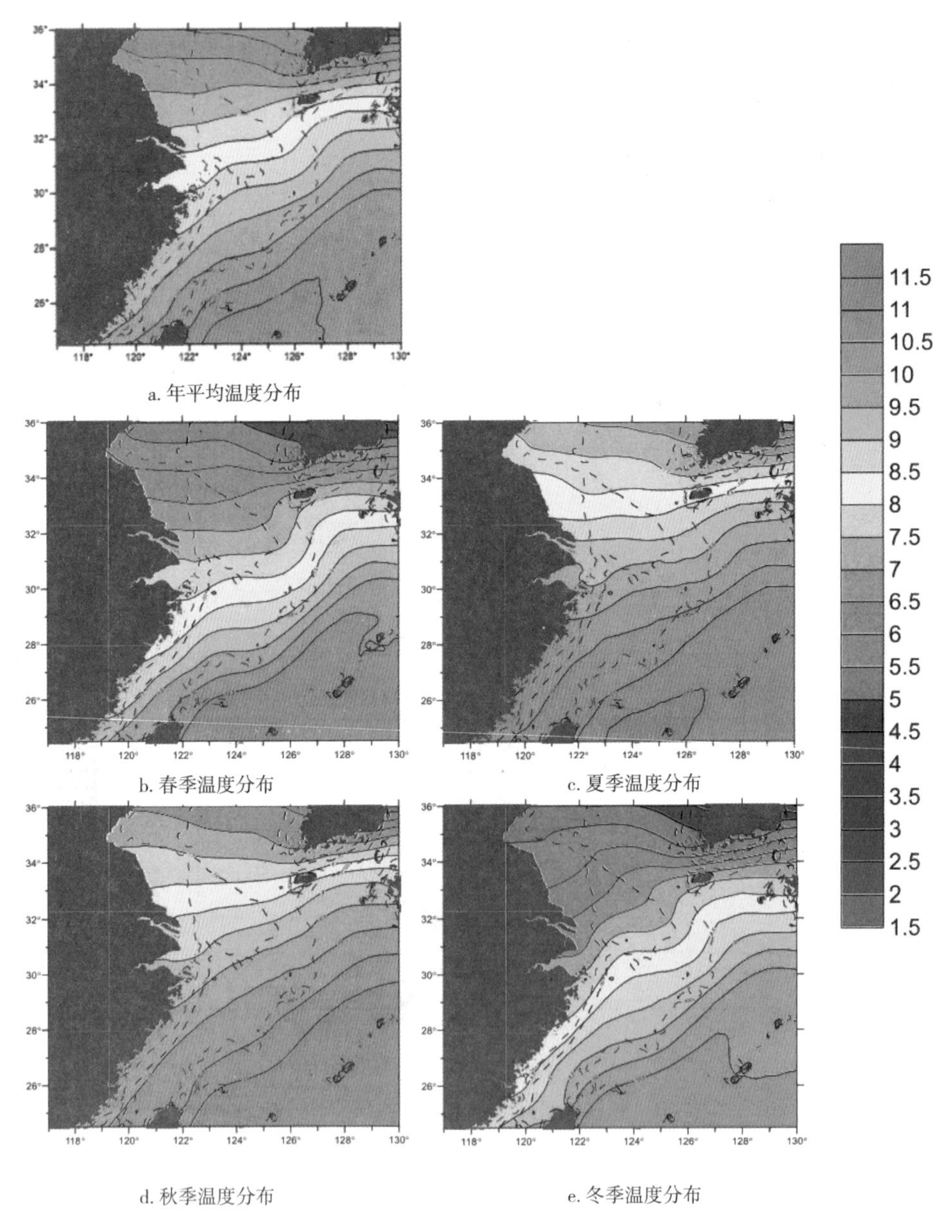

a. 年平均温度分布

b. 春季温度分布

c. 夏季温度分布

d. 秋季温度分布

e. 冬季温度分布

图1–41　长江口及其邻近海区全水层平均温度分布

（数据来源：《渤黄东海海洋图集》）

长江口及附近海域呈沿岸高、远岸低趋势，夏季表层水体磷酸盐浓度高，且呈舌状向外海延伸，秋季呈北高南低的分布趋势，含量最高出现在冬季，沿岸区域水平梯度大；硅酸盐高值出现在秋冬季节，低值出现在春季，有明显的高值水舌从长江口向外海扩展；硝酸盐含量夏季垂直分布均匀，近岸区冬季最高，秋季最低，远岸区表层冬季最高，底层冬季最低，春夏季较高。

1997—2014年，长江口及附近海域平均的表层盐度最低、温度最高，随深度增加，盐度增大、温度减小，并且底部水体越靠近外海温度越低，而盐度在水体底部出现两个高值中心，在长江口受长江冲淡水影响出现一个低值中心。溶解氧表层及10米水层含量最高，20米以下为未饱和状态，并在底部出现两个低氧中心（图1–42）。

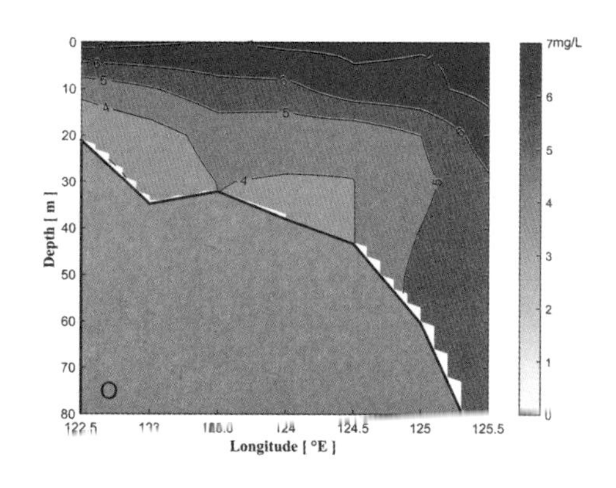

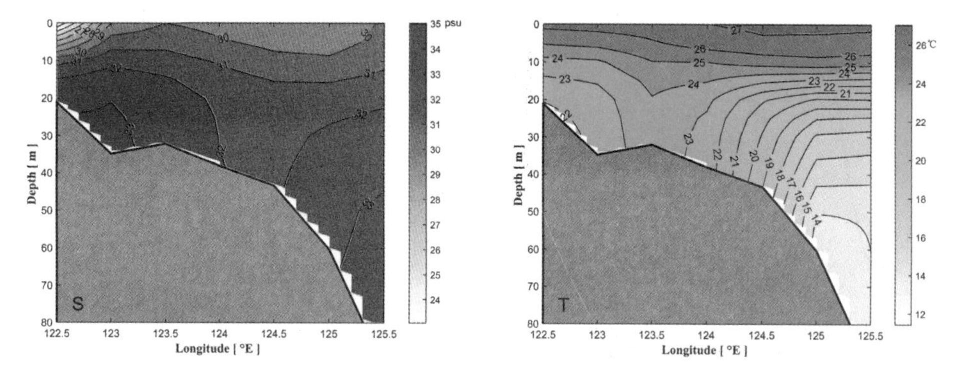

图1–42 1997—2014年S1断面温度、盐度、溶解氧分布
（数据来源：马晓、刘安琪、赵强和周锋等提供）

根据2003—2013年气候态月平均海表温度（SST）分布发现，长江口及浙江沿岸海域SST有明显的季节变化特征，并且冬季和早春时SST跨陆架梯度大，存在温度锋面，而到了5月份，锋面基本消失，直至11月份锋面再度出现。

并且长江口及其邻近海域温度和盐度的变化受该海域环流影响显著，Jiang等人（2017）根据2009年长江口夏季航次调查数据发现，夏季长江口受黄海沿岸流入侵影响，长江口以北海域表层形成向东南方向运动的冷舌，浙江沿岸盐度大于34的暖舌则受台湾暖流及黑潮分支入侵影响向北运动，长江冲淡水（以31盐度等值线为界）在入海后先向东运动然后向东北方向偏转，最后沿陆架向东运动。

（2）海洋营养盐分布状况

近30年来无机氮、活性磷酸盐含量总体上处于明显的上升趋势，硅酸盐呈下降趋势（图1–43）。近30年来,长江口海域丰水期N/P比值范围为42.03~107.79，均远大于Redfield比值（一般为16），N/P比值总体呈下降趋势，处于失衡状态；Si/N（Redfield比值为1）比值范围为0.47~2.09，与N/P变化趋势基本相同，也呈现较明显下降趋势，这与硅酸盐含量持续降低和无机氮含量缓慢上升的趋势相关。

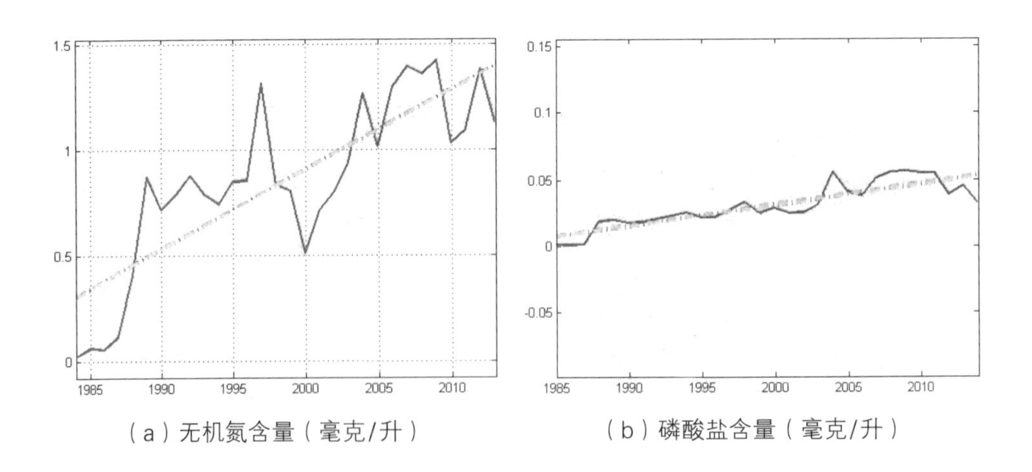

（a）无机氮含量（毫克/升）　（b）磷酸盐含量（毫克/升）

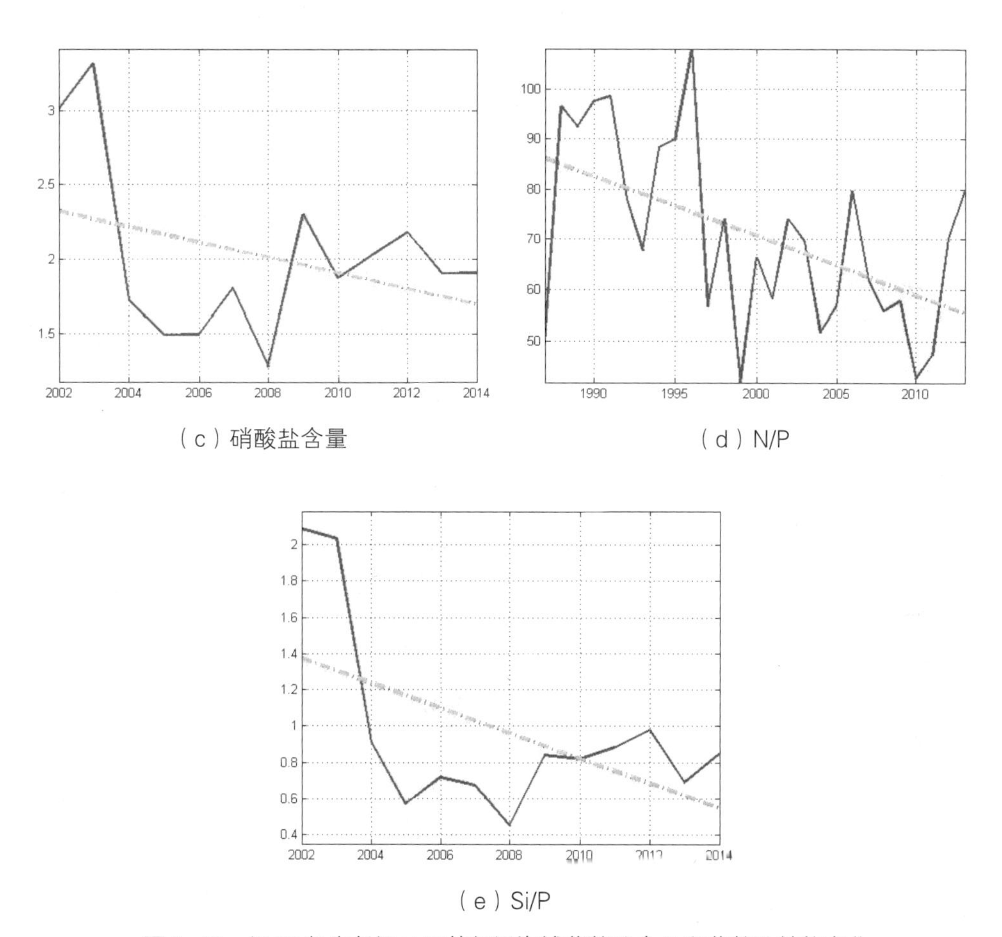

（c）硝酸盐含量

（d）N/P

（e）Si/P

图1–43　近30年来长江口及其邻近海域营养盐含量和营养盐结构变化

2006年夏、冬季，2007年春、秋季调查数据发现，营养盐基本呈西高东低分布，夏季受长江冲淡水影响，营养盐在口门东北部有一个高值水舌扩展，而春秋和冬季则无此现象，营养盐基本在长江口门处向东南方向输送。图1–44可以看到春季夏季冬季硝酸盐浓度表底呈西高东低的分布趋势，硝酸盐高浓度区主要集中在长江河口和杭州湾区域，秋季硝酸盐浓度低于春季，表底浓度差别较小。图1–45可以看到春季夏季表底层靠岸一侧硝酸盐浓度比外海高，秋季呈锋面区高，近岸、外海区低的趋势，冬季呈近岸高、中间低、外海高的趋势。图1–46可以看到铵盐四季在长江河道和近岸相对较高。图1–47可以看到活性磷酸盐四季呈西高东低分布，夏季和秋季在长江河口和杭州湾存在两个高值区。图1-48可以看到活性硅酸盐四季呈西高东低分布，自长江口门向东南方向扩展，但夏季表层有东北舌状分布，底层没有此现象。

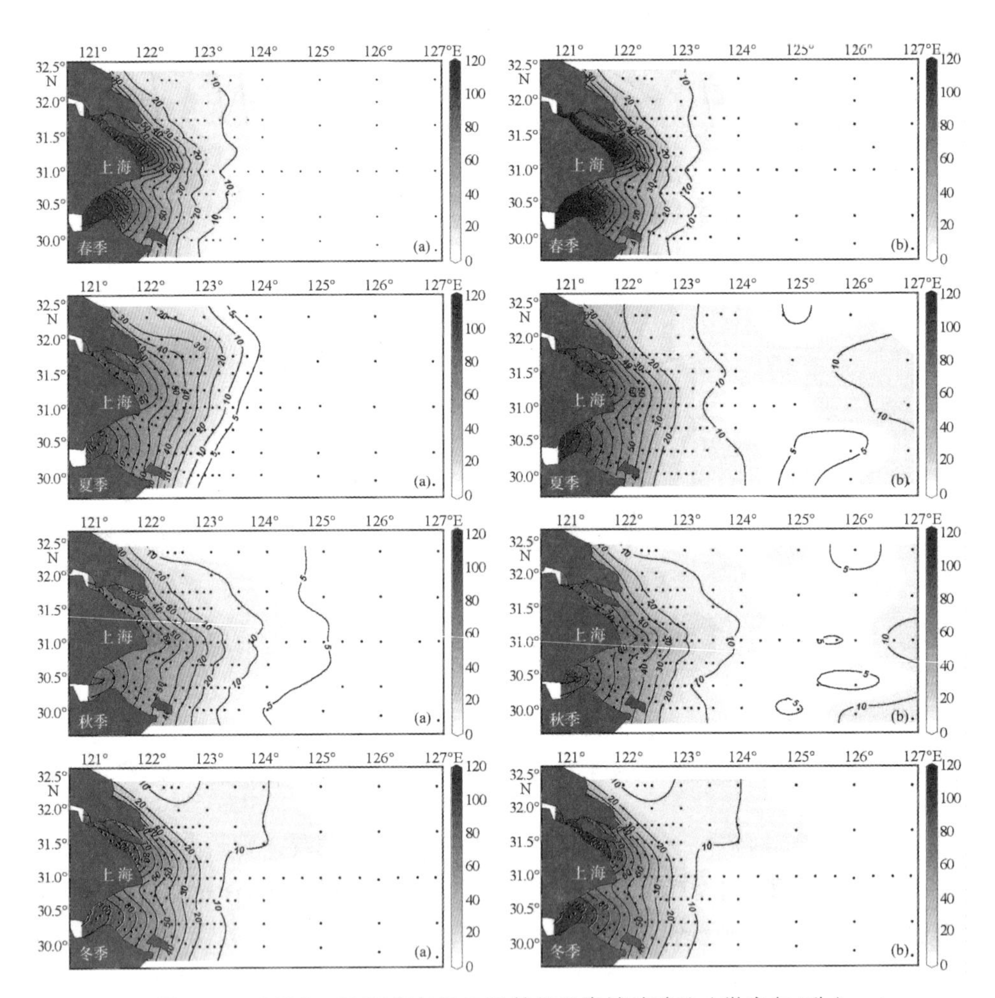

图1-44　2006—2007年长江口及其邻近海域硝酸盐（微摩尔/升）四季分布表、底层分布

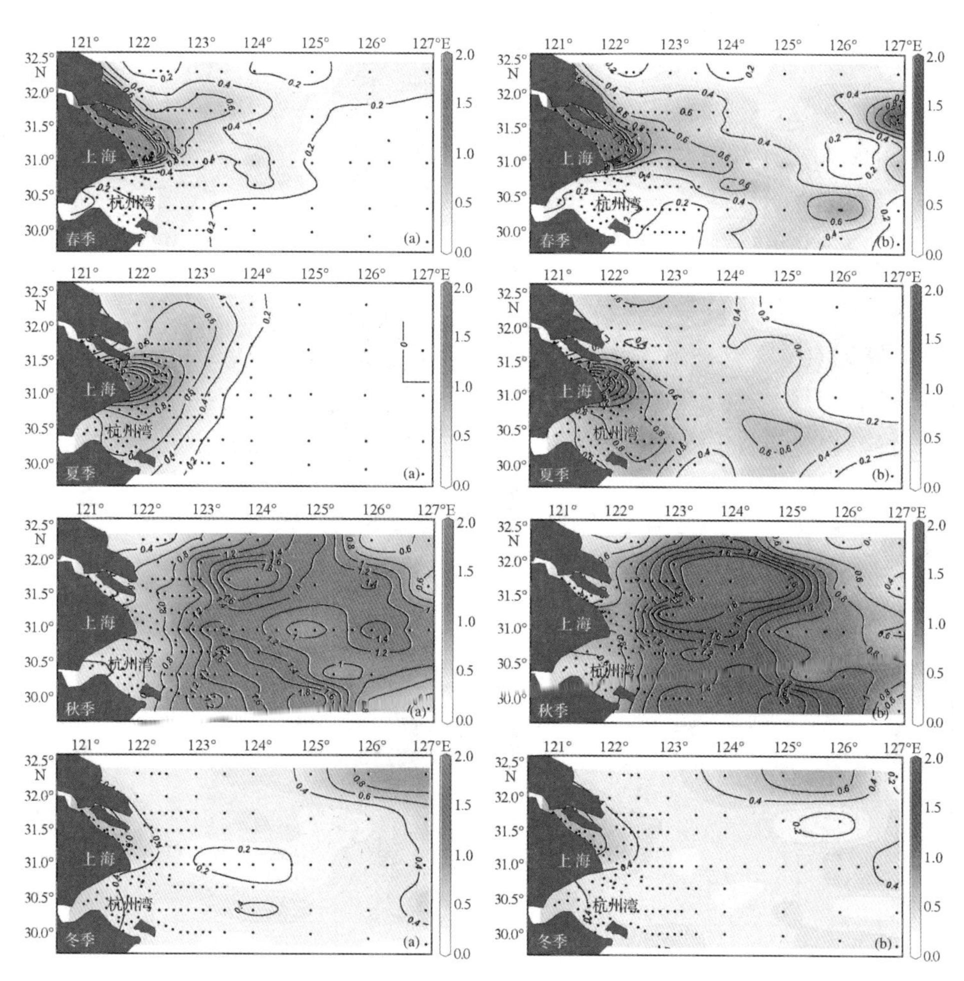

图1-45　2006—2007年长江口及其邻近海域亚硝酸盐（微摩尔/升）
四季分布表、底层分布

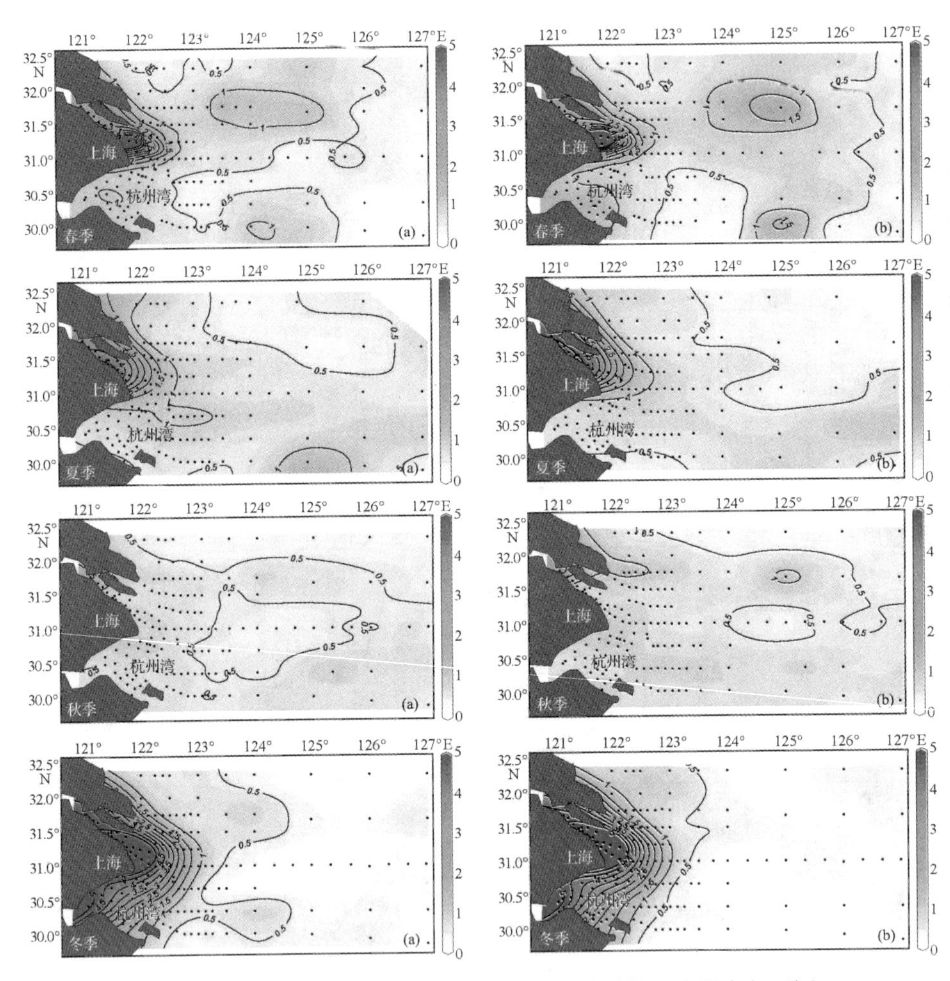

图1-46　2006—2007年长江口及其邻近海域铵盐（微摩尔/升）
四季分布表、底层分布

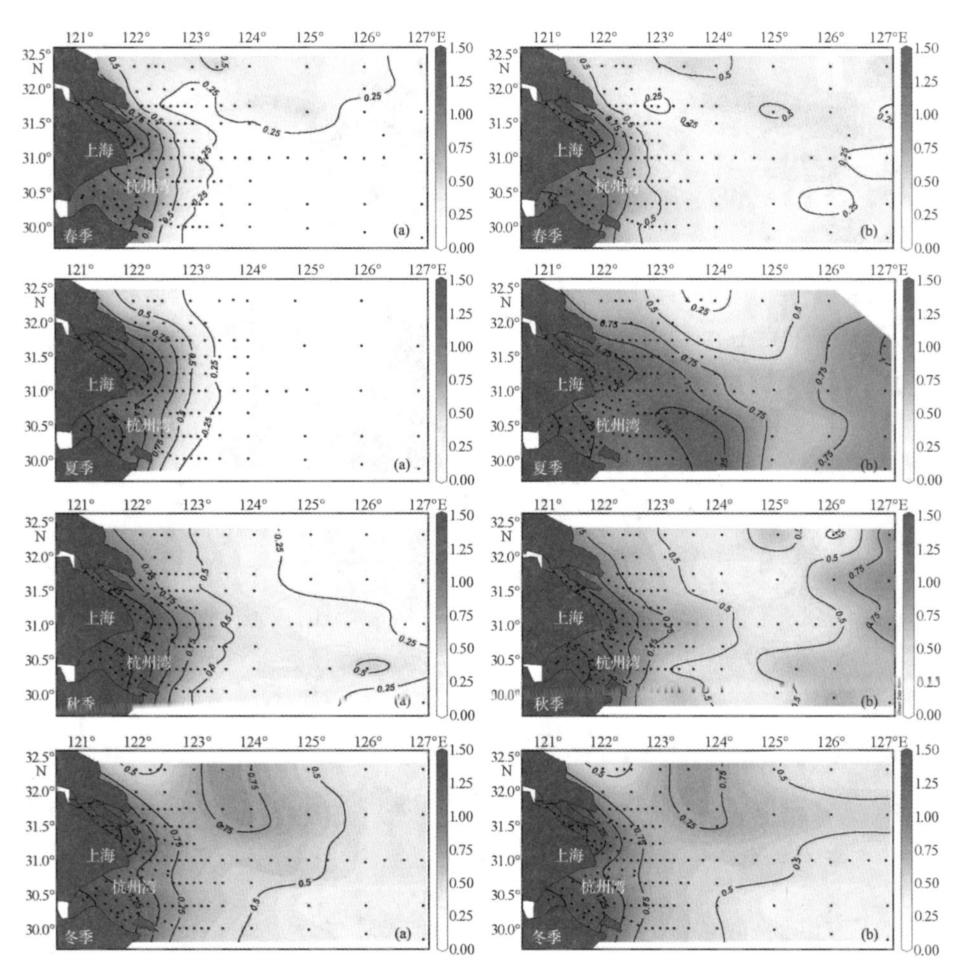

图1-47　2006—2007年长江口及其邻近海域活性磷酸盐（微摩尔/升）四季分布表、底层分布

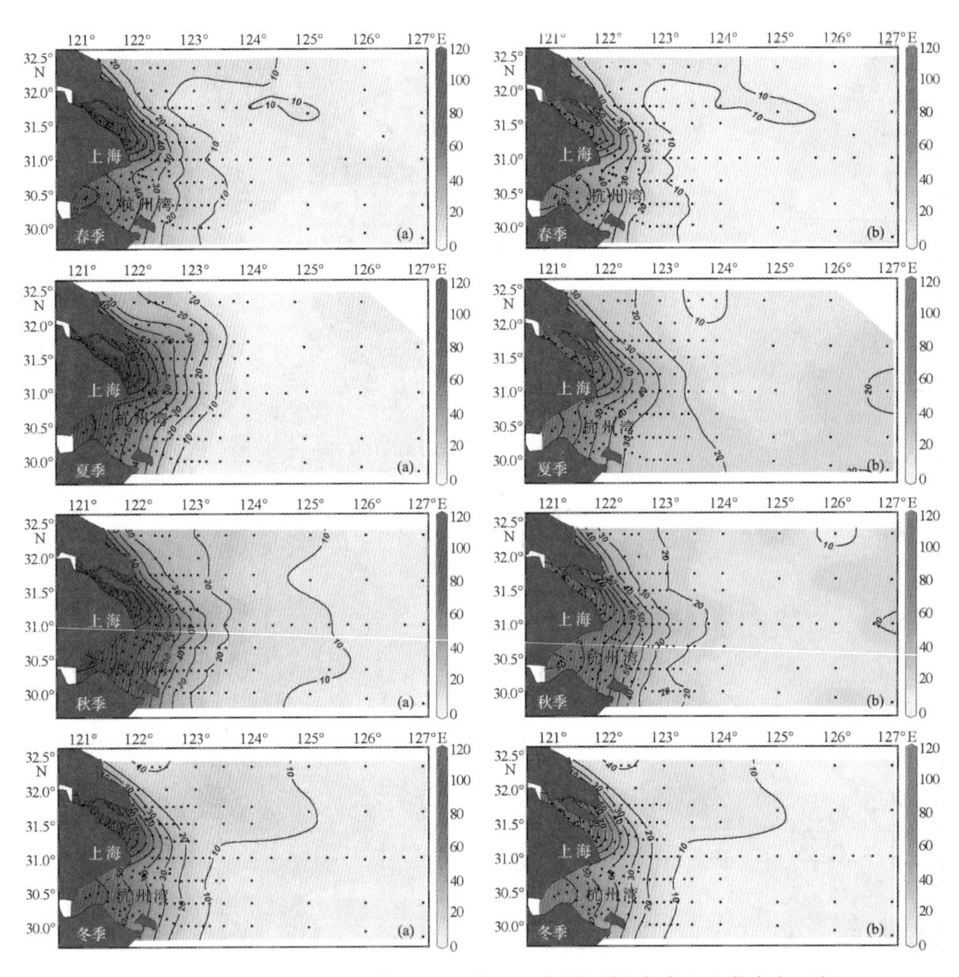

图1-48　2006—2007年长江口及其邻近海域活性硅酸盐（微摩尔/升）四季分布表、底层分布

（3）营养盐的变化及影响因素

江志兵发现1959—2009年夏季氮磷营养盐浓度呈上升趋势，但硅酸盐浓度保持恒定。周名江发现长江口营养盐输入从1960年起一直呈上升趋势，在40年里营养盐浓度增加了3倍，从1960年的20.5微摩尔/升到1980年的59.1微摩尔/升再到1990—2004年的80.6微摩尔/升。郭新宇发现营养盐浓度在23年（1987—2009年）间有显著的增加，尤其是2004年，但是溶解氧没有明显的变化。

营养盐在时间上的变化，主要受长江径流携带大量、不断增长的营养物质有关，但在空间分布上，也明显存在外海环流入侵的影响。根据对长江口外底层流场的模拟，2006年8月台湾暖流可北上至33.5° N（周锋、黄大吉等，2010），不仅对应台湾暖流北上流经之海域的溶解氧低值区（Wang，2009），而且也使缺氧区向北扩展、面积进一步扩大。

3. 大气沉降

长江经济带大气环境不容乐观。随着社会经济的高速发展，长江经济带大气污染物排放不断加重，给区域大气环境带来巨大压力。2015年长江经济带二氧化硫、氮氧化物、氨氮排放量分别占全国排放量的34%、32%、43%，单位面积污染物排放强度约为全国平均水平的1.5—2倍，而长江三角洲地区的单位面积污染物排放强度又是长江经济带平均水平的1.7—3.3倍（图1-49）（孙亚梅等，2018）。

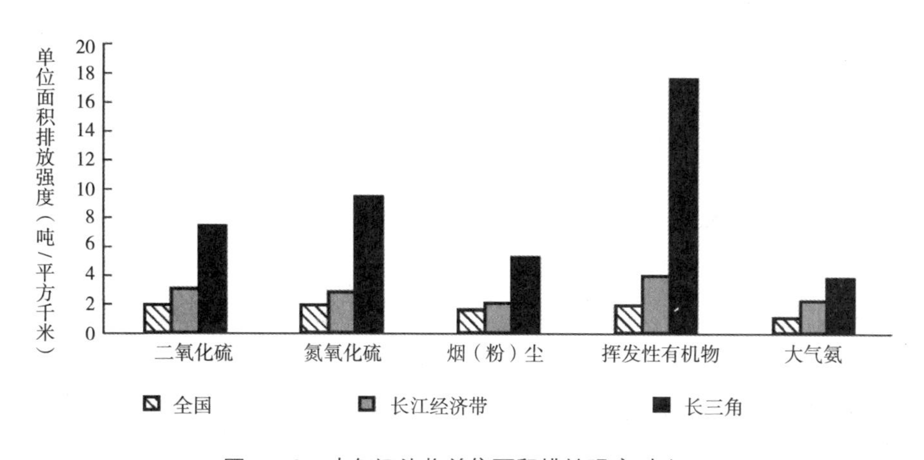

图1-49　大气污染物单位面积排放强度对比

由于大气污染日益加重，大气海域沉降已成为海域污染的重要来源之一。研究表明，大气污染物中氮氧化物、二氧化硫等酸性气体的沉降会引起海洋酸化，而氮、磷及铁等营养物质的输入可促进海洋初级生产力，导致水体富营养化或赤潮的爆发。从全球尺度来看，多年平均大气氮沉降输入量已与河流氮素入海量相当；某些地区的大气氮沉降入海量甚至已超过河流输入量，例如大气沉降是溶解态无机氮和无机磷输入到黄海的主要途径，其贡献大于河流输入。此外，海洋重金属和有机污染物有相当一部分亦源于大气沉降，例如在英吉利海峡，大气锌和镉湿沉降对陆源总输入量贡献高达65%以上。在大气环流的作用下，化石燃料燃烧产生的多环芳烃，在离岸较远的开阔海域，主要通过大气沉降途径输入至海洋（赵卫红等，2007；高会旺和张潮，2019）。因此，研究大气沉降对海域污染的贡献，明确各个污染源并从源头加以控制，对减小海域污染具有极其重要的意义。

（1）大气营养盐沉降

1）大气氮沉降

大气沉降中的氮可分为有机氮和无机氮两种，无机氮主要由氨氮、氮氧化物（主要包括NO_3-N与NO_2-N）等水溶性离子和NO_2、NH_3、HNO_3等气态氮组成，其中氨氮、氮氧化物为主要组成部分。氨氮主要来自于农业源，但其在空气中易被氧化，迁移距离较近；氮氧化物主要来自于化石燃料的燃烧、工业生产等活动，在大气中比较稳定，传输距离可达上千千米。有机氮主要分为氧化态有机氮、还原态有机氮以及生物有机氮三类，其中还原态有机氮（氨基酸、尿素等）是气溶胶的主要有机氮成分（王骏飞和刘宁锴，2018）。

氮氧化物：长江流域大气中氮氧化物排放主要源于能源消耗、工业和交通。2018年中国统计年鉴数据显示，2017年长江流域大气排放氮氧化物448.23万吨，如果只考虑工业、生活和机动车排放，长三角地区排放达189.1万吨，其中工业源、机动车和生活源排放分别为133.4万吨、53.4万吨和2.2万吨，分别占总排放的70.5%、28.3%和1.2%。同时能源供应的贡献也不可忽视，长三角地区的人均能源消耗远高于全国，且一次能源主要以煤炭为主，其硫氧化物和氮氧化物的排放对大气污染具有不可低估的贡献。总体来讲，大气中氮氧化物的排放：火电>工业>交通，占比分别为59%、26%与12%，因此，能源供应与工业是长三角地区氮氧化物的主要排放源。氮氧化物排放有明显的地区差异性，从排放总量来看，上海、苏州、宁波、南京和无锡是长三角地区排放量最高的5个城市，这与其工业分布和城市发展程度有紧密联系。从行业贡献率来讲，上海、宁波排放污染贡献最大的是火电行业，南京为工业锅炉和窑炉，而杭州主要以道路移动源为主，贡献率高达40.3%，主要与城市工业布局结构有关。除此之外，长江流域发达的船舶航运业也是潜在的氮氧化物排放源，其对港口城市的大气污染贡献不可忽视（吴晓璐，2009；黄成等，2011；叶贤满等，2015）。

氨氮：氨氮排放与长江流域的农业发展有直接联系。长三角地区大气氨氮排放主要来源于农业活动，贡献率达85%以上。其中首要污染源为禽畜养殖，对大气氨氮排放贡献率接近五成。前人研究结果表明，长江三角洲地区的禽畜养殖量超过了当地环境容量的50%，污染风险指数在1.00—2.00之间，属于环境污染风险较高等级。其中江苏省是我国传统的禽畜养殖大省，主要以家禽、猪、牛、羊的养殖为主，其规模发展迅速，不断扩大，随之产生的粪便量给环境带来不小的压力（耿维等，2013）。大气氨氮第二排放源为氮肥的施用，贡献率达40%。长三角地区氮肥施用量偏高，以2017年为例，长三角地区化肥施用量（折纯量）为395万吨，氮肥施用量（折纯量）约为199万吨；再加上化肥利用率低等问题，导致大量氨挥发。同时，大气氨氮的排放与合成氨和氮肥生产等工业排放、废水处理与垃圾填埋产生的氮挥发也有关系，其贡献率分别为4%和3%（黄成等，2011）。

东海区域无机氮输入相当一部分源于大气沉降。据统计，东海区域大气无机氮平均干、湿通量分别为每年0.05—0.5格令/平方米与0.2–1.0格令/平方米（Zhang et al. 2010）。针对大气氮营养盐海域沉降贡献率的分析，当前缺乏系统精确的研究。就东海海域来看，区域内大气无机氮沉降通量几乎与河流输入相当（表1–23），但是氨氮沉降问题比较突出。部分学者指出氨氮沉降输入超出河流输入；如果综合考虑河流、工业与生活污水的陆域总输入，氨氮大气沉降对海域污染贡献率在30%—50%之间（Zhang et al. 2007, 2010）。然而以上研究多是针对我国东海管辖海域，陆源污染输入多集中在河流入海口与排污口，其对东海管辖海域整体污染的贡献被弱化，从而导致氮沉降的贡献被高估。因此，当前针对大气沉降贡献率的研究不足以准确反映实际问题，但是大气氮沉降（尤其是氨氮沉降）对较远海域的贡献不容忽视。

2）大气磷和硅沉降

大气沉降中的无机磷主要包括溶解活性磷酸盐、焦磷酸盐和多磷酸盐，主要源于地壳尘土、化石燃料的燃烧、机动车尾气排放、工业排放和农业活动等过程。长江三角洲高强度的工农业生产活动导致烟尘排放、城市机动车数量剧增，随之带来的交通移动源排放都会引起大气中磷酸盐含量升高，但也有报道指出矿物沙尘是大气磷的主要来源。总体来讲，东海大气磷年平均沉降通量约为每年0.114毫摩尔/平方米，总沉降通量远低于河流输入。海洋中硅主要来源于岩石土壤风化，大气硅沉降相对其他营养盐对海域输入贡献值较小。据报道，东海海域硅酸盐大气沉降主要来自于大气湿沉降，年平均湿沉降通量约为1.95毫摩尔/平方米，年平均沉降通量约为1.973毫摩尔/平方米（Zhang et al., 2007）。

表1-23　东海海域营养盐大气沉降、输入总通量及贡献率

	大气年总沉降量	河流年输入总量	陆源年输入总量	大气沉降贡献率	参考文献
氨氮	166.0×10^9 格令	$151.2–251.6\times10^9$ 格令	$183.5–283.9\times10^9$ 格令	占河流输入：39.7–52.3% [a] 占陆域总输入：36.9–47.5% [b]	Zhang et al., 2010
无机氮	52.7×10^9 摩尔	58.6×10^9 摩尔	–	47.3% [a]	Zhang et al., 2007
磷酸盐	0.0878×10^9 摩尔	0.658×10^9 摩尔	–	11.77% [a]	Zhang et al., 2007
硅酸盐	1.45×10^9 摩尔	81.3×10^9 摩尔	–	1.75% [a]	Zhang et al., 2007

［注：大气沉降贡献率=大气沉降通量/（大气沉降通量+河流输入通量）；大气沉降贡献率=大气沉降通量/（大气沉降通量+陆域输入通量）］

综上所述，东海区域大气污染物沉降对海域营养盐浓度提升的首要因素为无机氮，主要来源于能源消耗、工农业生产过程、机动车尾气排放等，其中大气氨氮沉降对整体海域（尤其是较远海域）的输入贡献需要关注。需要指出的是，除了上述导致大气氮沉降被高估的因素，当前对大气氮沉降的分析大多忽略了有机氮，导致其贡献率被低估。有研究指出如果只计算无机氮，大气氮素的入海通量可能被低估了30%（石金辉等，2006；Zhang et al., 2012）。同时大气沉降的季节变化性和突发性特征需要注意，比如夏季短时突发的强降雨或台风天气以及北方春季强沙尘暴天气等都会引起营养盐短时大量输入，以沙尘为例，该条件下导致无机氮干沉降通量是晴天的6.8倍和3倍（陈春强等，2019）。

（2）大气重金属沉降

大气重金属污染物来源广泛，主要包括能源开采、化石燃料燃烧、金属冶炼等工业生产以及汽车尾气排放等。这些过程排放的粉尘或气体中大部分重金属会以气溶胶状态进入大气，在风力作用下，进行远、近程传输和迁移，通过自然沉降和雨水进入土壤和水体并富集。不同重金属的来源也各不相同，大气干沉降中汞、铅、镉、锌和砷等重金属元素主要来源于有色金属冶炼、化工、采矿等行业，火电厂燃煤中含有的镉、铬、铅、汞等重金属元素会随烟尘进入大气，铬污染主要来自皮革制剂、金属镀铬部分部件、工业颜料、橡胶等工业生产；汽车尾气主要贡献了铅污染（孟菁华等，2017）。

大气重金属污染较为普遍，时空变化显著。研究表明，我国大气降尘中普遍存在砷、汞、镉、铬、铜、镍、铅、锌等污染，主要与我国长期以煤炭为主的能源结构、粗放的矿产开发和工业生产模式以及交通排放有关（何予川等，2018）。我国重金属大气沉降高于国外地区，时空变化显著，主要体现在冬春季普遍高于夏秋季，采暖期高于非采暖期；空间分布上，北方燃煤城市砷、锰高于南方，南方降尘中铜、锌、铅、铬、镉、镍和汞高于北方；城市大气重金属含量明显高于郊区，呈现功能区变化差异：工业区>交通区>居民区>郊区，这主要是由于不同地区的人为活动、工业结构以及地区性气候差异所致（柯馨姝等，2014）。

长江流域沿江工业企业密布，且道路交通、航运产业发达，由此引起的大气重金属污染以及海域沉降问题也需加以重视。以2017年为例，东海海域大气湿沉降中锌、铜、铅和镉的平均浓度范围分别为0.0152~0.342毫克/升、2.56~5.99微克/升、0.865~2.02微克/升与0.111~0.125微克/升（国家海洋局东海分局，2018）。林熙戎等人（2015）针对长江口大气悬浮颗粒物中重金属的监测结果表明，重金属干沉降通量为铜>锌>铅>镉（表1–24），其中铜和锌的高沉降量主要和上海发达的钢铁冶炼行业有关；同时发现近海海岸重金属沉降通量远高于远洋，说明陆域人为排放源是海域上空大气重金属的主要来源。秦晓光等人（2011）对杭州湾以南的东海海域进行的研究表明，大气颗粒物中重金属元素干沉降通量大小为锌>铅>铜>镉，且受大气环流、降雨等气候特征影响，呈现明显季节性变化。如果只考虑长江重金属入海通量与大气干沉降，大气重金属干沉降通量为长江入海通量的13%。

多项研究结果表明，大气重金属沉降是东海海域重金属输入的途径之一，但是相比其他陆源输入，大气重金属沉降对海域输入贡献率相对较小。据统计，东海中铜、铅、锌、镉主要来源于河流，大气沉降平均贡献率仅有4.5%左右（王长友，2008）。然而当前分析存在以下几个问题，导致其实际贡献率或危害被低估，主要包括：（1）当前分析大多忽略了大气湿沉降以及突发性事件对海域重金属输入的贡献，例如强降水天气带来的重金属对海域短时大量输入；（2）亚洲沙尘暴带来的海域上空大气气溶胶颗粒重金属浓度上升；（3）酸雨的影响，主要体现在低pH值导致的重金属元素溶出释放等问题（柯馨姝等，2014）。因此控制减少工业活动等人为源排放，以期降低排放粉尘中重金属含量的工作势在必行。

表1-24　不同地区每年大气重金属元素沉降通量（毫克/平方米）

	铜	锌	铅	镉	参考文献
长江口（干沉降）	14.15	2.16	1.4	0.022	林熙戎等，2015
东海（干沉降）	1.611	10.92	2.299	0.017	秦晓光等，2011
东海（干沉降）	1.44	13.00	4.32	0.08	王长友，2008
东海（湿沉降）	0.7	0.3	10.2	0.1	王长友，2008

（3）大气持久性有机污染物沉降

人类活动是大气持久性有机污染物的主要来源。持久性有机污染物来源主要分为自然源和人为源，对于大气有机污染物，人为源的贡献远大于自然源。人为源主要包括工业排放、化石燃料的燃烧、农业施肥以及机动车尾气排放等过程。长江流域沿岸多个大型钢铁基地、金属冶炼、石油化工等行业以及城市化迅速发展带来的机动车数量激增都增加了潜在有机物排放负荷。研究显示，上海、苏州、杭州和绍兴地区有机物排放量较大，主要来源于化工行业；上海、南京、宁波等城市的炼化企业对可挥发性有机污染物的排放贡献较大；浙江台州是我国最大的电子垃圾拆解地之一，大气、土壤中都曾检测出高浓度的多溴联苯醚（黄成等，2011）。同时在冬季和春季偏北风的影响下，华北地区污染物的长距离传输对长江三角洲地区大气有机物污染也有一定贡献（李敏桥等，2019）。

大气环境中有机污染物时空差异明显。大气环境中有机污染物常常表现出明显的季节性与空间性差异，具体表现为，冬季污染显著高于夏季；以工业生产、机动车尾气排放等人为源为主要排放源的城市地区总体上高于农村和郊区。李敏桥等人（2019）针对长江口多氯联苯（PCB）的干湿沉降通量的模拟计算结果显示，PCB以干沉降为主，干湿沉降通量分别为每天1880皮克/平方米和863皮克/平方米，干沉降通量在冬春季节明显高于夏秋，与国外大气PCB相比，浓度处于中度水平。就行政区而言，以上海市为例，多环芳烃（PAH）春秋冬季以降尘为主，夏季以降水为主；冬季由于取暖燃煤造成PAH负荷较高，北部地区由于频繁的工业活动，其沉降通量高于南部地区，全年沉降负荷约为10.78吨，降水与降尘中的PAH总和呈中等程度生态风险，然而某些单体PAH生态风险较高（吕金刚,2012）。而在杭州市辖区内，大气PAH沉降以湿沉降为主，其干、湿沉降通量约为1.42吨和2.69吨（陈宇云等，2010）。

当前针对海域有机污染物贡献率方面的研究较少，这可能与其种类繁多以及传输机制复杂等有关，例如在水—气交换机制显著影响着海域对有机物污染物的“源—汇”作用。但是长江三角洲地区在大气环流和季风作用下，同时可接收到来自长江流域内部及邻近区域与从北部地区远距离传输的大气污染物，导致该地区冬季普遍呈现较高的沉降通量，需要引起足够的重视（李圆圆，2014）。

4.海上溢油

随着国民经济的快速发展，我国对石油能源的需求不断增加，海上石油开发、运输和存储活动日益增多，溢油事故的风险与日俱增，溢油事故应急的形势愈加严峻。统计表明，自1907年（现代石油工业开始）到2014年，超过700万吨的原油泄露到自然环境中，重大的溢油事故（灾害）超过140起（溢油量>50吨）（Li等，2016）。海洋重大溢油风险的来源主要包括海上的油气生产以及发生于陆地/近岸的油储设施故障，致使原油或炼制产品输入海洋中。

1989年3月24日，埃克森·瓦尔迪兹（EXXON VALDEZ）号巨型油轮在阿拉斯加州美、加交界的威廉王子湾附近触礁，原油泄出达110万加仑（1加仑=3.785升），约4万吨，在海面上形成一条宽约1千米、长达800千米的油污带。直至20年后，当地的生态环境也未完全恢复。2006年我国发生长岛溢油事件，在2006年2月下旬起，长岛岸滩发现大量油污，海水被污染致使养殖产品大量死亡。2018年“桑吉号”油轮发生倾覆溢油事故。2010年4月，英国石油公司在墨西哥湾的“深水地平线”钻井平台发生爆炸，造成11人死亡，近1500千米海滩受到污染，美国官方最终评估有410万桶（1桶=159升）石油泄漏海中，清理期间有近300万升的化学分散剂被撒到水体中。2010年7月16日，大连新港区的输油管道发生了爆炸，超1500吨原油流入海中。

有研究表明1971—2011年41年间，我国50吨以上海洋溢油事故共发生81起，溢油总量为49667吨，船舶溢油事故是海上溢油的主要因素，其中海损性事故（包括碰撞、触礁，爆炸等）发生数量和溢油量占比均为70%左右（宫云飞等，2018；熊善高等，2013，图1–50）。溢油污染物以燃料油为主，其次为原油和柴油。事故发生次数与溢油总量的地区变化趋势基本一致，与石化企业、油轮码头的集中度密切相关，广东省和山东省是发生溢油事故的大省，中国香港溢油事故发生次数虽少，但溢油量较大。福建、浙江和上海溢油事故发生次数较多，但溢油量相对较小。舟山自贸区国际一流的绿色石化基地建设涉及大宗油品储备、转运、加工和供应等诸多产业，造成浙江省的潜在溢油风险增加（图1–51）。

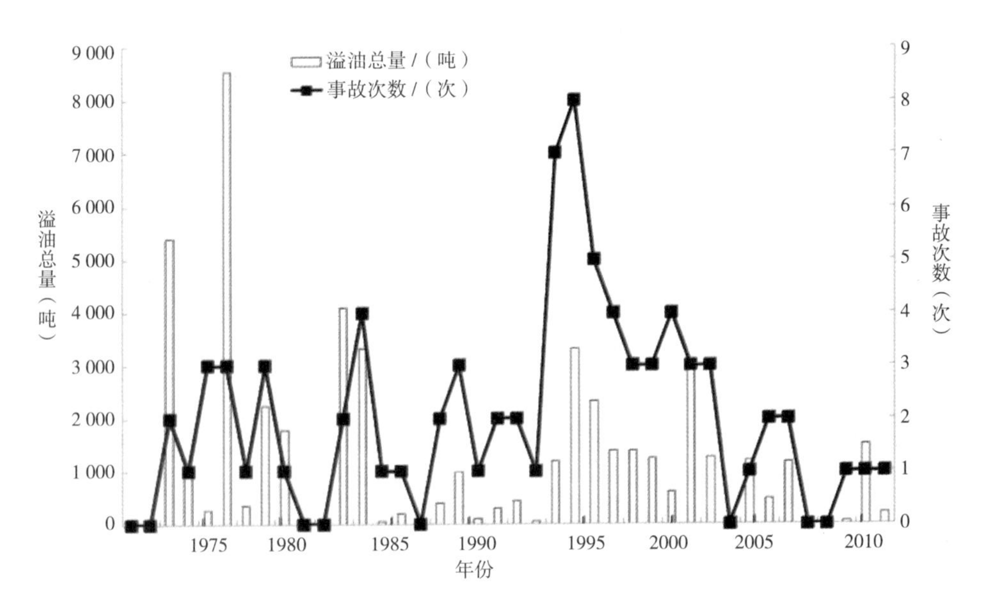

图1–50　海洋溢油事故发生次数与溢油量的年际变化（宫云飞等，2018）

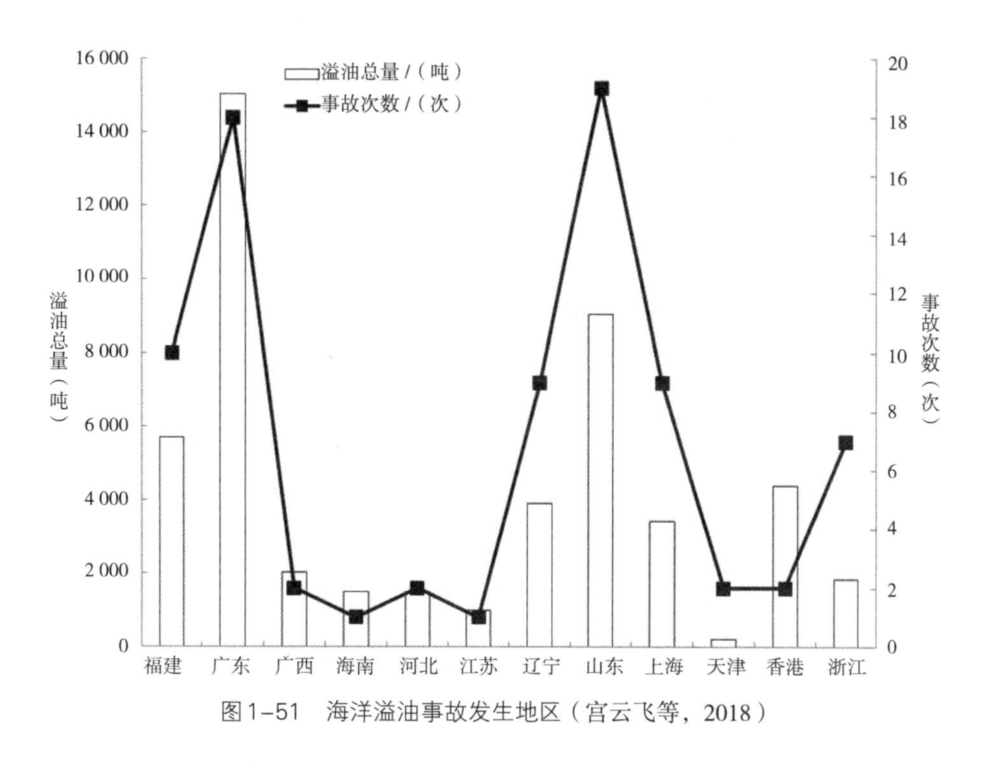

图1-51 海洋溢油事故发生地区（宫云飞等，2018）

5. 人类活动

高强度的围海造地、海水养殖和港口电厂工程等人类活动对沿海湿地，尤其是海湾滨海湿地造成了重大影响。

杭州湾是我国围垦强度最大的区域之一，根据1974—2008年的遥感资料分析，仅浙江省内，期间围垦面积达690平方千米之巨，平均每年的围垦面积为20平方千米，其中90%的围垦发生在杭州湾南岸的曹娥江口和庵东浅滩区域。另外在浙江全省范围内，围海造地的数量更是惊人。至2006年，浙江全省围垦滩涂形成的土地面积达2020平方千米，平均每年约35.4平方千米。特别是自1997年《浙江省滩涂围垦管理条例》实施以来，各级政府将滩涂围垦作为一项重要任务来谋划，10年间，围垦滩涂达456.9平方千米，平均每年约45.7平方千米。尽管目前围垦在浙江已不再大张旗鼓，浙江省围垦局已悄然变身为浙江省水利厅下面的围垦技术中心，浙江省围垦网也不知因何关闭，但经济发展的内在驱动，仍然让杭州湾海岸的滩涂地块逐年减少。根据浙江省海洋局的统计，杭州湾在最近5年内的滩涂湿地面积缩减超出了10%，湿地水生生物和水禽栖息面积也在锐减。

2019年4月，浙江省通报中央环境保护督察移交生态环境损害责任追究问题问责情况，杭州湾湿地无证围塘养殖28.47平方千米；杭州湾新区管委会在未取得海域使用权的情况下，分别在建塘江两侧、杭州湾新区慈溪十二塘违法围涂35.60平方千米、31.16平方千米。宁波市政府及有关部门、杭州湾新区管委会对湿地保护不力，监管不到位。

在典型的半封闭海湾——象山港，围垦、海水养殖和海岸工程是共同影响滩涂湿地和海湾生态环境的重要人类活动因素。根据1986—2017年之间的遥感资料分析，2003年之前，由于大量的海岸和滩涂海水养殖活动，陆地和滩涂面积减少而水域面积增加，此后围填海工程造成了滩涂和水域面积迅速减低而陆地面积快速增加，其中滩涂湿地面积已减少近1/3（图1-52）。

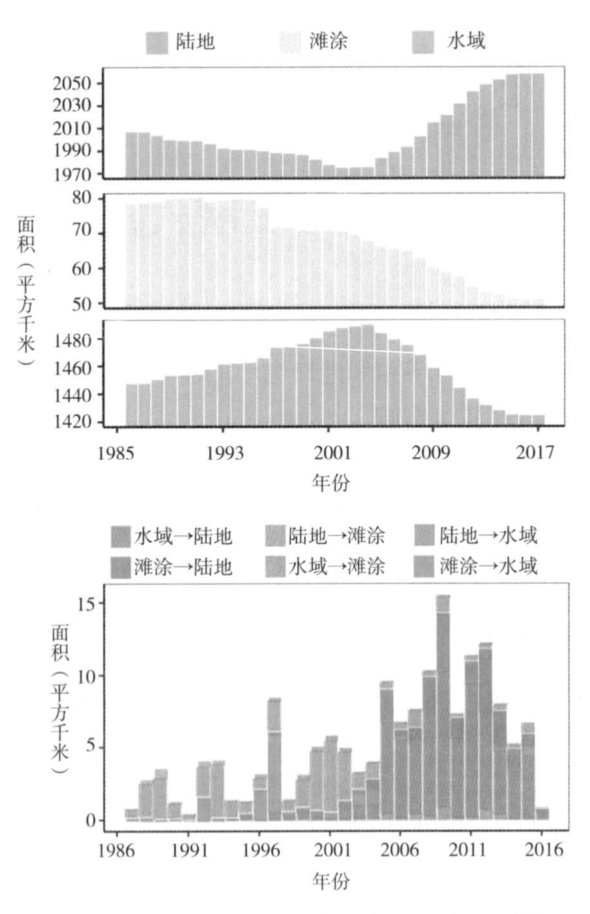

图1-52　象山流域的陆地变化过程和之间的转换关系

围垦导致滩涂湿地减少，降低了象山港的水交换能力（曾相明等，2011），进而增加象山港水体的富营养化。同时，象山港大型热电厂投产导致温排水的输入，加剧了海湾水体的富营养化程度（杨红等，2010），而且象山港的赤潮高发期从电厂投产前5—9月提前至1—5月，意味着赤潮发生的时间显著提前；另外赤潮暴发区域从电厂投产前港口部转移至港底部，赤潮种也趋向集中化（任敏等，2012）。总之，由围填海工程引起的水动力条件改变、养殖和陆源排污引起的水体严重富营养化，以及滨海电厂温排水引起的热效应都深刻影响着象山港的生态环境状况。

6. 全球变化

全球变化是指由自然和人文因素引起的地球系统功能的全球尺度的变化，包括大气与海洋环流，水循环，生物地球化学循环以及资源、土地利用，城市化和经济发展等的变化。

全球变暖是全球变化的突出标志。联合国政府间气候变化专门委员会（IPCC）于2007年发布的第四次评估报告指出，1906—2005年地球表面增温0.74℃，20世纪中叶以来，全球变暖有90%的可能性是由人类活动导致的大气中二氧化碳等温室气体增加造成的。中国《第二次气候变化国家评估报告》也指出，在百年尺度，中国的升温趋势与全球基本一致；1951—2009年，中国陆地表面平均温度上升1.38℃。

初步研究显示，全球变暖会引起温度带的北移，进而导致大气运动发生相应的变化，全球降水也将随之发生变化。一般来说，低纬度地区现有雨带的降水量会增加，高纬度地区冬季降雪量也会增多，而中纬度地区夏季降水量将会减少。对于大多数干旱、半干旱地区，降水量增多是有利的。而对于降水减少的地区，如北美洲中部、中国西北内陆地区，则会因为夏季雨量的减少变得更加干旱，水源更加紧张。

据估算，在综合考虑海水热胀、极地降水增加导致的南极冰帽增大、北极和高山冰雪融化等因素的前提下，当全球气温升高1.5℃~4.5℃时，海平面将可能上升20~165厘米。海平面的上升无疑会改变海岸线，给沿海地区带来巨大影响，目前海拔较低的沿海地区将面临被淹没的危险。海平面上升还会导致海水倒灌、排洪不畅、土地盐渍化等其他后果。

全球变化是影响海洋生态系统健康的重要因素，在海洋生态系统中，物种丰富度的时空分布与环境特征息息相关。海洋的生态系统往往随着气候变化而发生快速改变，这种突发性、非线性的改变所带来的风险也不断增加。

全球气候变化被认为是对物种生存和自然系统健康的威胁。2014年政府间气候变化专门委员会（Inter Government Panel on Climate Change，IPCC）发布的《对2006年IPCC国家温室气体清单指南的2013年湿地增补》，要求各缔约国重点关注不小于0.01平方千米的泥炭沼泽湿地排干和还湿情况（IPCC，2014）。气候变化将使未来恢复和管理湿地更为复杂。海滨湿地系统易受供水量和质量变化的影响，预计气候变化将通过改变全球水文变化的水文状况对湿地产生显著影响。IPCC在第五次评估报告指出，自19世纪中叶以来，海平面上升速率高于过去2000年来的平均速率。1901—2010年，全球海平面平均上升了0.19米。全球海平面上升的平均速率在1901—2010年约为每年1.7毫米，1971—2010年为每年2.0毫米，1993—2010年为每年3.2毫米，速率明显提升。根据IPCC评估报告，全球海平面将持续上升，海平面上升速率可能超过1971—2010年的观测结果（IPCC，2013）。这样的上升速度将会淹没沿海湿地和低地，侵蚀沙滩，增加洪水的风险，增加河口、蓄水层和湿地的盐度，导致湿地类型由高级类型向低级类型逆向演替。我国海岸侵蚀具有普遍性、多样性和发展加剧的特点，侵蚀岸线的长度已占全国大陆海岸线的1/3以上。2015年《中国海平面公报》显示，1980—2015年中国沿海海平面上升速率为3毫米/年，高于同期全球平均水平。据中国海岸湿地退化压力因素的综合分析，目前除一些大型河流的行水河道外，我国约有70%的砂质海岸和大部分处于开阔水域的泥质潮滩、珊瑚礁海岸均遭受侵蚀灾害。

全球变化从基因、物种和生态系统水平上对全球生物多样性产生影响。在基因水平上，生物体为了适应新的气候条件，其物种基因序列要发生改变，影响生物的遗传多样性；在物种水平上，研究表明到2050年气候变暖将导致全球5个地区24%的物种灭绝；在生态系统水平上，降雨和温度的改变将移动生态系统分界线（ecosystem boundaries），某些生态系统可能扩展，而某些生态系统可能萎缩。

（1）影响海洋病原生物的传播

最近几十年来，气候变暖导致了海洋病原生物的扩展或转移。研究表明，在低于临界温度时死亡或无法生长的节肢动物所携带的细菌和寄生虫，在温度上升时，其生长速度加快，传染期延长，促进包括珊瑚虫病、牡蛎病原体、里夫特裂谷热和人类霍乱等的传播；随着气候变暖，温带的冬季更短、气温更加暖和，从而增加了疾病的传播率；热带夏季更加炎热，使寄主在热压力下更容易受到影响；温度上升还引起人类疾病暴发的增加，比如因水温上升，弧菌数量增加了60%，从而感染了更多的牡蛎及其他水产品，危及人类健康。不过，危害两栖动物的弧菌、鱼类冷水病和昆虫真菌病原体等随着温度的升高，其流行的严重性将会降低。

气候变化对冷水性的鱼类（鲑鳟鱼类）疾病有重要影响。有些研究者认为，微生物是一个庞大的家庭，温度升高，对喜高温的病原微生物有积极作用，但对喜低温的病原微生物有消极作用，紫外线加强和CO_2浓度上升一样，对鲑鳟鱼类的影响不大。但是，大部分研究者认为，温度的升高加快了水中病原微生物的繁殖速度，对鱼类有负面影响。例如，温度的升高，对鲑鳟鱼类的病原微生物有利，鲑鳟鱼类的病害有升高的趋势。一种鲑鳟鱼类的寄生虫，主要作用于鲑鳟鱼类的肾脏，当温度超过1.5℃时，会使鱼的死亡率增加，还有随着温度的升高，鲑鳟鱼类气单胞菌属的相关细菌毒力也会加强。在2000年前后，由于温度升高，病原微生物增加，美国和加拿大海域鲑鳟鱼类死亡数量比往年明显增加。

（2）影响海洋浮游生物群落结构

气候变化对海洋浮游生物群落结构最基本的影响之一是表面风力的变化，影响海流表层的水平、垂直流动和混合流动以及表层的深度，引起浮游生物种类组成、丰度及其分布范围的变化。Edwards等（2004）在分析1958—2002年浮游生物的长期监测数据中，发现不同浮游生物类群对气候变化具有不同响应，且群落中不同营养阶段在不同季节的响应也不同，导致群落中的营养类群和功能类群不匹配。

浮游生物与物候之间关系的改变将对海洋食物网结构产生影响。在对北海和东北大西洋浮游生物的调查发现，浮游生物与北半球的温度和北大西洋涛动之间有密切关联，这种关系可作为气候变化的指标。

研究发现，这两个海区的叶绿素a和初级生产力自1987年以来明显提高；而且同时期的物理、化学和生物方面均发生许多变化，形成了状态转换期（regime shift），说明气候变化通过影响浮游生物类群，已经对海洋生态系统的结构和功能产生深远影响。在这种状态转换期，生态系统响应很快，估计未来将会发生更大的变化。不过也有研究发现，大西洋59° N以北的浮游植物生物量呈逐年下降趋势。这可能与北极圈温度升高，格陵兰冰块融化加快或大气海洋相互作用引起的环北极表层冷水流加强的影响有关。海洋生物多样性对气候变化存在反馈机制。研究发现，气候变暖引起海洋温度上升，导致某些藻类数量迅速增长，释放出更多二甲基硫（DMS）。一方面DMS可促进产生大量云层，减少达到地球表面的总热量，从而有助于降低温度；但另一方面DMS可进入大气参与全球硫循环，对酸雨的形成产生重要影响。

总体上，全球生物多样性变化对气候变化的正反馈影响要远大于负反馈调节。持续、加速的生物多样性灭绝将削弱生态系统调控气候变化的能力，加速和扩大气候变暖，并导致地球系统发生无法预见且不可避免的改变。

（3）影响海洋鱼类群落结构

捕捞是引起海洋鱼类死亡的主要原因，但气候变化也是引起鱼类种类分布和地区生物多样性变化的重要原因。气候变化和捕捞压力的联合作用将导致鱼类生物量降低到不能维持渔业捕捞的水平。相比而言，高纬地区的渔业生产受全球变暖的影响要比中、低纬地区大得多，这与全球变暖引起高纬水域的水温、风、海流、盐度等物理因子变化幅度较大有密切联系。

（4）影响水生生物栖息环境

栖息地是动物赖以生存的重要场所，气候变化对水生动物栖息地产生一定的影响。梁虹等研究气候变化对北极淡水生态系统的水文生态学影响时提出，气候变化将引起北极圈动物栖息地可获得性和质量的某些方面变化，Battin利用数学空间模型评估美国西北部斯诺霍密什河的大鳞大麻哈鱼栖息地时，指出气候变化的影响致使斯诺霍米什河大鳞大麻哈鱼栖息地减小；Hirbelt在（2009）应用线性模型研究灰头异鹟栖息地时发现，温度升高，对高海拔灰头异鹟的栖息地有积极影响，但对低海拔灰头异鹟的栖息地有消极影响；Heogh-Gludberg（2010）在研究气候变化对海洋生态系统的影响后在美国《科学》杂志上面指出，气候变化尤其是二氧化碳浓度的升高对海洋生态系统有严重影响，它降低海洋生态系统的生产力，影响海洋中食物网结构，也使海洋动物的栖息地缩小，改变海洋动物的分布空间；Matulla（2007）对比往年的数据，研究阿尔卑斯山脉内陆河流的鲑鳟的栖息地时发现，气候变化对当地的一种棕鳟（Salmotyutta）栖息地影响严重，温度升高，当地的鲑鳟鱼类不能适应这一变化，被外地迁入的虹鳟（Oncorhynchus mykiss）所代替，因为外地迁入的鲑鳟鱼类能够更好地适应气候化带来的温度变化。

（5）影响鱼类相关生物学

以鲑鳟鱼类为例，Coghlon（2005）在研究温度与鲑鳟鱼类生长时指出，温度影响鲑鳟鱼类的生长速度，最佳生长温度见表1-25。

温度升高，冰川融化，淡水大量注入海洋，使海洋的盐度下降，有些鲑鳟鱼类对盐度极其敏感，生长速度下降。温度作为一种非常重要的生态因子对鱼类的生长发育代谢等生命活动具有显著的影响，鱼类属于变温动物，其体温随水温的变化而变化，一般与水温的差距不超过0.5℃—1.0℃。因而水温直接或间接的影响鱼类生长代谢，消化酶活性，蛋白质合成，基因表达等。

表1-25　相关鲑鳟鱼类的最适生长温度

种类	生命阶段	最适生长温度（℃）
大西洋鲑（*S.salar*）	入海前的幼鱼	16—20
		13
褐鲑（*S.trutta*）	入海前的幼鱼	13—17
北极红点鲑（*S.alpinus*）	入海前的幼鱼	14—17
溪红点鲑（*S.fontinalis*）	入海前的幼鱼	14.4—16
银大麻哈鱼（*O.kisutch*）	入海前的幼鱼	12—15
红大麻哈鱼（*O.nerka*）	入海前的幼鱼	15
大鳞大麻哈鱼（*O.tshawytscha*）	入海前的幼鱼	15
虹鳟（*O.mykiss*）	幼鱼	15—19

在免疫方面，一定程度的低温更有利于鲑鳟鱼类的免疫活动。研究温度与虹鳟巨噬细胞时，在一定范围内的低温更有利于虹鳟巨噬细胞的活动，提高非特异性免疫，增强免疫力；持续增高的温度对繁殖力和产卵量都有负面影响，研究虹鳟产卵量和繁殖力之间的关系，在虹鳟成熟期，水温过高对其繁殖力和产卵量有负面作用。气候变化引起温度的小幅度变化，对鲑鳟鱼类的影响不太明显，但会提高其他方面致死率，例如氨、五氯苯酚和营养状况等方面的影响，在温度变化时，同浓度下的氨、五氯苯酚导致虹鳟致死率上升，在营养状况相同时，温度的变化也会引起虹鳟致死率增加。

鱼类是变温动物，免疫反应等生理机能直接受环境温度的影响。小范围温度变化可改变鱼的代谢和生理机能，从而影响其生长、繁殖、摄食行为、分布、洄游等。水温高于或低于生理适宜水温都会造成鱼类应激反应，免疫力降低，容易感染发病。快速大幅度升温会对鱼类的免疫系统产生不利影响。淡水温度的升高有利于原本生活于较高环境温度中的水生动物和病原的入侵。较高温度下，细菌、真菌的繁殖时间缩短，增加病原的种群数量，提高威胁水平和发病死亡的可能性。鱼类免疫反应、病原复制与水温有关，水温上升会改变病原与宿主之间的平衡，改变疾病的发生率及分布（M. Marcos-Lopez et al., 2010）。许多鱼病（如疖疮病、锦鲤疱疹病毒病、鲤春病毒血症）的发病关键因子是温度。因此，气候变化对鱼类的影响比对恒温动物的影响更严重。

另外，温度会对鱼类繁殖孵化方面产生影响，如温度变化可改变雌雄的比例。以受精后42天的虹鳟受精卵为实验材料，从12℃到20℃分4个梯度持续实验30天，发现18℃时，雌性比例最低，只有0.4%~5.8%，适当温度的处理，有利于虹鳟鱼类雌性比增加。研究温度与虹鳟鱼类的关系，在2.2℃—2.9℃的水中放入受精后17天、31天、57天的受精卵，发现对其性别比没有影响。

第二章

中国典型入海流域现状与问题

在海洋生态环境保护中，流域的影响是重要的因素，而长江流域东西横贯中国，向东流入东海，是我国重要的经济带。如何陆海统筹，实现社会经济和自然环境可持续高质量发展，一直是难以破解的实际问题。

一、典型流域水质现状

近十多年来，长江流域河流水质呈好转趋势，但湖泊水质问题仍较为突出。2007—2017年，长江流域劣于Ⅲ类的河长占比由33.30%降低至16.10%；然而湖泊水质整体较差，劣于Ⅲ类的湖泊数量比例达到66.10%—83.30%，水体主要超标项目包括总磷、总氮等；水库水质相对较稳定，劣于Ⅲ类的水库数量的占比介于7.4%~28.9%之间，总体上呈现先减后升再减的波动现象（表2–1）。

表2–1　2007—2017年长江流域水质状况

		2007年	2009年	2011年	2013年	2015年	2017年
河流	评价河长（千米）	39553.7	46580.2	56701.6	59648	67686.7	70908.7
	劣于Ⅲ类河长（千米）	13171.4	16908.6	16840.4	15269.9	14349.6	11416.3
	劣于Ⅲ类河长占比（%）	33.30	36.30	29.70	25.60	21.20	16.10
	主要超标项目	氨氮、总磷等	氨氮、总磷等	氨氮、总磷等	氨氮、总磷等	氨氮、总磷等	氨氮、总磷等
湖泊	评价数量（个）	11	32	56	58	60	61
	劣于Ⅲ类数量(个）	8	21	37	40	50	52
	劣于Ⅲ类数量占比（%）	72.73	66.60	66.10	69.00	83.30	82.20
	主要超标项目	–	总氮 总磷等	总磷 总氮等	总磷 BOD5等	总磷 氨氮等	总磷 氨氮等
水库	评价数量（个）	38	68	89	225	254	362
	劣于类数量（个）	5	5	8	65	64	66

（续表）

		2007年	2009年	2011年	2013年	2015年	2017年
水库	劣于Ⅲ类数量占比（%）	13.16	7.40	9.00	28.90	25.2	18.20
	主要超标项目	总磷	总磷	总磷	总磷、BOD5等	总磷、高锰酸钾指数等	总磷、高锰酸钾指数等

（数据来源：2007—2017年《长江流域及西南诸河水资源公报》）

二、典型流域污染控制现状与问题

1.典型流域点源污染控制现状与问题

（1）工业生产中的清洁化水平有待提升

1）重污染工业企业众多

长江流域工业企业众多，沿岸分布着五大钢铁基地、七大炼油厂及三大石油化工基地等重污染企业。长江经济带以21%的土地承载着全国30%的石化产业、43%的合成氨、81%的磷铵、72%的印染布和40%的烧碱产能。以2017年为例，长江流域11个省市自治区规模以上工业企业共139169家，占全国企业数量的37.3%。仅2017年，长江经济带硫酸产量多达4941.8万吨，是全国总产量的53.6%；而布、生铁、粗钢等产量均为30%左右（表2-2）。目前，长江流域化工企业沿江而布，上游成渝经济区88%的化学工业沿长江干流及岷江、沱江布局，形成潜在重大风险的“亚化工带”。

表2-2　2017年长江流域主要省市自治区规模以上工业企业数量及产品数量

	企业数量（个）	布（亿米）	硫酸（万吨）	烧碱（万吨）	水泥（万吨）	生铁（万吨）	粗钢（万吨）	钢材（万吨）
上海	8122	1.0	19.0	74.5	417.5	1447.7	1607.7	2056.0
江苏	45414	124.8	383.2	364.8	17357.3	7132.0	10427.7	12295.4
安徽	18883	12.8	583.1	78.3	13474.1	2414.0	2833.9	3046.8

（续表）

	企业数量（个）	布（亿米）	硫酸（万吨）	烧碱（万吨）	水泥（万吨）	生铁（万吨）	粗钢（万吨）	钢材（万吨）
江西	10889	12.0	272.6	34.8	8984.6	2143.2	2412.7	2474.4
湖北	15201	75.9	1289.5	79.7	11192.7	2401.3	2875.2	3862.2
湖南	15201	3.1	195.9	42.8	11981.0	1789.9	2041.4	2210.2
重庆	6684	3.6	185.6	34.0	6376.8	384.1	411.4	917.3
四川	13904	14.9	631.9	92.7	13823.8	1899.7	2026.3	2491.2
云南	4186	0.01	1373.1	23.6	11515.2	1322.1	1517.5	1607.4
西藏	116	–	–	–	756.7	–	–	0.1
青海	569	–	7.9	14.5	1462.6	102.4	119.6	127.1
总量	139169	248.1	4941.8	839.7	97342.3	21036.4	26273.5	31088.0
全国总量	372730	787.7	9212.9	3329.2	233084.1	71361.9	83138.1	104642.1
占比	37.3%	31.5%	53.6%	25.2%	41.8%	29.5%	31.6%	29.7%

（数据来源:《中国统计年鉴—2018》）

2）工业企业园区化程度有待提升

工业园区通过产业集聚增强竞争优势，推动生产要素集聚和产业升级，在促进经济发展的同时产生环境保护协同效应，是集中管理区域工业污染的重要手段。近年来，长江流域工业园区迅速发展，但在企业入园率、园区布局及园区污水处理等方面仍存在一系列问题。

工业企业入园率低。大量企业仍处于分散发展状态，在排污口数量增加的同时，无法保障排污质量，进一步加剧了流域点源污染。目前长江沿线共有化工园区62个，但企业入园率较低（刘志彪，2017）。截至2013年，长江经济带至少有7150家规模以上化工企业和20万家小型企业未进入园区，化工生产企业总体入园率为39.4%；其中江苏省入园率为30%，还有部分地区入园率仅占10%左右。

园区发展不平衡，空间集聚度高，多数园区集中分布在经济较发达地区。例如，四川省成都、绵阳、德阳、乐山等市的园区数量占四川省37.6%；江西省的南昌、九江、赣州等中心城市的园区数量远大于江西省其他地市；江苏省现有的58个化工园区中，70% 以上集中于沿江、沿海、环太湖地区。园区发展不平衡和空间高度集聚，导致经济发展不平衡，亦增大了点源污染的治理难度。

园区污水集中处理设施基础薄弱，处理力度有待加强。园区工业废水处理方式主要以自建污水处理厂和依托城镇污水厂两种方式为主。长江经济带中依托城镇污水厂处理污水的园区约600家，其中包含化工、医药等水环境管理重点行业。园区废水混合收集后成分复杂，城镇污水厂通常无法满足其处理需求。此外，长江经济带尚有58家省级及以上园区未建成污水处理设施。

3）循环经济未得到全面落实

现阶段流域循环经济发展成效尚不明显。长江流域沿江各省市自治区万元地区生产总值能耗不断降低，但降低幅度并不大，工业用水量总体无显著下降趋势，较发达国家还有很大差距（图2–1）。以四川省为例，2015年规模以上工业能源回收利用率仅为2.9%，工业用水重复利用率为82.9%（郝杰，2017）。

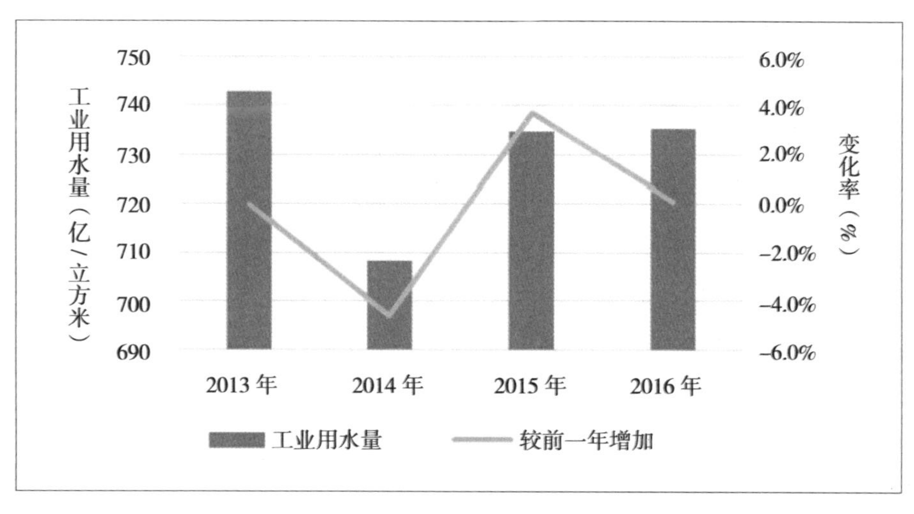

图2–1　长江流域2013—2016年工业用水量
（数据来源：2013—2016年《长江流域及西南诸河水资源公报》）

对循环经济的贯彻落实存在误区。部分地区仍认为发展循环经济仅仅是企业生产的问题，忽视区域和社会层面及城镇生活和畜禽养殖的资源循环利用，导致资源无法得到有效利用。以湖北省为例，2012年城市污水循环利用率仅为10%（江可等，2019）。而从长江流域整体来看，在全国第一次污染源普查期间，长江流域规模化畜禽养殖污水产量居流域第三位，而处理利用率仅有55.4%，低于各流域平均利用水平（表2–3）。

区域循环经济发展不平衡。长江流域内各省市自治区循环经济程度具有较大的差异，整体上表现为经济较好地区循环经济发展程度较高，而经济相对落后地区，循环经济发展程度相对较为落后。据杜广强（2006）等研究表明，上海、江苏等经济较发达省份循环经济发展达到一级水平。而多数省份处于三级水平，如湖南、湖北、重庆、云南等地；部分地区仍处于理念宣传、动员部署阶段，发展循环经济实质性工作尚未全面落实（俞金香，2014）。

表2–3　十大流域规模化畜禽养殖废水处理利用量（单位：万立方米/年）

流域	利用量	利用率
淮河	30263.53	69.7%
珠江	14810.6	49.5%
长江	8559.5	56.6%
西北诸河	603.2	5.4%
海河	4480.5	42.8%
东南诸河	5438.9	71.9%
黄河	3060.8	48.4%
松花江	858.2	13.9%
辽河	4392.3	91.9%
西南诸河	142.1	36.3%

（数据来源：《第一次全国污染源普查技术报告（下）》）

4）工业企业偷排、漏排现象严重

长江流域内偷排、漏排、乱排现象严重，企业私设暗管，直接向水环境中排放工业生产高浓度废水，严重污染流域环境。以重庆为例，2019年开展污水偷排、直排、乱排专项整治行动，检查点位34578个，发现问题2325个，涉嫌环境违法行为232件。

（2）城镇污水处理程度亟待提高

1）污水收集率低

污水收集系统落后，雨污合流问题突出。长江流域管道建设落后，各地区老城区大都采用合流式排水体系，没有实现雨污分流，导致污水处理厂进水浓度过低，不利于污水处理。部分地区合流制与分流制排水系统并用，分流制排水系统管道建设交叉滞后，存在污水、雨水管道相连和混接的现象，例如上海市261个分流排水系统中有39个存在雨污混接问题。

污水管网建设与污水处理厂设置不协调。目前，长江流域内许多省份先建污水处理厂，再进行污水管网设计，在管网规划和建设中未充分考虑污水厂的处理需要，导致污水厂处理来水的水量和水质的实际性能与设计参数存在较大差别，从而影响出水质量。

污水收集系统维护不善。由于污水收集管网日常维护管理不够，即使实现污水截留，管道破损造成的污染物外泄情况同样严重。此外，污水干管及部分支管未定期清淤，截留式污水管的生活垃圾及合流管的泥沙较多，导致管道淤积，影响污水输送（帅卿，2015）。

2）污水脱氮除磷深度不够

污水厂脱氮除磷设施配备不全，处理工艺落后。我国已建成的污水处理厂中，仅有2043座具有脱氮除磷功能，占全国城镇污水处理能力的56%（文建华等，2018）。大型污水厂多采用传统活性污泥法、A/O法和A2/O法等生物工艺处理污水，系统抗冲击负荷能力较弱，进水氨氮浓度过高，COD与氨氮比例失衡等原因都会导致污染物去除率降低（陈谊，2019）。2007年，虽然重庆市及成都市主城区处理率超过50%、上海市处理率超过60%，但绝大多数经济不发达地区远未达到该水平。2015年，长江中下游城市生活污水总磷去除率为80%以上，而四川、重庆、贵州、湖北、湖南、江西等地区远低于全国平均水平（表2–4）。

此外，当前流域各地区污水处理量与设施处理能力不匹配，污水厂负荷率低，长期处于“吃不饱”状态，未充分实现污水厂的环境效益。2017年沿江多数地区污水厂负荷率在80%左右，上海、江苏、安徽、西藏四省市自治区负荷率不到80%，其中上海最低，仅为71.99%（表2–5）。

表2-4　长江流域城镇生活污水处理情况

<table>
<tr><th>时间</th><th>地区</th><th>生活污水处理率</th></tr>
<tr><td rowspan="3">2007年</td><td>重庆</td><td>超过50%</td></tr>
<tr><td>成都主城区</td><td>超过50%</td></tr>
<tr><td>上海</td><td>超过60%</td></tr>
<tr><td>2009年</td><td>湖北</td><td>58.26%</td></tr>
<tr><td rowspan="12">2015年</td><td>沱江流域</td><td>78.3%</td></tr>
<tr><td>眉山</td><td rowspan="2">70%左右</td></tr>
<tr><td>乐山</td></tr>
<tr><td>江苏</td><td rowspan="3">80%以上</td></tr>
<tr><td>浙江</td></tr>
<tr><td>上海</td></tr>
<tr><td>四川</td><td rowspan="6">低于全国平均水平</td></tr>
<tr><td>重庆</td></tr>
<tr><td>贵州</td></tr>
<tr><td>湖南</td></tr>
<tr><td>湖北</td></tr>
<tr><td>江西</td></tr>
</table>

（数据来源：桑连海等，2007；邹晓涓，2011）

表2-5　2017年长江流域各地区污水处理量

	污水处理厂（座）	城市污水治理量（万立方米）	污水处理厂处理能力（万立方米）	负荷率
上海	51	215739	299665	71.99%
江苏	196	363876	466798.5	77.95%
安徽	66	143591	180237	79.67%
江西	47	87055	100192.5	86.89%
湖北	85	20517	233600	87.82%

（续表）

	污水处理厂（座）	城市污水治理量（万立方米）	污水处理厂处理能力（万立方米）	负荷率
湖南	66	176564	197501.5	89.40%
重庆	51	106174	115267	92.11%
四川	130	188567	230023	81.98%
云南	42	83845	88658.5	94.57%
西藏	7	7694	9563	80.46%
青海	11	11914	16206	73.52%

（数据来源：《中国环境统计年鉴—2017》）

3）畜禽养殖污染治理程度低

畜禽养殖污水存在收集不规范、处理不当等问题。当前我国部分规模化畜禽养殖场为原有养殖场改造而成，其建造布局和规划并不完整，未实现废弃物的分类分流。多数养殖场中缺少净化设施与污水处理设施，导致废弃污水流入河水湖泊，造成水体污染（边巴，2015）。目前有超过60%的养殖场未采取干湿分离的清洁工艺，大量畜禽粪便及冲洗混合污水直接排入自然环境（阿勒马太·努开西，2017）。

畜禽养殖废弃物的治理缺乏有效技术，治理成本较高，导致污水处理率低、资源化利用程度低。2017年环境统计数据显示，我国规模化养殖场共计138799家，其中38512家在处理粪污时采用水冲的方式，造成大量水资源浪费，加大了粪污再利用的难度（宣梦等，2017）。2010年长江流域上海、浙江、江苏三个地区畜禽养殖COD去除率虽达到80%—90%；但不同动物的氨氮去除率相差较大，猪和牛仅有30%—40%，鸡为70%—80%（表2–6）。

表2–6　长江流域部分省市2010年规模化养殖污染物去除率

地区	猪		奶牛		肉牛		蛋鸡		肉鸡	
	COD	氨氮	COD	氨氮	COD	氨氮	COD	氨氮	COD	氨氮
上海	85.1	43.4	89.1	50.7	85.8	23.0	84.2	81.2	93.5	77.7
江苏	79.1	35.5	85.4	40.3	85.4	38.7	86.0	64.2	93.3	79.5

（续表）

地区	猪		奶牛		肉牛		蛋鸡		肉鸡	
	COD	氨氮	COD	氨氮	COD	氨氮	COD	氨氮	COD	氨氮
浙江	83.2	36.4	87.8	42.1	88.5	34.2	90.1	72.3	91.8	75.1

（数据来源：黄冠中等，2013）

2. 典型流域非点源污染现状与问题

非点源污染降低了自然资源（特别是水资源和土地资源）的利用价值，制约了区域人文、社会和经济的发展前景。以化肥、农药残留为主的非点源污染还极易破坏区域的水生态系统结构，威胁区域生态安全。另外，含汞、铜等重金属以及有机磷、有机氯的化肥农药，经雨水冲刷、河流及大气搬运最终将汇入海洋，抑制海藻的光合作用，使鱼、贝的繁殖能力衰退，降低海洋生产力，危害海洋生态系统安全，对海洋生态系统造成严重破坏。为了有效控制非点源污染，国家各级部门相继制定出台了一系列针对非点源污染减排、治理的政策法规。这些政策法规的实施在一定程度上降低并减小了非点源污染的排放和影响，推动了生态文明建设和农业绿色发展，但仍然存在着一些亟待解决的问题。

（1）源头总量大、减排难度高

长江流域河流水系发达，经济和人口相对集中，是重要的粮油、畜禽和水产品生产基地。近年来，长江流域农业产量和人口总量的增长导致了长江流域非点源污染排放总量的增加，直接给长江流域非点源污染的源头控制带来了一系列的挑战，主要包括：

1）化肥农药施用总量大，利用率低

长江流域以25%的耕地面积养活了近43%的人口总数，是我国重要的粮油生产基地，在我国农业生产中发挥着举足轻重的作用。长江流域农业种植面积广、化肥农业施加总量大，但利用率低，农业污染问题十分严重。根据《第一次全国污染源普查技术报告》，2007年长江流域沿江11省市自治区化肥施用总量约为1877万吨，农药流失总量高达5565千克（表2–7）。其中，四川省化肥施用量最大，占流域化肥施用总量的17%；湖南省农药流失量最大，占流域农药流失量的19%。

表2-7　长江流域主要省市自治区2007年农业种植业化肥施用及农药流失情况

省市名称	化肥施用量（万吨 / 年）			农药流失（千克 / 年）
	氮肥	磷肥	合计	
上海	15.5	5.1	20.6	85.35
江苏	204.0	63.3	267.3	811.56
安徽	163.2	63.6	226.8	691.43
江西	97.8	43.8	141.6	662.37
湖北	193.2	77.2	270.4	834.69
湖南	172.0	70.5	242.5	1076.37
重庆	66.4	29.7	96.2	191.17
四川	227.3	96.2	323.5	719.44
云南	184.9	82.8	267.7	461.35
西藏	5.9	2.8	8.7	18.86
青海	6.2	5.3	11.5	12.41
总计	1336.4	540.3	1876.8	5565.0

（数据来源:《第一次全国污染源普查技术报告》）

根据国家发展和改革委员会（以下简称“发改委”）就《关于加快推进长江经济带农业非点源污染治理的指导意见》答记者问，2016年长江流域沿江11省市自治区的化肥使用量为2134万吨（折纯量），占全国总量的36%；耕地单位面积化肥使用量为31.7千克/亩，比全国平均水平高2.1千克。农药使用量71.1万吨，占全国总量的41%。与2007年相比，2016年长江流域化肥施用总量增加了13.7%，化肥施用总量的增加导致了流域农业非点源污染排放总量的增加，直接威胁流域水环境安全。以安徽省为例，2017年安徽省的化肥利用率仅为37.6%，农药利用率为39.6%，远低于欧美发达国家化肥、农药的利用率（50%、50%）。化肥、农药的过量施用，增加了非点源污染的来源。因此，控制流域化肥、农药施用总量，提高化肥、农药利用率迫在眉睫。

2）生活污水直排入河，生活垃圾随意堆放

据统计，2015年长江流域生活污水排放总量高达15.1亿吨。长江中下游省份城镇生活污水处理率较高，达到80%以上，但长江上游省份如四川、重庆、贵州等城镇生活污水处理率却远低于国家平均水平，仅有60%左右（秦延文等，2018）。以长江流域的三农大省湖南省为例，到2015年湖南湘江流域建制镇的污水处理率只有三成多一点，建制村的生活污水和生活垃圾基本处于自然排放状态（苏晓洲等，2016）。

3）粪污产量高，资源利用程度低

鄱阳湖流域农业养殖年粪便产生量约为4536万吨，约为工业废水和固体废弃物总量的30%；而长江三角洲及太湖流域2010年农业养殖业畜禽粪便的处理及资源化利用量不足2%（霍军军等，2011）。另外，长江流域还存在一定数量的非法网箱养殖，尤其是金沙江流域，仅云南省永仁县一县的网箱养殖就侵占83.1亩（55400平方米）的江面面积，一年的饲料、化学药品投入量高达1084.5吨，极易导致局部富营养化现象的产生，严重威胁流域水环境安全。因此，整治养殖业非点源污染，调整养殖结构势在必行。

4）雨污合流问题突出，截污困难

城市化进程的加快，导致城市和城郊屋顶、街道、停车场等不透水表面面积不断增加，而这些结构物表面通常会附集大量污染物。在降雨作用下，污染物会随着径流输移扩散，汇至城区排污管网，产生城市地表径流非点源污染。另外，城市地表不透水表面面积的增大还会导致城市绿地拦污、截污功能的丧失，增大城市非点源污染的入河总量。研究表明，减低城市地表径流非点源污染的重点在于控制污染物迁移途径和加强城市排水管网建设（张蕾等，2010）。然而，受历史条件制约，长江流域大部分城市的污水收集管网尚不完善，污水管道破损严重，管网建设和管理混乱，难以实现雨污分流，直接加剧城市地表径流非点源污染，使得流域污染处理成本居高不下、难以满足不断提高的污水排放标准要求。以湖南省为例，到2015年湘江流域建制镇雨污混流的排水口多达991个，建制村基本处于自然排放状态（苏晓洲等，2016）。

（2）阻滞缓冲系统生态功能丧失

20世纪以来，长江流域人口、社会和经济的快速发展直接导致了流域林地、湿地、沼泽面积的迅速减少，流域植被的覆盖面积持续缩减，从而引起流域植被缓冲带生态功能的丧失，使得各类非点源污染毫无阻拦直接汇入河流水系中，增加非点源污染的入河总量。1975—2007年30余年内，长江流域湖泊湿地总体消减了889平方千米，沼泽湿地消减了591平方千米，天然湿地消减了近70%（孔令桥等，2018）。因此，有必要开展植被缓冲带的修复治理，构建非点源污染传输阻滞系统，实现非点源污染物在传输途径中的拦截和消纳。

（3）控污技术推广缓慢，末端治理困难

根据作物需肥规律、土壤供肥性能和肥料效应，实行测土配方施肥能够有效调节和缓解作物需肥与土壤供肥之间的矛盾，实现种植业非点源污染入河总量的降低。然而，现阶段长江流域种植业测土配方施肥覆盖率和化肥利用率却远低于发达国家。以安徽省为例（安徽省统计局，2018），2017年长江流域种植业大省安徽省的测土配方施肥覆盖率和化肥利用率仅为82.4%和37.6%，远低于欧美化肥利用率50%的标准，也远低于发改委等部委联合颁发的《关于加快推进长江经济带农业非点源污染治理的指导意见》中，对化肥农药利用率及测土配方施肥技术覆盖率所提出的要求。另外，在测土配方施肥技术实际操作过程中，仍存在较多的农户按照经验进行施肥和施药，对新技术、新方法的接受度较低，缺乏有效的监督和制约。化肥、农药等农资产品的大面积和低效率施用增加了流域非点源污染的入河总量，也给末端治理带来了一系列的挑战。

三、典型流域生态流量现状与问题

流域水利水电工程的大规模、高密度开发，满足了人们在供水、发电、灌溉、防洪、航运、养殖等方面的需求，在一定程度上造福了人类，促进了区域社会、经济的发展。但是，流域水利水电开发也在很大程度上改变了流域的河川径流、水位和水文极值频率，打破了河流的连续性，威胁到下游河道水生动植物的生长、繁衍，对下游河道水生态系统造成诸多影响。

1.典型流域库坝建设情况

长江横跨11省市自治区，干流长达6300多千米、流域面积约180万平方千米，水资源总量达9616亿立方米，占全国河流径流总量的36%左右，为黄河的20倍。近年来，长江流域水利水电工程开发速度加快，已建约52000座坝、超过4000亿立方米水库库容，19430余座水电站（刘六宴等，2016）。我国13个大型水电基地，约有一半分布在长江流域（金沙江、雅砻江、大渡河、乌江、长江上游、湘西6大水电基地）。

（1）金沙江水电基地。金沙江水电基地是我国最大的水电基地，是“西电东送”基地的主力。全长3479千米的金沙江，天然落差达5100米，占长江干流总落差的95%，水能资源蕴藏量达1.124亿千瓦，技术可开发水能资源达8891万千瓦，年发电量5041亿千瓦时，富集程度居世界之最。其中，上游川藏河段共布置了8个梯级电站，总装机容量达898万千瓦，为“西电东送”的重要能源基地。中游以上以虎跳峡为代表，也规划了8个梯级电站，总装机容量达2096万千瓦。下游规划有四个梯级电站，分两期开发，一期工程溪洛渡和向家坝水电站已建设完工，二期工程乌东德和白鹤滩水电站也即将完工。四级水电站的装机总容量达到4215万千瓦，相当于两个“三峡工程”，年发电量约1900亿千瓦时。作为“西电东送”的骨干工程，金沙江下游梯级水电主供华东、华中和华南地区，基本可以替代等容量华东和华南地区火电，能够有效地缓解区域电力供需矛盾问题。

（2）雅砻江水电基地。雅砻江位于四川省西部，是金沙江的最大支流，干流全长1500多千米，流域整体水能蕴藏量约为3372万千瓦。全流域可开发的水能资源为3000万千瓦，规划开发2971千瓦。在全国规划的十三大水电基地中，装机规模排名第三。按规划方案，雅砻江干流从温波寺到河口拟建设21个梯级水电站。主要包括两河口、杨房沟、锦屏一级、锦屏二级、官地、二滩、桐子林等。其中，锦屏一级水电站为世界第一高拱坝，是雅砻江干流下游河段（卡拉至江口河段）的控制性水库工程，电站的总装机容量达360万千瓦，总库容77.6亿立方米，调节库容49.1亿立方米，属年调节水库。锦屏二级水电站，总装机480万千瓦，年平均发电量242.3亿千瓦时，是四川省境内装机规模最大的水电站，也是世界上综合规模最大的水工隧洞群。

（3）大渡河水电基地。大渡河全长1062千米，水电开发的梯级格局为3库22级。按2003年7月完成的《大渡河干流水电规划调整报告》，大渡河干流规划电站主要包括：深溪沟水电站，干流规划的第18级电站，最大坝高106米，总库容3200万立方米，是瀑布沟水电站的反调节电站；大岗山水电站，干流规划的第14个梯级电站，最大坝高210米，总库容7.42亿立方米，是大渡河流域的第二大水电站；瀑布沟水电站，干流规划的第17个梯级电站，是大渡河中游的控制性水库，最大坝高186米，总库容53.9亿立方米，其中调洪库容10.56亿立方米，调节库容38.82亿立方米，为不完全年调节水库；龚嘴水电站，大渡河下游末端的第二个水电站，总库容为3.1亿立方米，最大坝高85.6米；铜街子水电站，大渡河梯级开发下游最后一级电站，总库容2.0亿立方米，调节库容0.3亿立方米，为日、周调节水库，最大坝高82米。

（4）乌江水电基地。乌江为长江第7大支流，可开发的水能资源仅次于大渡河和雅砻江，达834万千瓦，居第3位。根据1988年8月审查通过的《乌江干流规划报告》，乌江流域拟开发的电站主要包括：北源洪家渡水电站（总库容45.89亿立方米，坝高179.5米），南源普定水电站（库容21.40亿立方米，坝高165米）、引子渡水电站（库容4.55亿立方米，坝高129.5米），东风水电站（库容8.64亿立方米，坝高162立方米）、索风营水电站（库容2.01亿立方米，坝高115.8米）、乌江渡水电站（库容23亿立方米，坝高165米）、构皮滩水电站（库容64.54亿立方米，坝高225米）、思林水电站（库容12.05亿立方米，坝高117米）、沙沱水电站（库容9.1亿立方米，坝高156米）、彭水水电站（库容12.12亿立方米，坝高116.5米）、银盘水电站（库容3.2亿立方米，坝高80米）等。

（5）长江上游水电基地。长江干流上游水电开发主要分石硼、朱杨溪、小南海、三峡、葛洲坝5级开发。其中，石硼水电站规划的总库容为30.8亿立方米、装机容量213万千瓦，预计2020年前竣工；朱杨溪水电站，规划库容为28亿立方米，目前尚未施工；小南海水电站因环保问题，已遭环保部否决，未建；三峡水电站是世界上规模最大的水电站，也是中国有史以来建设规模最大的工程项目，总库容393亿立方米，坝高185米，与下游葛洲坝水电站构成梯级电站；葛洲坝水电站是长江第一座大型水电站，也是世界上最大的低水头、大流量、径流式水电站，总库容为15.8亿立方米，最大坝高47米。

（6）湘西水电基地。湘西水电主要包括沅水、澧水以及资水三流域的水电建设。其中，沅水干流上游的三板溪水电站和中游八个梯级水电站：托口、江市、洪江、安江、铜湾、清水塘、大伏溪、渔潭，以及支流酉水上的碗米坡水电站，10个水电站的总库容有100多亿立方米。澧水干流上起澧水北源，下至小渡口，共规划有16个梯级电站，截至2013年底，已建成有贺龙、八斗溪、渔潭、花岩、木龙滩、红壁岩、茶庵、慈利（城关）、茶林河、三江口、青山、滟洲12个水电站，待建的有凉水口（北源）、黄家铺、宜冲桥、岩泊渡4个电站。资水已建有车田江水库（库容1.275亿立方米、坝高68.85米）、筱溪水电站（库容9860万立方米、坝高44.5米）、浪石滩水电站等。

2. 典型流域生态流量现状

（1）现状年长江干流径流特征

长江干流的年径流量呈上游增大、下游减少趋势。根据《长江泥沙公报2018》，绘制2018年长江干流主要水文站实测径流量与多年平均值以及上年实测值的对比（图2–2）。如图所示，与多年平均值相比，2018年长江干流的直达门、石鼓、攀枝花、向家坝、朱沱、寸滩、宜昌、沙市站的实测径流量分别增大了54%、21%、23%、15%、19%、13%、10%、11%，汉口站和大通站分别减少了5%和10%；与2017年相比，2018年直达门、石鼓、攀枝花、向家坝、朱沱、寸滩、宜昌、沙市站的实测径流量分别增大了17%、18%、15%、13%、19%、17%、8%、6%，汉口站和大通站分别减少了9%和14%。这种现象产生的原因可能是流域水利水电工程的蓄水、截留影响了流域水量的分配。

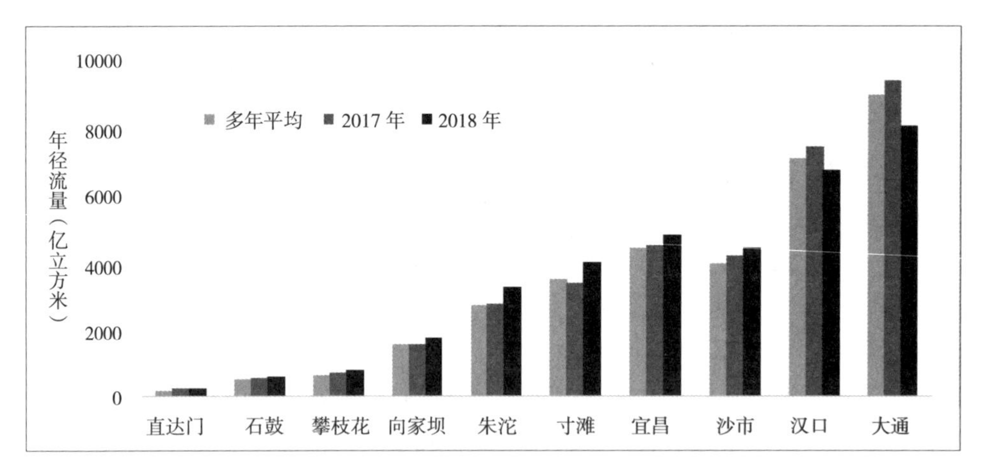

图2–2　长江干流主要水文站年径流量对比
（数据来源：《长江泥沙公报2018》）

（2）干流流量的年际变化

水利工程建设显著影响了长江干流流量。以2003年三峡工程蓄水为节点（最高水位135~139米），分析、对比三峡工程建设前后长江中下游径流的变化情况。综合考虑长江干流中下游水文站点的空间分布情况，分别选择宜昌站、汉口站、大通站作为长江干流典型水文站点，分析典型水文站年均流量的变化情况；根据长江1953—2014年共62年的水文统计资料，绘制长江中下游宜昌、汉口、大通3个水文站1953—2014年的年均流量变化图（图2-3）。其中，宜昌站多年平均流量为13652立方米/秒，多年平均径流量为4307亿立方米；中游汉口站的多年平均流量为22327立方米/秒，多年平均径流量为7045亿立方米；下游大通站多年平均流量为28252立方米/秒，多年平均径流量为8915亿立方米。由图2-3可以看出，在研究区间内，除了1954年、1998年、2006年、2011年（1954年和1998年为特大洪水年，2006年和2011年为枯水年）的年均流量出现较大波动外，其他时间段，长江干流河段的年均流量基本呈下降趋势，其中宜昌水文站下降趋势最为明显。根据相关研究（郭文献等，2019），1990年前，宜昌站多年平均径流量约为4504亿立方米，水量平均递减率为2.5亿立方米/年，径流缓慢平稳减少。而1990以后，宜昌站径流加速减少，1991—2014年平均递减率约为16亿立方米/年，2003—2014年均径流量为4006亿立方米，比1990年前平均减少11%。同期，汉口站和大通站水量分别减少了4.8%和5.6%。

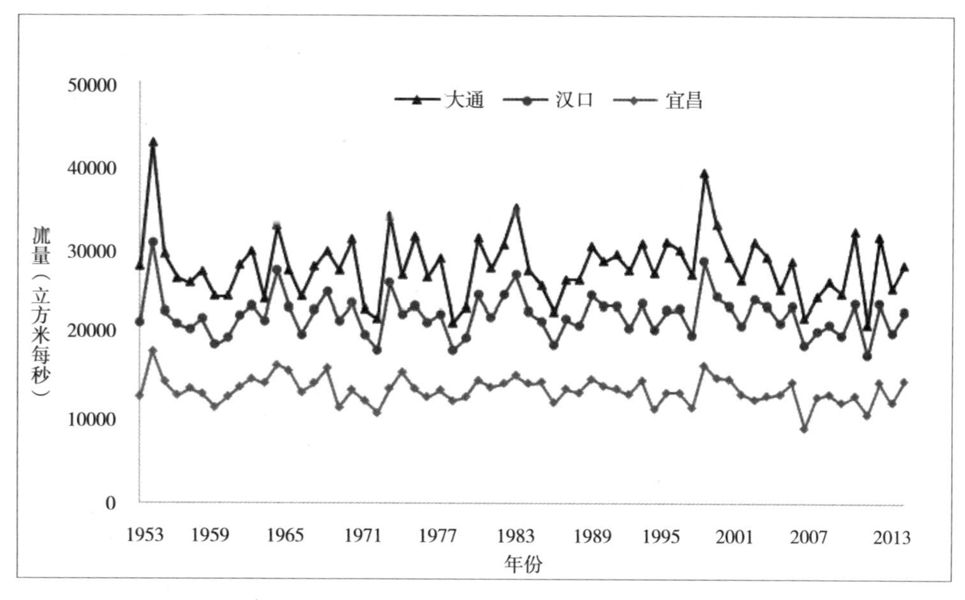

图2-3　典型水文站年平均流量的年际变化

（3）干流月中值流量的月变化过程

长江干流流量总体呈汛期减少、非汛期增多趋势。为了定量揭示水利工程建设对长江下游水文的改变情况，绘制了宜昌、汉口、大通3个水文站点历年月中值流量的月变化图（图2-4）。图中将数据划分为两个时段：三峡建坝前（1953—2002年），三峡建坝后（2003—2014年）。2003—2014年（三峡建坝后）12年内宜昌站的年均径流总量较1953—2002年的平均值减少了269.7亿立方米，为相对平枯水年份（图2-3），但2003—2014年1—4月的径流量却比1953—2002年1—4月的径流量有了明显的增长（图2-4）。三峡水库蓄水后，宜昌站、汉口站和大通站在12月—次年3月，流量呈现不同程度的增加，尤其是3月份流量增加最为明显；在7—9月份流量有了不同程度的减少，汉口站和大通站在7月份减少量最大，宜昌站在10月份减少量最大。

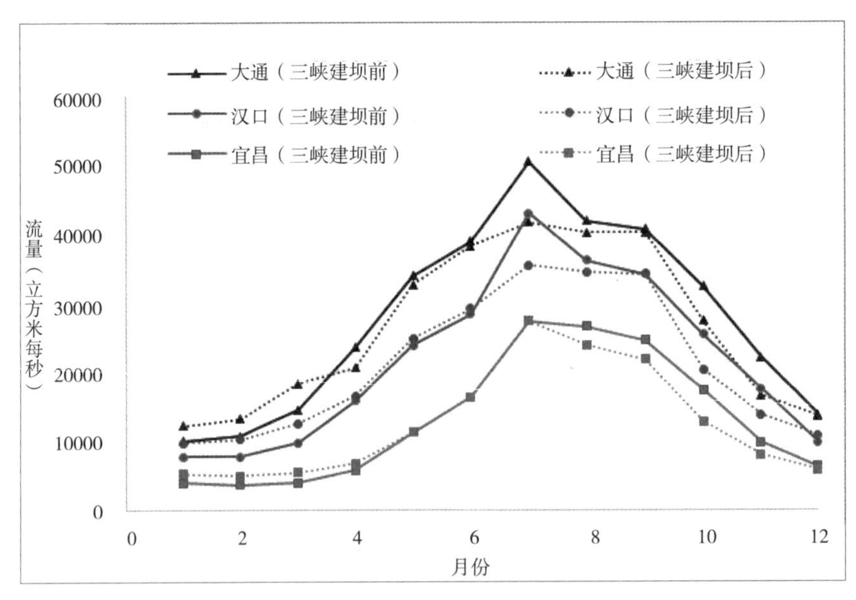

图2-4　典型水文站历年月中值流量的月际变化

水利工程建设改变了长江流域的流量极值，呈极大值减小而极小值增大的规律。由下游各水文站点的月中值数据可以看出（表2-8），水利工程建设后，长江中下游3个水文站流量的年极大值和极小值均有了不同程度的改变。极大值流量在水利工程建设后有了一定程度的减小；极小值流量在水利工程建设后有了一定程度增大；流量极大值的改变度相对较低，极小值的改变度相对较高。其中，宜昌站和汉口站年极值流量的平均改变度分别为69%和73%，属于高度改变；大通站的流量改变度为56%，属于中度改变（郭文献等，2019）。

表2-8 建坝前后典型水文站月流量变化情况

时间	宜昌站流量			汉口站流量			大通站流量		
	建坝前（立方米/秒）	建坝后（立方米/秒）	%	建坝前（立方米/秒）	建坝后（立方米/秒）	%	建坝前（立方米/秒）	建坝后（立方米/秒）	%
1月份中值	4190	5130	76	7910	9819	–100	10100	12000	5
2月份中值	3790	5003	100	7960	9965	–75	10600	12980	12
3月份中值	4080	5485	75	10000	12550	25	14700	18600	0
4月份中值	5880	6708	25	15950	16530	100	23500	20630	0
5月份中值	11300	11450	50	24000	24800	75	33700	32450	25
6月份中值	16750	15950	75	28650	29150	75	38800	38330	25
7月份中值	27700	27100	25	43100	35650	–25	50600	41400	25
8月份中值	26500	23600	25	36100	34600	75	42100	40050	25
9月份中值	24500	21630	6	34250	34230	75	40650	40150	25
10月份中值	17300	12400	75	25400	20450	–25	32500	27300	0
11月份中值	9375	7800	25	17650	14030	0	22400	16830	0
12月份中值	5710	5700	65	10200	10800	75	13400	13450	57
年均30日最小	3674	4885	75	7011	9650	–75	9224	11410	50
年均30日最大	35070	31160	25	46340	41830	–75	54570	47690	25

（数据来源：郭文献等，2019）

由此可见，水利工程建设已对长江中下游干流月径流过程产生了明显影响。其中，非汛期尤其是枯水期，12月—次年3月长江中下游水量有所增加，而秋季9—11月长江中下游水量有所减少。这种改变虽然还受其他因素（如气候变化等）的影响，但可以肯定的是，流量的改变与已建水利工程的运行调度存在着密切的关系。水利工程建设改变了长江中下游的水文过程，促进了洪水期水量的拦蓄和枯水期水量的补给，抬高了下游河段枯水期的流量和水位。

（4）典型时间节点长江生态流量现状

流域水利工程的兴建破坏了河流的连续性，改变了河流水文要素的季节分配和年际变化，导致水生生物生命节律信号丧失，直接影响水生生物的生长、繁衍。以长江中下游“四大家鱼”为例，长江干流四大家鱼的繁殖期为4—7月，其中5、6月份为繁殖高峰期，其繁殖与长江中下游的水文、水动力要素密切相关（王悦等，2017）。为此，项目选择4—7月作为流域典型时间节点，分析典型时间节点长江生态流量现状情况。根据长江水文网提供的实时水情数据绘制典型时间段长江中下游水文的日变化图（以2018年宜昌站每天下午2时的水情数据为例）。如图2-5所示，受三峡水库常规泄流影响，宜昌站4月1日至5月20日的日流量呈缓慢增加趋势，无明显突变现象。在5月20日至6月12日期间，三峡开展2018年第一次生态调度试验，期间迅速加大了水库的泄水流量，采用人工调节方式模拟了下游河流的涨水过程，导致宜昌站日流量出现突变，在25号出现流量峰值（26400立方米/秒）。此段时间，宜昌站日流量的变化呈先迅速增加（5月20至25日）再快速减小的趋势（5月25日至6月12日），在6月12日达日流量最小值（11100立方米/秒）。在6月17至6月21日，宜昌站日流量再次出现明显增加，此次流量的增加与第二次生态调度试验相关，于6月21日出现第一次流量峰值（15400立方米/秒）。

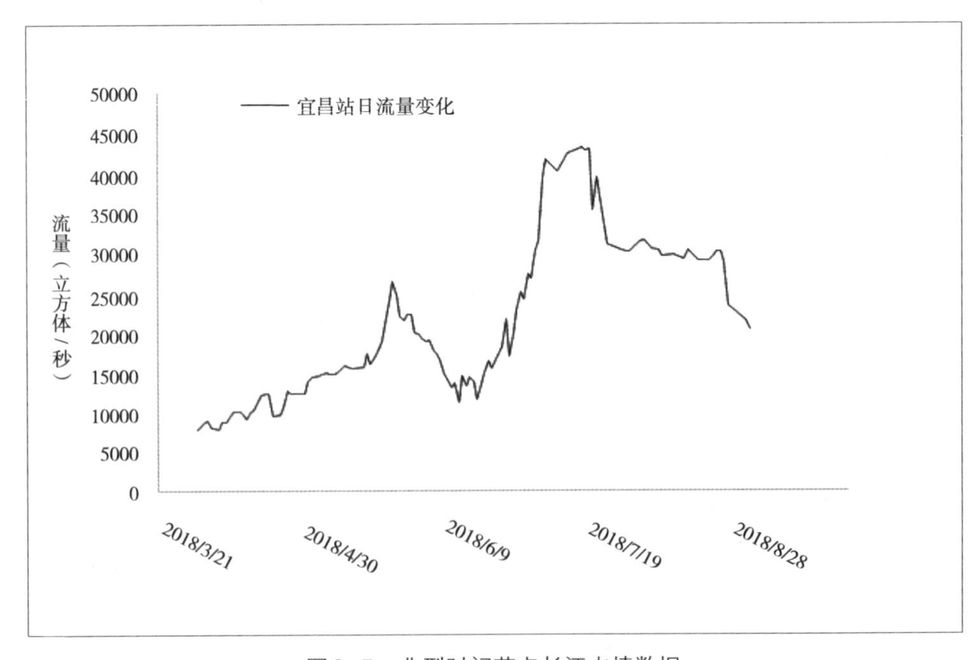

图2-5　典型时间节点长江水情数据

（5）长江口入海流量现状

长江水资源存在很强的季节性，其年际变化大，年内分配不均，存在明显的丰枯季节。长江口是咸淡水的交汇区，水动力特性复杂，水环境变化剧烈。长江入海径流的大小不仅影响着近海的水环境质量，还影响着海水咸潮的入侵面积。其河口水流的理化特征具有较强的典型性和特殊性，促使长江入海口成为一个结构独特、功能多样的生态系统。作为长江下游最后一个不受海洋潮汐影响的水文站，大通站常被视为长江干流入海流量的总控制站。为此，相关文献已提出，长江干流水利工程的大规模建设已改变了大通站的水文情势（郭文献等，2019）。水利工程建设后（2003年以来）大通站的年均径流总量较建设前（1953—2002年）的多年平均值减少了518.2亿立方米，但在1—3月，大通站的径流量却增加了156.9亿立方米，增加了15.2%，径流占全年比例也由11.6%增加到14.2%；而9—11月径流量减少了323.3亿立方米，减少13.2%，相当于平均流量减少4112立方米/秒，径流占全年比例也由27.5%减少到25.3%。三峡水利工程的兴建已明显改变了入海径流的水文过程，尤其是三峡蓄水期的入海径流过程，给近海的水生态环境带来一系列的扰动，甚至破坏近海的水生态系统稳定。

（6）入海流量的需求情况

长江口生态环境需水和控制咸潮入侵均对入海流量提出了不同要求。根据上述分析知，三峡工程的兴建已严重改变了大通站1—3月以及9—10月的入海径流量。李亚平等人的研究成果表明（2013），只有当大通站下泄流量大于10000立方米/秒时，才能基本满足长江口的生态环境用水需求，而防止水质污染和咸潮入侵的限制流量为16000立方米/秒以上。根据水文资料分析，大通站不满足生态下泄流量10000立方米/秒要求的时段主要集中在12月至次年3月。因此，需重点关注枯水期（12月至次年3月）流域库坝生态流量的下泄情况。另外，9—10月为天文大潮出现的时间，此时长江径流的减少会直接影响长江口的咸潮，威胁上游上海等地的用水安全。根据周建军等人的研究成果（2018），2006—2016年10月大通站的平均流量以及最小流量的平均值分别为23740和17560立方米/秒，7天滑动平均流量低于15000立方米/秒出现了3次（1951—2002年只有2次），流量小于15000、18000立方米/秒出现35和94天（分别占10.3%和27.5%，1951—2002年共出现11和45天，分别占0.68%和2.80%）。10月大通流量小于15000—18000立方米/秒的出现频率显著增加，咸潮入侵风险较大。同时，随着区域工农业的进一步发展，上游水库的蓄水、调水和用水量将会呈持续增加态势，由此进一步提高长江口咸潮的入侵概率，这样不仅威胁上游的用水安全，还会影响到下游的水生态系统稳定。因此，制定合理的生态放流策略，提高10月份下泄生态流量等工作迫在眉睫。

3. 典型流域生态流量问题分析

库坝建设在提高区域水资源调控能力的同时，也对区域的水文及生态环境造成一系列负面影响，比如直接破坏了下游河道连通性和改变了水文节律，从而破坏水生动物的产卵繁殖空间，导致流域水生动植物资源锐减。另外，库坝建设还降低了下游水资源的入海总量，影响生源物质输送、盐水入侵的时空分布等。库坝建设已对长江中下游以及河口区域的生态环境保护造成了巨大的影响，缓解长江中下游生态环境保护与河流开发之间的矛盾已引起了国内水利、环境工作者的广泛关注。以下将以现状分析为基础，总结分析流域生态流量存在的问题。

（1）蓄水时段集中，汛后流量下放不足

长江流域典型水利工程库坝蓄水的起止时间大多集中在9—10月（汛后期），以2018年为例，长江上游溪洛渡水库蓄水的起始时间为2018年9月1号，蓄满时间为2018年9月30号；向家坝水库蓄水的起始时间为2018年9月5号，蓄满时间为2018年9月30号；长江中游三峡水库蓄水的起始时间为2018年9月10号，蓄满时间为2018年10月31号。蓄水起止时间相对集中的库坝蓄水方式直接造成流域汛后流量下放不足，洞庭湖和鄱阳湖入湖水量减少，致使洞庭湖和鄱阳湖由原来的水满为患转向近年来的季节性缺水。相关研究结果表明（邓金运等，2018），三峡水库的运行使洞庭湖枯水期提前1个月左右，水库建成后洞庭湖枯水期的水面面积平均降低了11.37%，丰水期水面面积平均降低了21.47%，减幅最大高达37.21%。三峡蓄水期，鄱阳湖全线汛后水位平均降低了2~4米，其中湖口水位下降了2.76米。蓄水期，库坝下泄流量的降低已对两湖的水生态环境造成了巨大的影响。

（2）冲淡流量减少，近海区繁殖索饵场萎缩

三峡水库蓄水导致9—10月长江冲淡淡水流量的减少，引起低浓度河口海域淡水影响范围的缩小，使得鱼类繁殖索饵场（32℃以下的低盐度水域）的位置发生内移（单秀娟等，2004）。另外，冲淡淡水流量的减少还会引起入海有

机碎屑、泥沙等营养物含量的降低，造成河口水域海水透明度的增加，使浮游植物等初级生产区向海岸内移，导致鱼类繁殖索饵场萎缩（刘守海等，2015）。三峡水库蓄水后，2004年长江口春季鱼卵和仔稚鱼丰度迅速下降，仅为1999年的13.9%和2001年的4.3%（刘守海等，2015）。与蓄水前相比，蓄水后的长江口鱼卵和仔稚鱼群落多样性显著下降，河口区鱼卵和仔稚鱼的高值区西移明显，此现象与径流量减少、外海水团接近河口等因素相关。

（3）过多考虑经济成效，生态效益缺乏保障

根据相关文献，我国库坝生态放流流量的确定方法主要以多年平均流量的10%为标准，长江流域生态流量的确定方法主要以多年平均流量的10%与其他需水目标叠加的外包线为准（陈昂等，2019）。此类确定方法极易导致生态流量低于原河道最小流量事件的发生。多年平均流量的10%在很大程度上难以满足西南河流梯级电站坝下河段生态需水要求，极易导致坝下河段水生态系统的毁灭性破坏。同时，库坝的削峰调节会改变下游河道的水文情势，导致下游河道水位下降、洪峰消减，直接破坏河道水生动植物的生殖繁育空间，给水生态环境带来诸多负面影响。当前，越来越多的水利工作者已意识到库坝建设对水文情势的影响，也展开诸多研究，提出了基于人造洪峰的生态流量下泄方式，并将此应用到三峡等实际工程中。但现有生态流量下泄模型多集中于关注长江中下游四大家鱼等少数水生物种的产卵繁殖，针对目标过于单一，模型适宜性较弱的问题，有待进一步建立满足不同目标且更为普适的生态流量下泄模型。另外，随着库坝工程建设项目的逐渐推进，工程建设与运行对流域生态效益的累积影响也逐步显现，已成为影响我国水生态文明建设的突出和焦点问题。我国库坝建设过多地考虑了经济成效，缺乏生态效益的保障。因此，应重视均衡考虑库坝生态效益的发挥。

（4）部分时段流量下放不足，咸潮入侵严重

长江口是河海交汇区域，外海高盐水和流域入海淡水在此汇聚，因此盐水入侵现象频发。三峡工程季节性调水，改变了长江的径流过程，进而影响长江中下游的取水、生态以及淡水分布。尤其是在天文大潮期间（9—10月），上游水库的大面积蓄水，导致长江口入海总流量的降低，使得大通站流量小于15000—18000立方米/秒的出现频率显著增长，咸潮入侵严重（周建军等，2018），同时也破坏了上溯江河产卵海鱼的繁殖栖息空间。另外在枯水期，海水倒灌现象仍时有发生。同时，随着上游工农业的迅速发展，大量工业、农业和生活污水排放至长江流域，使得长江水质逐渐恶化，导致入海口及海湾区水污染问题日趋严重。

四、海域沉降污染问题分析

长江流域是我国工业发展较早的地区之一，工农业基础雄厚，已建立部门齐全、轻重工业发展协调的工业体系，形成了以冶金、纺织、机械、电力、石油化工为主的工业机构，拥有大型钢铁基地、炼油中心以及发达的轻纺工业。长江流域城市化进程较高，城市密集，机动车保有量大，2018年国家统计局数据显示，长三角地区汽车保有量约达3518万辆。工农业生产活动以及机动车尾气排放产生的大气污染物，可通过大气远近距离传输迁移，沉降至海域。尽管国家已出台了一系列政策，（如《大气污染防治行动计划》《打赢蓝天保卫战三年行动计划》等），对企业污染物排放进行引导，并建立了严格的法律法规和相关排放标准（如《GB13271—2003火电厂大气污染物排放标准》《GB3095—2012环境空气质量标准》），对相关产业进行规范化管理，在一定程度上对大气污染物排放起到了控制和减排作用，然而包括长三角地区，我国大气污染治理形势依然严峻，主要体现在：

1.能源利用与散煤治理问题

我国能源结构以煤炭为主，并存在以下几个问题，导致大气环境无法得到根本性好转。

煤炭消费量大。我国一次能源消费结构中煤炭占60%以上，导致大气环境无法得到根本性好转。据研究表明，全国85%的二氧化硫和67%的氮氧化物排放源于以煤炭为主的化石能源燃烧（孙亚梅等，2018）。值得一提的是，在经济发达的江苏和浙江地区，煤炭消费量仍较高，2013年江苏、浙江两省煤炭消费量分别占一次能源消费的69%与56.7%，远高于欧美等发达国家。

煤炭质量有待提高。我国煤炭质量普遍不高，硫分、灰分占比高，且存在清洁高效利用程度较低等问题，对环境形成了巨大挑战。

煤炭利用方式粗放。我国煤炭利用模式大部分为直接燃烧，包括电站锅炉、燃煤工业锅炉和民用燃煤设备，该模式下产生的污染物中二氧化硫与氮氧化物排放占比较高。以2012年为例，煤炭直接燃烧造成的二氧化硫与氮氧化物排放量分别占总排放量的79%和57%。

散煤治理力度有待进一步提升。在工业生产受到政策制约和减排措施强制执行的同时，散煤治理将成为控制煤炭消费总量的重点，散煤由于具有煤质较差、直燃直排、分散使用而不易控制以及缺乏配套净化设备的缺点，也是大气污染防治的难点之一。据统计，1吨散煤燃烧排放的污染物约为等热量情况下，燃煤电厂排放二氧化硫、氮氧化物、烟粉尘的5倍、2倍、66倍（金玲等，2016）。2017年全国范围内散煤减量约6500万吨，具有很高的环境、健康和社会效益，但是由于目前散煤治理工作过度依赖政府补贴、整治力度不足等缺点，加上长江流域中小型企业众多，对“散乱污”企业的燃煤小窑炉、小锅炉的整顿工作刻不容缓，应作为下一阶段的重点工作（贺克斌等，2018）。

2. 工业清洁生产问题

长江流域工业结构偏重，第二产业比重高达50.06%，高于全国平均水平，钢铁、水泥、金属冶炼等主要产业高能耗产品产量大，大气污染物排放严重，长期粗放型经济发展模式对环境承载量带来不小冲击（孙孝文，2019）。具体表现在以下几个方面：

（1）工业生产能源利用率低。我国工业生产具有能源消耗大、利用率低的特点，据统计，能源利用率仅有30%左右，单位GDP能耗是世界均值的2倍，电力、冶金、有色金属等8个高耗能行业生产耗能比世界先进平均水平高出40%以上。长江流域亦存在此问题，湖北、湖南等城市单位GDP能耗高于全国平均水平，江苏省人均能耗是全国平均水平的1.2倍（马云等，2014；南京大学，2016；刘洋，2017）。高能耗、低利用率的能源消费对环境带来了不小的负面影响，虽然我国单位能耗强度近年来在持续下降中，然而和国际先进水平仍有差距，具有调整改善空间。

（2）工业清洁生产程度不足。我国已出台了相应法律法规与政策，对清洁生产进行一定程度上的强制与引导，现阶段清洁生产水平得到很大提高。但仍存在资源利用率低、原材料消耗大、生产技术落后以及历史遗留的发展模式无法满足现实需求等问题，导致生产过程集约化水平不高，原材料和能源浪费现象严重，以及对工业污染物回用回收不够重视而导致废物回用率过低，造成一定的经济损失和环境污染。据统计，2015年四川省规模以上工业能源回收利用率仅为2.9%；流域黄磷企业尾气回收利用率不足50%，低于国家相关规定

（郝杰，2015；喻旗，2018）。相比发达国家，我国工业清洁生产水平仍然落后不少，需要进一步提升。

（3）行业整治不到位，工业污染严重。主要体现在大多重污染、高能耗企业行业整治不到位与行业性污染问题突出，以金华市为例，铸造、废塑料再生以及印刷等行业带来的大气污染问题较为严重，目前污染防治水平较低，尚未实现稳定达标排放（袁莹，2016）。虽然我国已逐步扩大大气污染物监测范围，然而针对工业生产尾气的减排力度仍需深化加强，尤其是针对复合污染物的协同减排与控制仍有进步空间，传统的末端处理应向源头控制与末端处理的双重协同治理方式转变。

（4）工业企业园区化管理程度低。我国仍然还存在企业聚集程度不足的问题，目前仍有不少中小企业以低、小、散作坊式工厂形式存在，处于监管区域之外，给环境、生产以及社会安全稳定带来一定风险。这一问题在长流流域亦较为突出，以化工企业为例，长江经济带总体入园率为39.4%，而化工第一大省的江苏，入园率仅有31%（陈庆俊等，2018），零星分布的工厂企业，无疑给监测、监管都带来了更大的挑战，加大了统一化管理难度。

3. 农业化肥使用及废弃物资源化问题

长江流域是我国农业生产较发达的地区和重要的粮食生产基地，耕地主要集中在中下游地区，2017年长江三角洲地区耕种总面积达6741.9千公顷。我国启动“大气十条”以及《到2020年化肥使用量零增长行动方案》等行动以来，长江流域农业生产活动得到一定程度的规范，比如化肥使用率逐年降低，但仍存在农业资源结构不合理以及资源化工作不到位等问题，主要体现在：

（1）农业生产过度依赖化肥，氮肥施用仍居主导地位。2016年沿江11省份总化肥使用量2134万吨（折纯量），占全国总量的36%，耕地单位面积亩使用量高于全国平均水平。据统计，长江中下游城市群化肥平均使用强度为767.6千克/公顷，明显高于国际公认安全施用量的上限（225千克/公顷）。在所采用的化肥当中，氮肥仍是农业用肥的主力军，占化肥总施用量的50%以上，且以氮挥发率相对较高的尿素和碳酸氢铵为主要原料的化肥为主，化肥的大量使用和低下的利用率（不足40%）导致大量氨氮挥发，增加了大气环境负荷（刘洋，2017；发改委，2018）。

（2）有机资源回用利用工作不到位。有机资源的不当处理与不充分利用不仅引起大气污染，同时造成资源浪费。以秸秆为例，虽然在一系列政策规范下，长江流域秸秆禁烧工作已得到显著成效，其综合回用率也大幅提高，四川、江苏、湖北等省综合利用率达80%以上，然而仍然存在区域发展不平衡的问题。例如，四川省位于平原地区的城市群秸秆利用率普遍高于偏远地区，湖北省山地丘陵地区的秸秆禁烧工作远滞后于平原地区。同时秸秆回用工作还存在产品附加值低的问题，主要体现在当前工作多集中于秸秆还田等低转化效率与附加值的产品方面，针对发电等高附加值产品的利用率较低，例如我国大约有3.4亿吨可做燃料使用，然而当前利用量800万吨，利用率仅达2.35%（贺克斌等，2018；四川省发改委等，2017）。此外，禽畜粪便的回收利用也存在类似问题，有分析指出2010年长三角及太湖流域畜禽粪便处理及资源化利用率不足2%（霍军军等，2011）。

（3）农业生产尾气排放量大。2018年农业机械排放氮氧化物166.3万吨，占非道路移动源的32.5%。在长三角地区，农用机械保有量及其对各大气污染物排放的贡献均位于前列，其中氮氧化物排放占非道路移动机械排放总量的近4成（黄成等，2018）。随着黄标车淘汰的加速进行以及农业生产的机械化程度提高，农业生产机械、农用拖拉机等尾气排放也应予以足够重视。

4. 道路与非道路移动源排放的问题

随着我国城市化进程的加快以及工业的快速发展，机动车尾气排放对我国大气污染的贡献不可小觑。2019年中国移动源环境管理年报显示，2018年，全国机动车排放一氧化碳、氮氧化物、颗粒分别为3089.4万吨、562.9万吨、44.2万吨，其中仅占我国汽车保有量9.1%的柴油车却贡献了汽车排放氮氧化物排放总量的71.2%（王韵杰等，2019），长三角地区以浙江省为例，大约六成的氮氧化物机动车排放量来自于仅占5%保有量的柴油货车，这与我国过度依赖公路的运输结构有关。因此长江流域运输结构的调整以及柴油车污染防治工作将成为道路污染控制工作的重中之重。

在对道路机动车尾气排放防控工作日益完善的环境下，非道路移动源污染物排放对大气环境的负面影响将日益突出。2018年，非道路移动源排放氮氧化物为562.1万吨，与机动车排放量相当，其中工程机械、农用机械、船舶为主要排放源，分别贡献了34.2%、32.5%和29.2%。以船舶港口为例，船舶港口排放已经成为沿海、沿江地区重要的大气污染源，尤其是长三角地区，其拥有上海港、宁波港等吞吐量位于世界前列的港口，对附近海域以及港口城市大气污染的贡献应引起重视（马冬等，2014）；再加上长江内河航道繁忙复杂的水运设施等，船舶污染对整个长江流域的大气污染排放不容小觑。船舶港口的主要大气污染排放源主要包括船舶航行排放、船舶停靠排放以及港口车辆机械运作等，其中远洋船是首要来源。当前我国船舶港口的大气污染控制方面主要存在以下几个问题：首先，针对船舶港口（包括内河、远洋航运以及渔船等），我国尚未建立统一、系统的污染物排放清单编制方法，缺乏全面准确的统计数据，不利于对污染物排放的跟踪了解，同时降低减排工作的有效性；其次，我国船用发动机水平以及燃油质量不高：远洋船用燃料油和非清洁柴油含硫量极高，大约是车用柴油的100至3500倍，大约70%的远洋船废气（包含颗粒物、氮氧化物、硫氧化物等）可随气团等飘散至距离海岸线400千米以内的海域或内陆区，对海域以及附近港口的城市空气质量产生不利影响，虽然我国自2013年起不断收紧船用油硫含量，然而硫含量低于0.5%的船用油仅占消费总量的3.5%（马冬等，2017）；最后，港口码头监管力度较弱，港口的污染防治配套设施不足或缺乏更新，港口对环境缺乏有效监测和管制，岸电配套设施的建设缺乏；同时港口码头装卸运输机械设备目前仍以柴油为主要能源供应方式，电气化水平较低，需加强推广清洁能源的使用。

第三章

国际海洋生态环境保护实践与策略

一、美国切萨皮克湾生态环境保护实践

切萨皮克湾是世界第三大、美国最大的河口海湾，是美国重要的经济发展和旅游热点地区，也是美国第一个作为综合流域和生态系统修复目标的河口。20世纪七八十年代，由于过度捕捞、栖息生境遭到破坏和水质恶化等影响，切萨皮克湾长期面临着渔业减产、生态功能丧失、富营养化等环境问题。美国联邦政府与海湾流域内各州政府成立跨区域治理项目，从科学研究到行政实施，采取了机制研究、减排控制、跨区域综合治理等一系列措施，主要通过降低污染物以达到支持水生生物资源和保护人类健康所必需的水质战略目标，确保切萨皮克湾及其河流不受有毒污染物影响，从而避免对生命资源和人类健康造成危害，以维持国家确定的健康水域和流域的高质量和高生态价值。

1.切萨皮克湾概况

切萨皮克湾在1万年前由于冰川融化而形成，位于美国大西洋海岸中部，为马里兰州、弗吉尼亚州和特拉华州三面环绕，南部与大西洋连通（图3-1）。整个海湾南北长314千米，海湾最窄处为5.5千米，最宽处为56千米，平均水深6.4米，水面面积5720平方千米，流域面积16.6万平方千米（刘健，1999）。整个流域中包括150多条支流，每天大约有510亿加仑的水从淡水支流流入海湾，切萨皮克湾的三条最大的河流——萨斯奎哈纳河、波托马克河和詹姆斯河为海湾提供了超过80%的淡水，其中最长、最主要的河流是萨斯奎汉纳河，其南北纵贯宾夕法尼亚州，切萨皮克湾50%以上的淡水来自此河。切萨皮克湾的岸线蜿蜒曲折，比美国西部海岸线还要长。切萨皮克湾具有极为重要的商业、生态和娱乐价值，是美国重要的经济发展和旅游热点地区。切萨皮克湾河口盛产牡蛎、螃蟹和其他经济鱼类，例如美国蓝蟹（Callinectes sapidus）一半的产量来自于此，切萨皮克湾为人类提供了丰富的优质水产资源。伴随人口增长、城市、工业、农场以及道路发展，由于过度捕捞、栖息生境遭到破坏和水质恶化等的影响，20世纪七八十年代，切萨皮克湾生态环境严重退化，主要经济鱼类资源急剧下降，尤其是条纹鲈（Morone saxatilis）、鲱（Clupea pallasi）、蓝蟹和美洲牡蛎（Crassostrea virginica）。

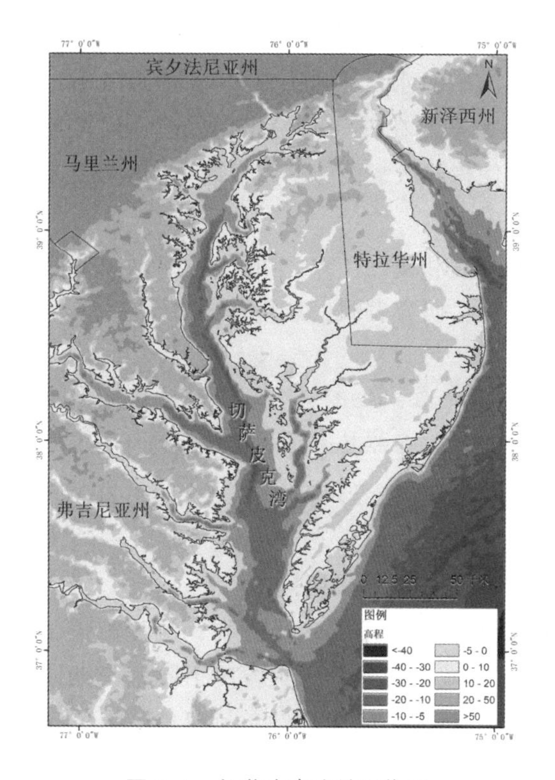

图3-1　切萨皮克湾地理位置

2. 切萨皮克湾面临的主要环境问题

1975—1983年，美国国会拨出专款2700万美元，由美国环境保护署组织几十个有关单位，对切萨皮克海湾环境情况进行调查研究，确认了切萨皮克湾环境中的几个突出问题（刘向辉，1995），主要影响因素是氮、磷有机物污染，具体问题如下：

（1）富营养化

由于农民大量使用化肥和城市污水处理标准较低等原因，切萨皮克湾内大部分水域中所含营养成分特别是氮和磷的浓度增高，2010年美国环保署的估算结果显示，来自禽畜粪便的氮、磷分别占进入切萨皮克湾氮、磷总量的19%和26%；来自化肥的氮、磷分别占进入切萨皮克湾氮、磷总量的17%和19%。这些过剩的营养物质造成藻类快速生长，进而消耗大量溶解氧，又使水清洁度降低，导致水质急剧恶化。

（2）夏季缺氧情况加剧

切萨皮克湾的低溶解氧水量比过去30年增加了15倍，在海湾中部12米水深的水域缺氧时间由原来仅在7—8月份出现提前、延长至5—9月份，将过去的缺氧期拉大，这就使得除厌氧菌外的大多数水生生物生长环境恶化。

（3）有毒物质污染

随着现代工业的发展和城区扩大，切萨皮克湾水中和沉积物中重金属和有毒有机化合物含量增加，研究表明，某些有毒物质已经被浮游生物、贝类和鱼类所吸收。

（4）水生植物减少

营养物质严重过剩，海洋浮游生物和喜脏植物生长加快，减少了水下光线到达的深度，消耗大量溶解氧，影响某些正常的水生植物生长，同时又进一步恶化了水生动物生长环境。

（5）水生动物繁衍和生长环境破坏

由于海湾岸线和各支流严重的水土流失，泥沙覆盖，水质恶化，海湾中牡蜊产卵栖息地面积锐减，牡蜊产量大幅度下降；长期以来建设的河坝、涵洞等水利工程，改变了河道产卵地和幼鱼栖息地的自然条件，造成了溯河产卵鱼徊游障碍，大部分地区的淡水徊游鱼产卵量下降，加上过度捕捞，影响了鱼群的生存和繁衍；有毒物质污染和溶解氧含量降低，造成海底生物特别是贝类和某些鳞鱼品种和数量减少。据统计，1990年切萨皮克湾蓝蟹捕获量是4.65万吨，到2000年，蓝蟹捕获量下降为2.34万吨；1950年牡蛎捕捞量占到总渔获物的44%，到2004年减少了90%，渔获物中几乎难见牡蛎（张婷婷等，2017）。

3.切萨皮克湾生态环境保护实践

针对切萨皮克湾长期面临的环境问题，1983年，美国联邦政府与海湾流域内各州政府成立跨区域治理项目“切萨皮克湾计划（Chesapeake Bay Program）”，该计划是一个涉及多个司法辖区和多方利益相关者的伙伴关系，旨在协调政策、资金和技术能力，设定雄心勃勃的有时限和可量化的目标，从科学研究到行政实施，采取了减排控制、跨区域联动机制等一系列措施。目前，不受限制的开发和利用仍然在产生负面影响，但通过减少污染和其他负面因素、尽可能保护健康的栖息地，以及开展广泛的修复行动，切萨皮克湾的水质和栖息地已经得到明显改善，牡蛎、蓝蟹和其他野生动物种群明显恢复。具体内容如表3–1所示。

表3–1 切萨皮克湾主要环境问题与生态修复手段

序号	环境问题	修复手段
1	水质恶化、有毒物质污染严重	确定流域内各入海河段的每日最大总负荷，控制农田肥料及动物粪便等非点源污染
2	富营养化、夏季缺氧	对483座污水处理厂进行升级改造，提高脱氮除磷能力，禁止含磷污水排放，2005—2008年，向海湾排放的氮减少69%，磷减少87%
3	水生植物减少	海湾沿岸大量种植树木，建立海岸绿化带，恢复滨海湿地，进行大规模海藻场修复
4	海洋生物资源衰退、栖息生境遭破坏	制订捕鱼计划，限制渔网尺寸，从时间和空间上限制捕捞行为，保护和恢复海洋生物栖息地

为了确保切萨皮克湾整治规划的实施，项目经国会批准以后，有关方面立即组成了强有力的领导机构——切萨皮克海湾整治执行委员会（以下简称“执委会”）。执委会下设立了协调会及其下属的四个专门委员会。执委会主要决定整治工作的重大政策和措施，签署联合行动的协议，并给予实际工作有力的领导和支持。协调会作为执委会的参谋机构，负责项目的经常性领导工作、协议的实施，就有关问题向执委会提出意见和建议。四个专门委员会即公民顾问委员会、地方政府顾问委员会、科学技术委员会和项目实施委员会。工作中，项目实施委员会接受协调会、公民顾问委员会、地方政府顾问委员会和科技委员会的指导，同时这些机构的负责人也均是项目实施委员会的成员（刘健，1999，图3–2）。

这种跨流域尺度的综治体系之间的协调体制对切萨皮克湾整治工作产生了巨大的推动作用，有力地促进了切萨皮克湾整治项目的展开。

（1）切萨皮克湾流域协议

20世纪70年代，美国便开始了切萨皮克湾的治理研究，1983年签署了切萨皮克湾治理协议，2000年签署了为2010年生态恢复工作的全面协议，确立了清晰的愿景和战略，2014年签署了《切萨皮克湾流域协议》。主要措施：

农业污染：防治措施采取了免耕和少耕的保护耕作，种植提供土壤覆盖和

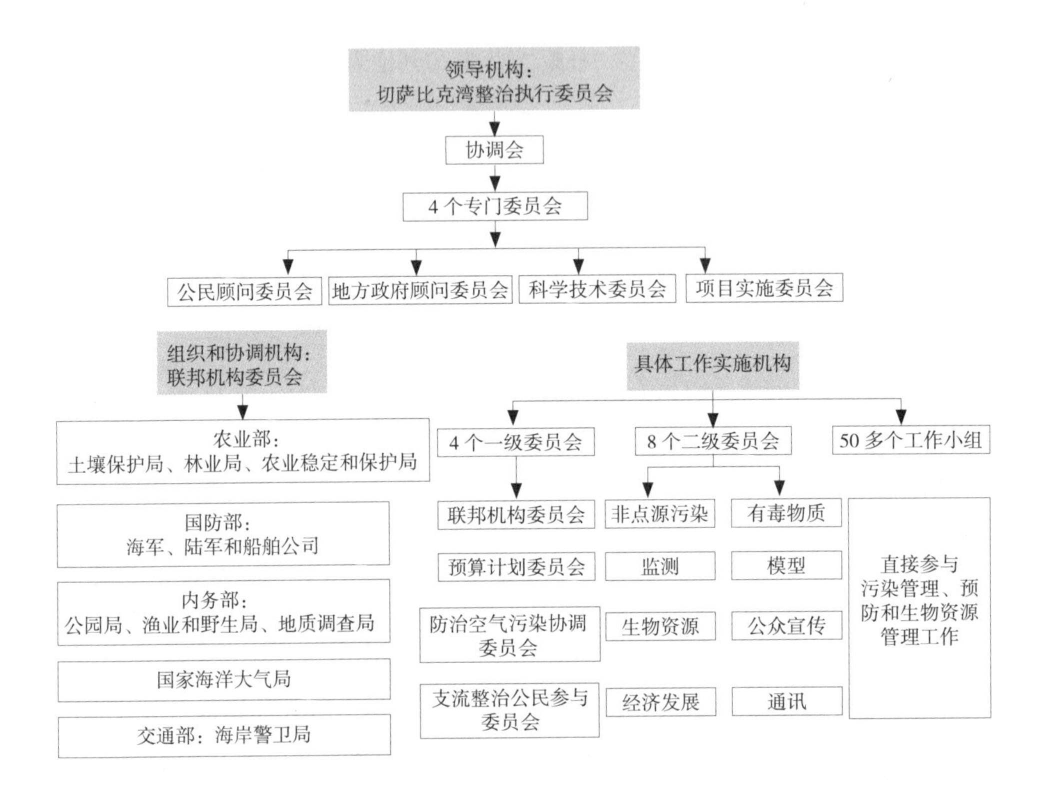

图3-2　切萨皮克湾治理领导—协调—实施机构
（数据来源：张婷婷等，2017）

防止侵蚀的覆盖作物，种植植被缓冲带，建造河岸栅栏，利用防止河岸破坏和侵蚀的河岸围栏，制订包含农田的作物生产潜力、达到这一生产水平所需的营养量以及推荐的施用量、形式、来源、速度、施肥位置和时机的营养管理计划，制订粪便和家禽粪便的管理计划。

大气污染：空气中的氮是切萨皮克湾污染的重要来源之一，科学家估计污染切萨皮克湾的氮的三分之一来源于空气。通过国家层面的《清洁空气法》，针对污染切萨皮克湾空气的三种最常见的化学污染物，包括汞、多氯联苯和多环芳烃，保护吸收空气污染物的森林，制定法规减少汽车和发电厂的排放。

沉积物：萨斯奎哈纳河每年为切萨皮克湾提供四分之一的泥沙，几十年来，坐落在下游大坝后面的三个大型水库一直在阻止一些本来会进入海湾的泥沙污染。但是最近的研究已经将这些水库的变化效率作为“污染闸门”，引起了人们的注意，特别关注的是Conowingo水电站后面的水库，或称Conowingo大坝。2012年，美国地质调查局（USGS）报告称，从长远来看，Conowingo大坝后面的水库已经失去了截留沉积物和附着营养物质的能力。2014年，研究结果表明，Conowingo大坝后面的水库在短期内会截留泥沙，因为水库基本上是满的，所以它只能截留少量流入的泥沙，而在大风暴期间，会把更多的泥沙和附着的营养物质从大坝上更多地输送到海湾里。进入河流上游并附着在泥沙颗粒上的营养物对水质的威胁比单独的泥沙更大。管理和减轻水库上游的营养物质和沉积物，将比试图通过疏浚、绕过或操作上的改变来管理大坝的沉积物更有利于海湾的健康。

湿地：保留和扩大湿地是减少污染、提供栖息地和恢复海湾的重要途径。作为《切萨皮克湾流域协议》的一部分，合作方承诺到2025年建立或重建343.98平方千米湿地，并增加607.03平方千米退化湿地。

废水：2005年，切萨皮克湾地区的各州开始实施一项新的许可程序，限制该地区重要污水处理厂能够排放的氮和磷的数量。为符合营养限制，有关设施正采用减营养技术进行改善，包括生物除营养（BNR）和强化除营养（ENR）技术。

立法：一些法律严格限制了消费者清洁用品中磷的含量，包括洗衣剂和洗碗机清洁剂，以减缓磷酸盐从家庭中流出的速度。20世纪80年代，海湾地区的5个司法管辖区马里兰州、纽约州、宾夕法尼亚州、弗吉尼亚州和哥伦比亚特区禁止使用含有磷酸盐的洗衣剂。这使得流入污水处理设施的磷减少了25%到30%，每年大约减少750万磅。马里兰州、纽约州、宾夕法尼亚州和弗吉尼亚州通过了禁止使用含有磷的洗碗机清洁剂的法案。从2010年7月开始实施的禁止使用磷酸盐洗洁精的禁令，预计将防止大约52000磅的磷从处理设施排出。2016年，美国环境保护署（EPA）宣布，废水处理部门2025年的目标提前10年实现。

（2）掌握退化机制，修复河口理化环境

随着切萨比克湾流域人口和集约化农业的发展，整个海湾点源和非点源营养输入持续增加，水体呈现严重富营养化，切萨皮克湾已是大西洋中部地区最缺氧的河口，可以说，氮和磷富营养化是导致切萨皮克湾河口近30年来生态退化的主要原因之一。氮、磷营养源主要来自流域内经径流带入海湾的粪便、化肥以及污水处理厂的排放。据记载，1987年之前，每年有超过149.68万吨氮和9071吨磷流入切萨皮克湾（张婷婷等，2017）。

水域沉积泥沙量大、水体浊度高是导致切萨皮克湾河口缺氧及退化的另一个重要影响因素。森林、湿地大面积损失使径流量增大和径流速度增加，导致更多的沉积物和污染物被直接冲刷进入海湾，形成大量浑浊的沉积物云团。这些沉积物云团使河流浊度升高，阻挡阳光，抑制沉水植物增长。当沉淀物云团沉淀下来时，又导致了底栖生物物种缺氧窒息。

2010年12月29日，在时任奥巴马总统“保护切萨皮克湾”的总统行政命令的推动下，美国联邦环保署颁布切萨皮克湾各州最大日负荷总量（Total Maximum Daily Load, TMDL），如表3-2所示。这是美国环保署历史上制订的最大的TMDL，要求整个切萨皮克湾流域每年减少84300吨氮、5670吨磷、2.93百万吨泥沙的排放。该TMDL同时规定了其流域内各州所需完成的具体减排指标。而且减排任务需要在2017年（“期中考试”）完成60%，在2025年完成100%。

表3-2　切萨皮克湾TMDL所规定的各州的排放指标（美国环保署）

管辖区域	TMDL负荷分配					
	氮		磷		悬浮泥沙总量	
	吨/年	百万磅/年	吨/年	百万磅/年	吨/年	百万磅/年
特拉华州	1500	3.0	150	0.3	28900	57.8
哥伦比亚特区	1200	2.3	50	0.1	5600	11.2
马里兰州	19600	39.1	1400	2.7	609000	1218.9
纽约	4400	8.8	300	0.6	146000	293.0
宾夕法尼亚州	36900	73.9	1400	2.9	992000	1983.8
弗吉尼亚州	26700	53.4	2700	5.4	1289000	2578.9
西弗吉尼亚州	2800	5.5	300	0.6	155000	310.9

对营养物质实施减排措施是进行生态修复最直接的方法，主要包括建立全水域水质监测站点网络（162个站点）；对点源、非点源（如地下水出流和大气沉降）控制；不断提高污染防治措施，以便争取点源化学污染物零排放；

将土地的害虫综合治理和最佳农药喷洒量结合管理。例如，在2005—2008年，通过对483座污水处理厂进行升级改造，提高脱氮除磷能力，禁止含磷污水排放，向海湾排放的氮减少69%，磷减少87%。

针对沉积物营养化和污染采取的治理方法有：减少营养和污染物的排放；通过永久性掩埋技术，使水体中沉积物加速永久性存储或者减少生物所需的有效营养源；在小范围水域中，通过物理屏障（淤泥和黏土）对底泥沉积物进行密封，或通过化学性阻挡层（明矾）淀积水顶部或刚输入水表的沉积物，有效地减少养分和污染物质再循环。

经过几十年的治理，切萨皮克湾富营养化的减排治理及污染物防治卓有成效，水质得以恢复，沉积物有机化及污染程度降低、海湾水体缺氧状况得以改善。到2014年，营养物排放已经累积减少21%的氮、71%的磷和25%的沉积物。2012—2014 年，对切萨皮克湾及其潮汐支流中的水质量标准初步评价结果表明，水质3大指标（溶解氧、净度、叶绿素a）平均状况已经达到了净水标准的34%（Chesapeake Bay Program，2000）。

（3）点（物种保护）面（重要栖息地）整合保护

1）恢复关键物种资源量

自20世纪中期渔业资源发生灾难性的衰退之后，在切萨皮克湾中，鲱、牡蛎和蓝蟹以及其他的经济鱼类（条纹鲈）的资源量持续受到威胁（Horton，2003）。在生态修复中，着重展开了对这些关键的功能物种的保护和恢复，提升其生态服务功能，主要实施的保护措施有：有针对性地开展对这些物种（如蓝蟹）的限制性捕捞、增殖放流资源量补充和恢复等措施。

通过几十年的治理，切萨皮克湾河口水生生物多样性有所恢复。在关键物种的恢复方面：截至2015年，蓝蟹雌性亲本的丰富度从6850万增加至10.1亿；美洲鲱产量恢复了既定目标的44%；具有产卵能力的雌性条纹鲈产量已恢复至58.06万吨；45%的底栖生物生境有大量的海底蠕虫和蛤蜊，这些底栖生物构成了健康食物网的基础；牡蛎的投放已超过20亿只，为世界上规模最大的牡蛎修复工程（Chesapeake Bay Program，2015）。

2）保护与修复重要栖息地

切萨皮克湾河口的重要栖息地包括沉水植被、水下海草床、湿地以及海岸带，2004 年数据表明，60%的湿地已被破坏，沉水植物面积仅为历史面积的12%（Chesapeake Bay Program，2004）。这些重要栖息地除了有过滤污染物、阻拦沉积物、减少海岸侵蚀、将整个流域输入的营养源转换为生物量和碎屑并输送到远洋带的功能外，更重要的是，它们是切萨皮克湾河口水生生物赖以生存、栖息、觅食、产卵、迁移和育幼的场所，对河口渔业资源有重要的支撑作用。因此，对重要栖息地的长期保护是必不可少的。

对切萨皮克湾河口重要栖息地的修复，主要包括维持现有的重要栖息地面积、种植沉水植被、重建海草床和保护特定湿地及退耕重建湿地。切萨比克湾生态修复还对其他非定点在河口原位、但同时又对河口渔业资源有重要作用的重要栖息地进行保护和恢复。这包括：修复鱼类洄游通道；人工重建与优化牡蛎礁床；稳定海岸线。经过修复，切萨比克湾河口重要栖息地已得到一定程度的恢复。到2014年，共有56平方千米农业土地被退耕重建为湿地，积累恢复的湿地面积占全流域恢复既定目标（344平方千米）的16%；海草场的面积增加至307平方千米，实现了既定目标（746平方千米）的41%；共重新打开和构建了5462千米鱼类通道，完成了既定目标（5632千米）的97%（Chesapeake Bay Program，2015）。

4. 切萨皮克湾生态保护的启示

切萨皮克湾生态修复工程是美国最大的生态系统修复工程之一，经过几十年的治理取得了举世瞩目的成效。在治理修复过程中，尤其是对渔业生态修复采取的管理手段、修复方法值得思索和借鉴。

（1）加强基础理论研究，找准河口海湾生态环境退化机制

在20世纪中叶，切萨皮克湾渔业资源发生了灾难式的衰退，当时导致衰退的主要原因是过度捕捞。由于切萨皮克湾水域浩瀚，但水域深度极浅，平均水深仅6.4米，最大深度53米。因此，切萨皮克湾对人类活动的反应（如农业，污水处理和城市发展）极其敏感。到七八十年代，伴随人口增长、城市、工业、农场以及道路发展，来自于农业的富营养化和沉积物污染替代过度捕捞成为海湾河口渔业资源的主要衰退因素，加速渔业资源退化。综上，不同的生态系统有各自的特征，要因地制宜分析生态系统的特征，明确其易受何种胁迫，并评估其风险性高低和敏感性大小。另一方面，各生态系统在不同时期所面临的主要的人类活动也不尽相同，开展生态治理和修复前均需开展多次现状调查，充分了解区域退化现状，根据监测调查结果，分析其退化机制的变动情况，实时调整修复计划、评估修复效果。

（2）制定明确目标，创新生态修复技术

一方面，切萨皮克湾大型生态修复工程在项目启动初期即制定了明确的修复指标，并在相应的时间节点完成了既定目标。例如，在2005年之前恢复和保护461平方千米沉水植被。到2010年，实现恢复101平方千米湿地的目标。到2014年，切萨皮克湾海草场的面积总目标（746平方千米），在恢复洄游鱼类通道的进程中，共重新打开和构建了5632千米的目标。截至2014年，在保护和修复重要栖息地方面的成效报告显示，大部分既定目标已完成。

另一方面，切萨皮克湾大型生态修复工程在监测、评价和预测湾区生态系统时使用了大量先进模型和数据库，用于研究和监控，以期获得最高准确度的科学估计。例如，项目使用流域模型、河口模型、Airshed模型、土地变化模型、场景生成器研究了流域土地利用、肥料、废水处理厂排放、化粪池系统、农场动物种群、天气等变量对切萨皮克湾中营养物质和沉积物承载量的影响及其对鱼类和贝类种群的间接影响。通过使用质量控制标准（160次自动检查），对实验室间分析样品、参考样品和盲审样品进行现场审核和监测，保障切萨比克生态环境数据库质量。

（3）强化顶层设计与统筹，建立流域尺度综治体系

为保持切萨皮克湾河口渔业资源的可持续发展，生态修复从整个流域生态系统的尺度进行了统筹管理。切萨皮克湾生态修复涵盖了整个流域点源/非点源污染的治理，富营养化水平的防治、治理沉积物，限制整个流域土地开发利用速度、保护原生土地、恢复和保护流域范围内各种重要的栖息地。这需要多部门、多组织的协调配合，组成强有力的领导，协调和实施机构进行综合治理，唤起民众关注，动员全社会力量，投入大量资金在经费上予以保证（1983—2008年对切萨皮克湾的治理共投资了40亿美元），为流域尺度生态修复项目提供有力支撑。

5.切萨皮克湾经验借鉴

（1）跨流域协同治理

切萨皮克湾及其流域涉及6个州，以及华盛顿哥伦比亚特区，因此，切萨皮克湾的保护与修复由隶属于美国联邦环保署的切萨皮克湾项目负责协调管理。该项目成立于1983年，由美国环保署署长、各州州长和华盛顿哥伦比亚特区区长组成核心的领导机构——执行委员会（Chesapeake Executive Council）

负责执行。切萨皮克湾项目负责协调流域内的众多联邦政府机构（包括农业部、美国地质调查局、国家海洋和大气管理局、国家公园管理局等、国家森林局、鱼类和野生生物管理局、国家航空航天局、美国陆军工程兵部队等）、州级别的政府机构（包括各州农业部门、环境部门、自然资源部门等）、县市政府机构、大学科研机构、非营利组织等，堪称世界范围内跨政府协作治理的典范和先驱。

（2）制订减排指标并强制执行

切萨皮克湾的主要环境问题源于流域内超负荷排放的氮、磷、泥沙等污染物，因此，减排是主要治理措施，但在切萨皮克湾项目成立后的二十多年内，减排任务是“自愿”的，长期以来水体的治理效果差强人意。2010年12月29日，在时任总统奥巴马“保护切萨皮克湾”的总统行政命令的推动下，美国联邦环保署颁布切萨皮克湾各州最大日负荷总量，开始了流域内各州强制减排任务，治理效果明显提升。其减排指标的制定流程如下：

第一步：确定主要河流流域和管辖区的负荷分配。采取的主要方法是通过海湾流域模型、水质模型与泥沙模型的计算预测水质关键参数变化，以达到水质标准要求，具体方法为：1）制订整体模型参数，首先明确三个水质达标参数（溶解氧、叶绿素a、水透明度），然后确定水文周期、水质季节变化影响因素（温度、降水量等）和日负荷发展等3个关键参数；2）制订氮、磷模型参数；3）确定流域管辖区氮、磷分配方法；4）确定流域管辖区氮、磷分配；5）建立泥沙模型参数；6）确定流域管辖区泥沙分配；7）流域管辖权分配实现湾区水质标准；8）哥伦比亚特区pH值达标。

第二步：每一个管辖区各自制订第一阶段流域实施计划，明确如何实现氮、磷、泥沙分配的减排指标。

第三步：环保署对其进行评估，以确定是否符合管辖区内的负荷分配。

第四步：环保署根据评估结果，确定最终分配方案。

（3）建立切萨皮克湾监测网络和环境模型

为了制订切萨皮克湾的TMDL，建立了切萨皮克湾监测网络和一系列环境模型，用于模拟计算氮、磷和泥沙污染物负荷源，以及相关水质和生物反应，来支持美国环境署的决策制定。

1984年8月设立了切萨皮克湾潮汐监测计划，目标是：1）描述基线水质状况；2）检测水质指标变化趋势；3）提高切萨皮克湾生态系统过程的理解和对水质与生物资源影响因素的认识；对切萨皮克湾及流域的水质和生物资源进行分类并跟踪变化趋势；4）为切萨皮克湾水质和栖息地修复的双重氮、磷负荷减少策略提供科学依据；5）确定富营养化是沉水植被减少的主要原因；为河口水质标准制定提供数据；6）为决策者提供TMDL变化过程数据支撑。

切萨皮克湾潮汐监测网络包括：分布在特拉华州、哥伦比亚特区、马里兰州和弗吉尼亚州92个切萨皮克湾潮汐段的150多个站点、26个参数的潮汐水质监测；浅水监测在轮换基础上处理选择的一组分段；潮汐水域固定和随机站底栖动物群落监测；水下植被的年度航空和地面调查；浮游植物和浮游动物监测年代际记录；渔业人口监测计划和调查。

切萨皮克湾模型从20世纪80年代初开始经历了几代模型的演变，包括：1）切萨皮克湾气域模型，为海湾分水岭和海湾水质模型提供干湿大气沉积的估计；2）切萨皮克湾土地变化模型，为海湾流域模型提供土地利用的年度时间序列，并预测到2030年的土地利用情形；3）切萨皮克湾流域属性模型的空间回归分析模型，用于提供海湾流域模型土地利用和河流负荷的一般校准检查；4）切萨皮克湾社区流域模型，模拟整个海湾流域污染源的氮、磷和沉积物的负荷和运输，提供各种管理方案产生的流域氮、磷和沉积物负荷的估计值；5）切萨皮克湾水质/泥沙输移模型，模拟河口水动力、水质、泥沙输移和关键生物资源，如藻类、微型动物、底栖泥沙蠕虫和蛤蜊、水下草、牡蛎等，根据各种管理方案预测海湾水质，确保海湾TMDL下的分配负荷符合管辖区的海湾水质标准；6）切萨皮克湾标准评估模型，使用海湾水质模型管理方案输出和海湾水质监测数据的独特组合，评估辖区海湾水质标准的实现情况；7）切萨皮克湾气候变化模拟模型，使用一套全球气候模型、海湾流域模型和海湾水质模型的缩小比例数据的各个方面来模拟切萨皮克湾及其流域的气候变化影响。

二、日本东京湾生态环境保护实践

东京湾是位于日本关东地区的半封闭型海湾，对日本城市和工业发展起着主导作用。东京湾在明治维新前，自然生态景观优美、渔业资源丰富，但在二战后（特别是1950—1975年），伴随着围海造陆规模不断扩大，经济迅速发展，使得东京湾内水质恶化、近岸海洋环境污染严重、海洋生物资源严重退化，东京湾水环境也因此走过了先污染后治理的60年发展历程。针对水质和底质污染的主要问题，日本政府通过使用港湾行政手段强化垃圾处理设施和污泥疏浚等污染防治对策，逐步建立了水环境保护政策，以及实施总量控制、提升污水处理能力、修复水生态环境等主要措施，在一系列法律法规的保障和一系列行动计划的实施下，东京湾水环境污染的工业源、生活源均有所减少，水环境恢复取得一定效果。

1.东京湾概况

东京湾是位于日本关东的半封闭型海湾，广义上是由东京地区、三浦半岛和房总半岛所环抱，即三浦半岛剑崎和房总半岛洲崎所连成的直线以北的海域（图3-3），以浦贺水道连接太平洋，面积约1320平方千米，岸线总长度为1650千米，平均水深12米，容积62.1立方千米。东京湾流域面积9261平方千米，约为日本国土面积的2%，流域内人口为2900万，占全国总人口的23%（日本国国土交通省关东地方整备局，2006年）。

明治维新前，东京湾自然生态景观优美、渔业资源丰富，但是到了二战后，特别是在1950—1975年间，人口急速增长，开发规模不断扩大，海水污染严重，渔获量大幅度减少。海水污染造成渔业损失惨重，仅1962年政府支付的渔业赔偿金就达330亿日元；每年5—8月赤潮发生天数达80天左右；填海造陆规模持续扩大，纳潮量减少、海水自净能力减弱导致海水水质恶化，海洋生物资源退化，部分海域生物灭绝，生态平衡遭到严重破坏，其中湿地破坏严重，明治时期的90%湿地丧失（王军，2011，图3-4）。

潮间带是海水、陆地、大气的交汇区，受潮汐、海流、波浪、河流以及降雨的影响，环境变化较大，具有较高的生产力和生物多样性，也是重要的生物育幼场。每当水质恶化，出现贫氧水团，或者发生赤潮时，就会造成大量生物死亡或者迁移。同时，潮间带也是容易影响居民生活和产业活动的区域。因而，潮间带是研究东京湾环境的重要区域。由于工业用地和建港的原因，东京湾大部分自然岸线已被混凝土直立护岸取代，潮间带作为区位优势集合体的功能十分脆弱。因此，潮间带生境恢复与建设和陆源污染物入海总量控制这两个方面问题，是东京湾水环境治理中的重点（日本国国土交通省关东地方整备局，2006）。

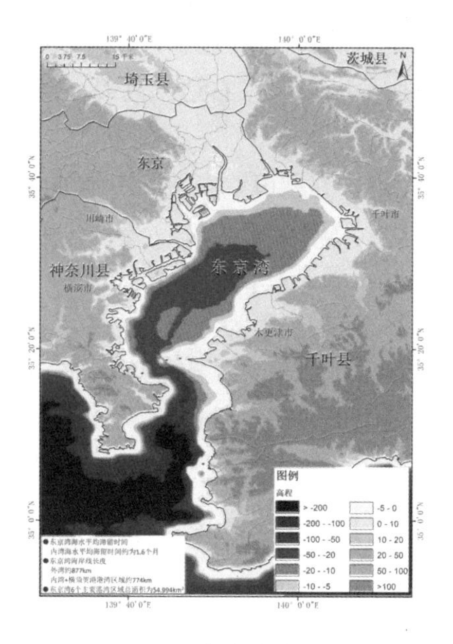

图3-3 东京湾地形图

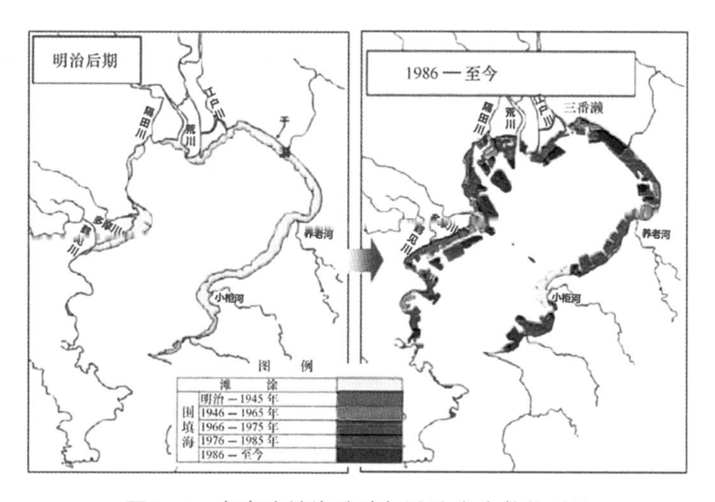

图3-4 东京湾填海造陆与滩涂丧失趋势对比

2.东京湾重要污染要素

20世纪70年代，通过对东京湾水质、底质、生物的几次调查以及对东京湾污染物质的研究发现，污染物质主要是重金属和有机物（佘顺，1990；唐天均等，2014）。

根据沉积速率推算，重金属（铜、铅、镉、砷、钒）污染起始年度在1900年前后，1950年迅速增加，1970年左右达到高峰，此后又趋于减少，主要来自河流和大气传输作用（佘顺，1990）。

二战后，生活、工业排污和城市、农田等因降雨而造成面源污染加剧，使得有机物污染从1955年开始急剧增加，在1973—1974年达到高峰（唐天均等，2014），有机污染物主要是无机氮、活性磷酸盐、多环芳烃。水体中存在的大量有机物，一方面来自浮游植物（因为河流带入的无机营养成分，无机氮、无机磷，使得浮游植物大量繁殖，出现赤潮现象），另一方面来自河流和大气搬运；而水体中有机物过量使得底质严重缺氧，从而出现底栖生物（蟹类、螺类、蛤类）大量死亡，当缺氧海水被风力作用送到表层时，则出现青潮（蓝潮）现象；多环芳烃类污染物分布趋势与重金属类似，主要来自河流搬运，由石油、煤炭等化石燃料所引起（佘顺，1990）。

3.东京湾生态环境保护实践

近几十年，如表3–3所示，东京湾水环境经历了先污染后治理的过程，在广泛调查和研究的基础上，针对环境问题的变化，采取了一系列不同的应对措施，包括一系列法律法规和行动计划等。

表3–3　东京社会发展和环境治理

阶段	恶化阶段（1950—1973）	重点治理阶段（1973—1995）	改善阶段（1995—）
人口增长	增加539万人，增长85%	增加39万人，增长3%	增加94万人，增长8%
经济变化	GDP增长16倍，第二产业41%降到34%，第三产业57%升至66%	GDP增长5倍，第二产业34%降到26%，第三产业66%升至74%	GDP增长10%，第二产业26%降到13%，第三产业74%升至87%
湾中心环境质量	COD浓度升高1.69倍，镉升高1倍	COD降低46%，镉降低45%，总磷降低26%，总氮降低36%	COD降低24%，镉降低27%，总磷降低26%，总氮降低60%
治理目标	公害防治、工业污染治理	重点治理生活污水、强调源头控制	循环型社会建设、富营养化控制

（续表）

阶段	恶化阶段（1950—1973）	重点治理阶段（1973—1995）	改善阶段（1995—）
控制指标	工业排水等	重金属、COD	COD、总氮、总磷
主要措施	逐步建立水环境保护政策；新增污水处理能力230万吨/日，管网普及率48%	实施总量控制；新增污水处理能力478万吨/日，管网普及率99%	强调污水资源化利用，修复水生态环境
治理效果	工业源减少；生活源突出	生活源减少，取得一定效果	水环境进一步恢复

（数据来源：唐天均等，2014）

（1）恶化和重点治理阶段颁布了一系列法律法规

从20世纪50年代开始，为治理东京湾的环境，颁布了相关法律法规共计8部，包括《公共水域水质保护法》《工厂排水控制法》《公害对策基本法》《水污染防治法》《港湾法》《自然环境保护基本法》和《公用水面环境标准》《废水排放标准》等（表3–4）。

在1993年联合国环境开发大会发表的《里约热内卢宣言》发布之前，东京湾的环境行政管理是以《公害对策基本法》和《自然环境保护基本法》为框架，而在这之后，根据宣言精神，制定了《环境基本法》，调整了环境政策的理念和基本措施，确立了防止地球变暖、废弃物循环利用、化学物质处理和生物多样性保护等领域的政策框架（唐天均等，2014）。

表3–4　东京湾环境治理颁布的法律法规

时间	法律名称	解决问题
1958	《公共水域水质保护法》 《工厂排水控制法》	水域重金属污染 控制工业污水排放
1967	《公害对策基本法》	综合治理环境公害
1970	《水污染防治法》	规定排放浓度控制和总量控制
1971	《公用水面环境标准》 《废水排放标准》	按照《公害对策基本法》，约束工厂、事业单位等
1973	《港湾法》	港湾开发计划时必须同时规划港湾环境治理和保护内容，必须实施环境评价。

（续表）

时间	法律名称	解决问题
1978	实施水质总量控制制度、排放标准	有机污染
1989	修订《水污染防治法》 加入地下水污染防治	生活污水引起的水质污染和城市生活环境问题
1990	加入生活污水治理	
1996	加入渗漏事故处理	

（数据来源：唐天均等，2014）

遵照上述法律法规，日本企业对防治污染投入大量资金并进行技术开发应用，1980年左右，严重的环境公害问题得到基本解决。例如，从1955左右开始加剧的东京湾有机污染，在1973—1974年达到高峰，1976年，经过政府和企业达成协议后开始治理生活污水、执行达标排放等政策后，河流流入的有机物污染物开始减少，有机污染开始减轻（图3-5），其中COD值由原来的7.0毫克/升降到了3.5毫克/升，氨氮由0.6毫克/升降到了0.15毫克/升，硝酸氮由0.4毫克/升降到0.3毫克/升，活性磷酸盐由0.24毫克/升降到0.07毫克/升。

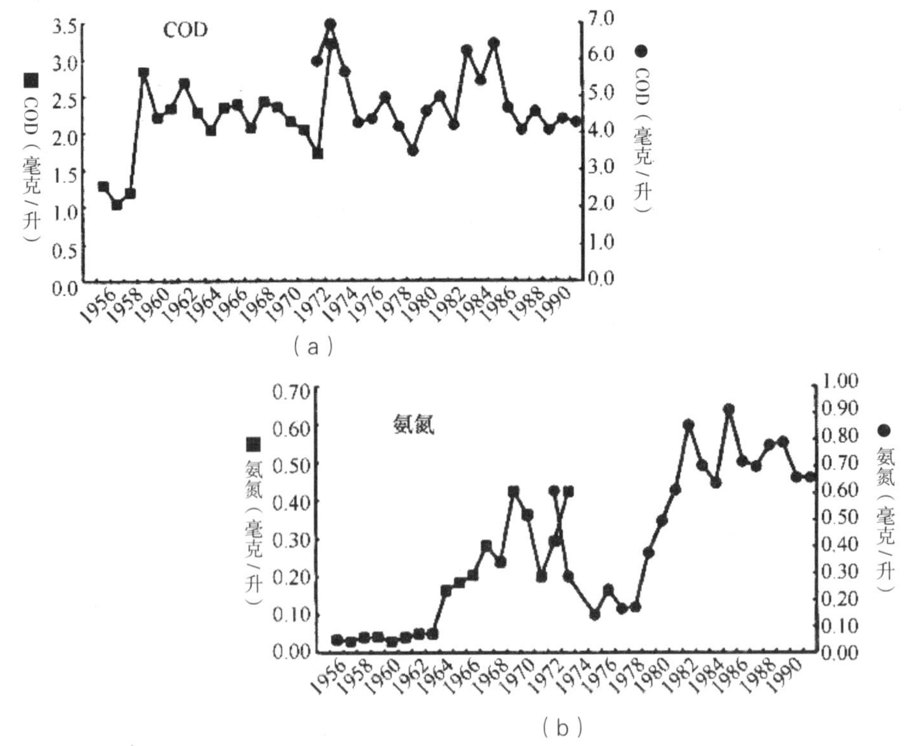

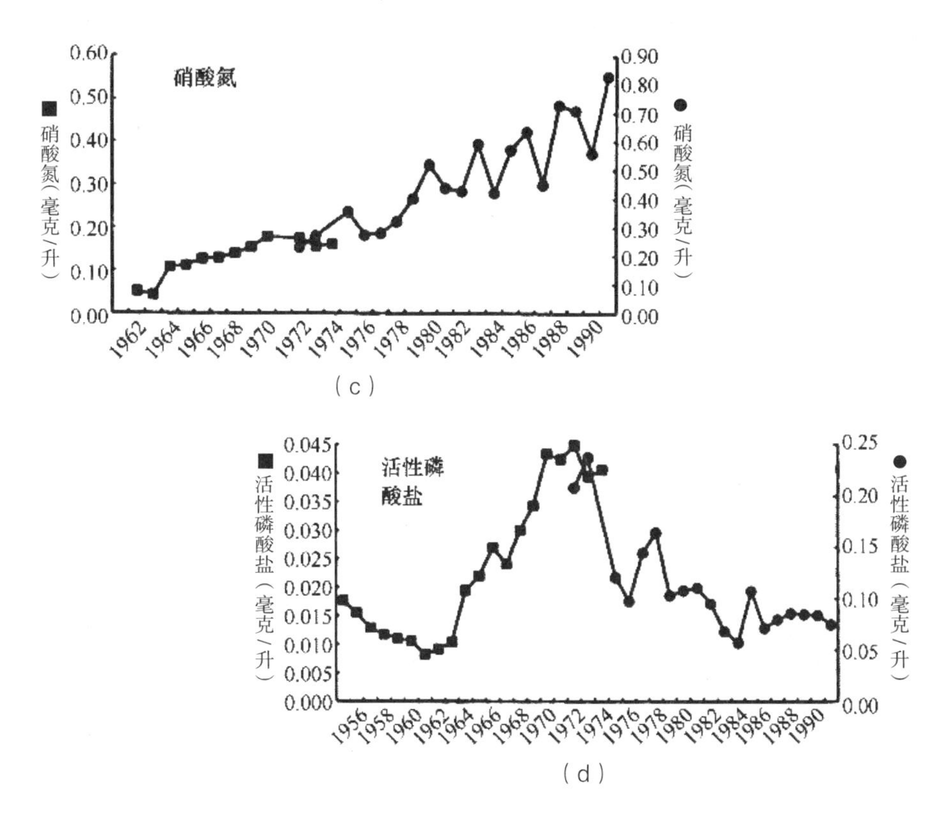

图3-5　东京湾水质变迁

（数据来源：日本国国土交通省关东地方整备局，2006）

（2）改善阶段推出了措施行动计划和效果评价指标体系

在东京湾环境进入改善恢复阶段以后的建设时期，以采取从陆地到海洋的长期综合措施为出发点，在多种形式主体的联合协作下，推出了5项措施计划，如表3-5，包括水质改善计划、生物存在环境改善计划、清洁行动计划、水环境连带协作计划、调查与监测计划等（日本国国土交通省关东地方整备局，2006）。为了检验10年后这些计划的改善效果，制订了包括3个方面18项评价指标的效果评价指标体系。

4. 东京湾生态保护的启示

从东京湾的海洋环境污染与治理历程可以看出，日本政府在致力于恢复已经恶化或丧失的环境的同时，也在极力开展湾区的开发利用对减少环境影响的研究，而环境管理部门则将环境治理列入了其行政管理内容，并采取了一系列从陆地到海洋的长期综合管理措施，构建了完整有效的政策体系，通过以法律手段为保障与以技术手段为支撑相结合的方式，有效改善了东京湾水环境污染。从东京湾海洋环境治理历程可得出如下启示：

一是开展科学调查研究，找准污染原因。日本政府针对东京湾污染问题，多次开展了湾内海洋水质、底质和生物调查，掌握污染现状，分析污染原因，为治理决策提供科学依据。

二是使用行政手段，强化标本兼治。针对海洋水质和底质污染问题，特别是在经济高速发展时期，使用港湾行政手段强化废物处理设施以及污泥疏浚的污染防治对策，强调源头控制、总量控制，在企业自投资金和技术的配合下，使得问题基本得以解决，在后续环境改善阶段，行政部门联合行动，制定各项污染治理政策和海湾生态修复计划。

三是法律与技术相结合，建设完整有效的治理体系。日本政府从20世纪50年代开始，针对每一时期特定的环境问题，不断制定修订了8部法律法规，日本企业根据法律规定自行投入建设污水处理和污水资源利用设施，使得东京湾生境修复取得显著效果。

三、墨西哥湾生态环境保护实践

墨西哥湾是位于北美洲大陆东南沿海水域的半封闭型海湾，各种鱼类、鸟类、哺乳动物和油气等自然资源十分丰富。自1950年以来，随着美国人口的增长和经济的发展，大量污水、工业废物、农业肥料的污染注入湾内，以及漏油事件的不断发生，使得墨西哥湾大片湿地丧失，海水富营养化和缺氧问题严重，生态系统遭到严重破坏。美国政府针对污染源头密西西比河的水质恶化等问题，采取了完善流域管理政策、建立跨州协调机制、开展专项行动计划、实施排污许可证制度、细化监测体系等措施，密西西比河水生态环境质量得到了有效改善；针对“深水地平线”平台漏油事件后墨西哥湾所面临的生态环境问题，制定了墨西哥湾区域生态系统恢复战略，意图实现恢复并保护生境、恢复水质、补充并保护海洋及沿岸的生物资源、改善沿岸居民的生存环境等目标。

1.墨西哥湾概况

墨西哥湾位于北美洲大陆东南沿海水域，大部分被美国、墨西哥和古巴三个国家的陆地所环抱，仅在东南部通过佛罗里达海峡与大西洋相连，通过犹加敦海峡与加勒比海相通，如图3–6，两个海峡均宽约160千米。墨西哥湾总面积约155万平方千米，是世界上面积第二大海湾，平均水深1512米，最大水深5203米，海湾沿岸多沼泽、浅滩和红树林，海底有大陆架、大陆坡和深海平原，北岸有密西西比河流入，将大量泥沙带入湾内，形成河口三角洲和水下冲积扇，因此，自然资源十分丰富，各种鱼类、鸟类、海洋哺乳类应有尽有，油气田已发现上千个，更是全球深水油气勘探效益最好的地区。

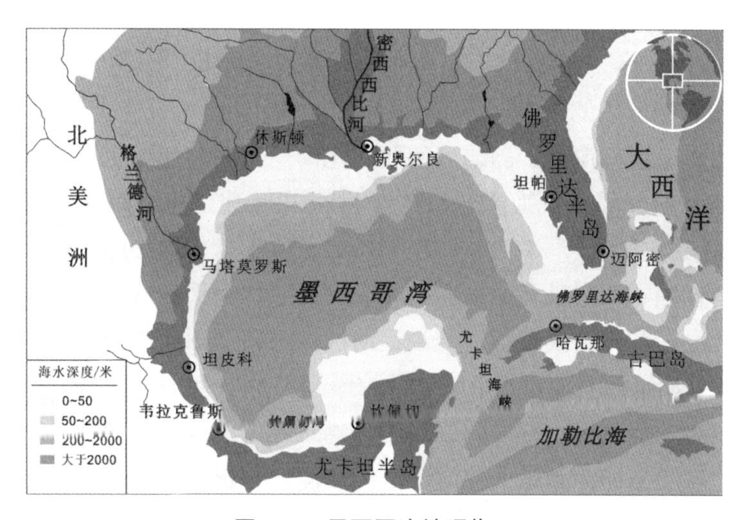

图3–6 墨西哥湾地理位置

自1950年以来，美国人口的增长和经济的发展产生的大量污水和工业废物（包括重金属和多氯联苯）直接入海，特别是，美国和墨西哥许多地区的现代农耕方法，造成河流内大量化学杀虫剂、除草剂和肥料的污染注入湾内，使得墨西哥湾红藻大量出现和缺氧地区发生频率、规模和持续期都有所增加，大片红树林和珊瑚礁遭到破坏，加上近海钻井漏油事故时有发生，污染海域、毁灭海洋生物，尤其是2010年美国历史上最为严重的“深水地平线”钻井平台爆炸引发的漏油事件，导致墨西哥湾遭遇了史无前例的海洋生态灾难，对沿岸经济、环境造成的损失以及对居民健康的影响都是巨大的。

2.墨西哥湾生态环境问题

在过去的100年里，由于航运、外来物种的入侵、密西西比河上的水利工程、石油天然气等工业和商业以及人类活动和海平面上升等影响，墨西哥湾生态系统损失严重，湿地丧失、海水富营养化和缺氧问题严重，而石油污染则是几十年来影响最严重的一项。

2011年12月，美国在休斯敦举行的墨西哥湾海湾国家峰会上发布了由墨西哥湾沿岸生态恢复专项工作组所提交的《墨西哥湾区域生态系统恢复战略》报告，根据该报告显示：仅在过去的7年里，路易斯安那州就有大约4877平方千米的湿地消失，另外，富营养污染物（氮和磷）从密西西比河流入墨西哥湾，导致墨西哥湾的生态形势更为严峻，严重威胁人类和水生生物的安全。在2010年4月石油泄漏之后，墨西哥湾生态系统严重恶化。

（1）湿地栖息地的失去

海岸沼泽、森林湿地、岛屿、密西西比河三角洲和切尼尔平原湿地大量丧失，其中路易斯安那州最为严重，自20世纪30年代以来，路易斯安那州海岸失去了5180多平方千米（每年64.75—90.65平方千米）的湿地。造成这一损失的原因包括侵蚀、风暴破坏、地面沉降、密西西比河天然淡水和泥沙流量的变化、为油气勘探和管道安装活动疏浚运河以及沿密西西比河建造导航和防洪结构。气候变化（包括洪水和海平面上升的影响）有可能加速这些栖息地的丧失。

从佛罗里达州到德克萨斯州，海岸岛屿系统的持续侵蚀破坏了海岸社区的风暴保护，威胁到给当地带头旅游经济的海滩，并影响到许多以这些岛屿作为栖息地的物种（如肯普氏海龟、无数的海鸟和阿拉巴马海滩老鼠）。

海湾沿岸的河口和海岸系统，如莫比尔湾、阿帕拉契科拉湾、加尔维斯顿湾、坦帕湾、佛罗里达湾、密西西比海峡、巴拉塔里亚湾等，为海湾大部分渔业资源提供了栖息地，并支持了国家重要的牡蛎产业。这些河口受到各种压力源的影响，包括污染、海岸开发、能源开发、侵蚀、水文变化、淡水流入量变化、结构性沼泽管理和过度捕捞等。

（2）渔业危害

一些具有商业性和娱乐性的鳍鱼物种目前正遭受过度捕捞的压力或已被过度捕捞，这些情况已经持续多年。此外，鱼类中的甲基汞、贝类中的赤潮生物和人类病原体等污染物降低了渔业价值，危害人类健康。深海地平线石油泄漏对这些物种重建工作的影响目前尚不清楚。

（3）墨西哥湾缺氧（低氧）

缺氧发生时，水柱中溶解氧的浓度降低到影响栖息地质量的水平，导致缺氧区域生物的死亡或迁移。墨西哥北部湾毗邻密西西比河，是美国最大的低氧区，也是全球第二大低氧区。墨西哥湾的“死区”是过量的营养物质输入海湾造成的，其中大部分来自密西西比河流域的上游。

（4）气候变化影响

不断升高的气温和水温、不断变化的降水模式、不断上升的海平面和海洋酸化将越来越妨碍恢复或维持系统状态的努力。联邦和州自然资源管理者需要信息和工具来制定缓解和适应动态环境的战略，以及正在进行的生境重组。

（5）流域污染严重

密西西比河流域带入墨西哥湾的过量营养物质是造成其生态问题的主要原因。密西西比河的主要环境问题包括：

一是河流水质不断恶化，墨西哥湾富营养化问题严重。流域内由于农业发展而过量使用的农药、化肥以及畜牧养殖、人类生活等产生的废水将大量污染物带入密西西比河，引起河流水质不断恶化。同时，大量水利工程的修建影响了河水的流动，破坏了营养物质和有毒有害物质在水和沉积物中的吸附和解吸，水体自净能力下降，导致墨西哥湾经常暴发蓝藻水华。

二是流域水生态系统破坏严重。湿地不断消失是密西西比河的主要生态问题。据调查，20世纪30年代至90年代，三角洲湿地已经消失了3950平方千米，造成湿地面积减少的主要原因有三角洲沉积循环、水利工程修建导致的泥沙沉积不均、大规模城市扩张、农业扩张开发活动等。

三是管理政策难统一，流域规划不协调。由于涉水的管理分散在航运、农业、渔业、水利、环保等不同的部门，导致管理措施分散重复，没有形成合力；同时，由于没有在流域尺度对管理治理措施进行充分统筹，水环境治理效果差。

墨西哥湾漏油事故是人类历史上首次发生在1500米以下的深水生态灾难，对整个海洋环境的影响是自下而上的立体式污染（高翔，2013年）：一是超过1046.07千米长的海岸线、沼泽地、湿地、红树林、沙滩等受到原油污染，其中209.21千米长的海岸线变成重灾区，5957平方千米的沿岸湿地消失了；二是漂浮在海面上形成高达1米厚的油膜导致大量海鸟和海洋动物死亡；三是低氧海水将超过19943平方千米区域变成了“死区”。这些无疑加深了对墨西哥湾地区的海洋生态环境破坏程度。

3.墨西哥湾生态保护对策与实践

密西西比河流域覆盖了美国大陆的40%，墨西哥湾流域覆盖美国大陆的56%，因此，美国一直将对墨西哥湾和密西西比河流域的环境治理放在首要位置，并采取了一系列措施。

在密西西比河流域治理方面，美国政府针对水质恶化等问题，采取了完善流域管理政策、建立跨州协调机制、开展专项行动计划、实施排污许可证制度、细化监测体系等措施，密西西比河水生态环境得到了有效改善。

（1）统筹流域各方力量，提高精细化管理水平

为加强联邦部门间及密西西比河流域各州间在水污染方面的协调合作，美国环保署牵头成立了密西西比河/墨西哥湾流域营养物质工作组，参与部门包括美国环保署、农业部、内政部、商务部、陆军工程兵团和12个州的环保农业部门等各相关方，通过工作组的运行，协调行政力量，实现对不同管理方式的统筹，保证治理工作的全面进行。

在水环境管理的发展过程中，美国形成了水环境容量总量控制管理体系，以流域水生态区为基本单元，统筹水环境管理，是水环境管理方案制定的基础。1996年，美国环保署颁布了《流域保护方法框架》，提出了通过跨学科、跨部门联合，加强不同部门、不同层次人群以及流域之间等多层次的合作来治理水污染。框架实施过程中，在流域管理单元内整合排污许可证管理、水源地保护、水生态系统修复等措施，有效地提高了治理的效能。

（2）实施排污许可证制度，有效消减污染物排放量

污染物削减是确保水环境质量提升的最重要措施。密西西比河流域污染物的减排主要受益于国家实行的排污许可制度。美国在1972年颁布了《清洁水法》，通过实施国家污染物排放消除制度（NPDES）许可证项目，建立了基于技术标准和水质标准的排污许可证制度，基于技术标准的排放限值旨在利用现有废水处理技术，使污染物达到允许排放的最低要求，水质标准主要由以恢复受污水体的指定用途为出发点的水体最大日负荷总量计算所得。

排污许可证制度具体包括特征污染物监测方案、污染物排放限值、达标判

别方法、原始记录及监测报告、环保设施运行监管以及污染源监督检查等各方面的规定。NPDES许可证适用于任何向美国流域水体排放的点源设施，并对污染物及受纳水体的定义也做了明确的分类与规定。实施这一制度使密西西比河流域点源污染得到有效控制，促进了流域水质的改善。

（3）制订专项国家行动计划，确保污染物消减目标如期实现

密西西比河最终流入墨西哥湾，墨西哥湾的水质改善是密西西比河流域水环境管理的核心。为控制密西西比河流域的非点源污染，美国制订了2001国家行动计划，给出了削减指标及污染物削减时间表。各州按照国家行动计划的要求，结合本州河流管理需求，通过制定水环境标准、TMDL计划、强化面源和点源污染控制等一系列措施，快速地削减污染物，保证了水环境污染物削减目标如期实现。

（4）完善流域监测评价体系，提升河流生态环境管理水平

准确的监测数据是识别水环境问题及其产生根源的最直接方式，有利于从根本上制订精细化的生态环境管理治理措施及方案。在密西西比河流域，水质监测网络范围广、力度强，注重自动监测设施的建设，同时增加手动监测频率。例如水质监测不仅要对污水、废水和供应水进行监测，对未出现污染的各大水系也要监测。同时，为整合水质监测数据，美国地质调查局、美国环保局、国家水质监测委员会和美国农业部合作建立了水质门户网站，整合了联邦、州、部落和地方400多个管理部门的公开数据，为长期监测流域水质和富营养化情况提供了有力保障。

根据《清洁水法》第101条“要恢复和维持国家水体的化学、物理和生物完整性”的规定，美国建立了水环境生物监测体系，美国环保署（EPA）先后制定了《溪流和河流快速评估方案——大型底栖动物和鱼类》《溪流和浅河快速评估方案——着生藻类、大型底栖动物和鱼类（第二版）》和《大型河流生物评估的内容和方法》，规定了生物监测的类群、监测方法等。生物监测保障了密西西比河流域在水质改善后的生态管理，有效促进了水生态环境的改善。

在墨西哥湾生态环境治理方面，美国政府采取了诸多措施帮助恢复生境，如：许多海湾系统已被纳入美国环保署的国家河口计划，根据《清洁水法》确认为具有国家意义的河口或国家河口保护区，根据海岸带管理法，是现有的地方保护和恢复努力的重点；根据马格努森·史蒂文斯渔业保护与管理法案以及墨西哥湾渔业管理委员会和国家渔业管理机构的努力，重建了国家海洋和大气管理局（NOAA）信托物种，如红鲷、石斑鱼和鲭鱼；联邦国家低氧工作组一直致力于解决导致低氧条件的因素，环保署和农业部（USDA）共同努力制定减少养分径流的策略，NOAA一直致力于开发模型，以更好地理解生物系统的运输，包括低氧预测。

此外，针对2011年《墨西哥湾区域生态系统恢复战略》报告中提到的问题，将墨西哥湾生态系统界定在亚拉巴马州、佛罗里达州、路易斯安那州、密西西比州和德克萨斯等5个州的近海水域和沿岸生境，强调政府间协作开展恢复工作的重要性，提出了恢复并保护生境、恢复水质、补充和保护海洋及沿岸的生物资源、改善沿岸居民的生存环境等4个目标和19项措施，如表3-5所示。

表3-5　墨西哥湾生态系统修复目标和措施

序号	目标	措施
1	保护并恢复生物栖息地	（1）河流管理决策中，在确保社会效益、环境效益和经济效益的同时，优先考虑墨西哥湾的生态系统恢复，并将之与航线和洪涝灾害等同考虑； （2）最大限度地改进现有的沉积物实施管理体系，使之保持在环境可接受的范围内，并以战略性眼光可持续地促进沉积物管理和利用； （3）恢复和保护天然河流的含水量以及泥沙分布； （4）扩大联邦、州政府和私人保护区网络建设，确保景观生态的健康发展，促进文化多元性、生态多元性的墨西哥湾生态系统建设； （5）恢复并保护海岸和潮滩栖息地，着力恢复和保护沼泽、红树林、海藻、岛屿、天然沙滩、沙丘和沿海的森林草原；
2	恢复流域水质	（6）制定并实施国家富营养化减少框架，治理并降低墨西哥湾富营养化水平； （7）重点开展重点流域的生态恢复行动，解决沿海水域的水体富营养化和缺氧问题； （8）减少污染物和病原菌的来源； （9）改善入河口和入海口的水量和水质，确保水质安全性和水体耐受性； （10）协调并扩大现有的水质监测力度，使之满足制订和管理水质体系计划的要求； （11）与墨西哥合作，评估墨西哥湾航运排放对水体的影响并减少航运排放；

（续表）

序号	目标	措施
3	补充并保护海洋及沿岸的生物资源	（12）恢复沿海和海洋生物及其资源的数量和种类； （13）保存并保护滨海环境； （14）恢复并保护牡蛎群落及其珊瑚礁； （15）加大协调并扩大现有的海外监测力度，加强跟踪指示物种，扩大监测网络； （16）减少并尽可能消除墨西哥湾物种入侵问题；
4	提高环境耐受力，改善沿岸居民生存环境	（17）制订并实施全面、系统并考虑利益相关者的沿海环境改进计划； （18）为社会规划、潜在风险评估和智能增长实施，提供分析系统和支持工具； （19）通过扩大环境教育和实践，促进环境管理

（数据来源：Gulf of Mexico Regional Ecosystem Restoration Strategy，2011）

目前在海洋生态修复上，国际上尚无一个完整且成熟的技术方法，为此该战略报告中建议采用“适应性管理”的弹性模式，即“边治理边研究”，并可以根据新的生物修复技术和科学知识及时改变任务进程，完善治理修复技术。并建议重点从生态系统恢复力，生态系统自然进程，风险预测、评估、预防，生态利益，环境修复和水利研究以及气候研究和评估模型等研究方向上取得突破，以完善具体的生态系统恢复管理实施体系。

海洋环境的复杂性也决定了找到问题的原因并采取有效措施并不是一个简单的过程，以墨西哥湾缺氧区为例。墨西哥湾北部低氧区的大小是衡量减少富营养污染物流入墨西哥湾取得多少进展的一个重要指标，因此，每年夏季均会进行缺氧区大小的测量，但有时缺氧区大小会受其他因素影响，如干旱或飓风会缩小缺氧区面积，而洪水则会扩大缺氧区面积。

美国于1997年建立了密西西比河/墨西哥湾流域营养工作组（缺氧工作组，HTF），以更好地了解墨西哥湾北部缺氧区的产生原因和影响，并减少其大小、严重程度和持续时间。HTF成员是5个联邦机构（美国环保署、美国农业部、美国商务部、美国内政部和美国陆军工程兵团）、12个州（阿肯色州、伊利诺伊州、印第安纳州、爱荷华州、肯塔基州、路易斯安那州、明尼苏达州、密西西比州、密苏里州、俄亥俄州、田纳西州和威斯康星州）的代表，以及国家部落水资源委员会的一名代表。

由于认为墨西哥湾缺氧区主要是因为密西西比河/阿查法拉压河流域的富营养物质（氮和磷）输入，2001年，HTF设定了一个目标，至2015年前将墨西哥湾低氧区的5年平均面积减少到5000平方千米以下。为达到这一目标，2007年，美国环保署科学咨询委员会的低氧咨询小组估计，墨西哥湾总氮和总磷的输入负荷要减少45%。2008年HTF发布了一项行动计划，概述了实现目标所需的财政、科学和技术援助。到了2015年，目标没有实现，如图3-7所示，但HTF致力于保留其2001年制订的目标，并将实现目标的时间延长到2035年，将总氮和总磷的输入负荷减少20%作为2025年中期目标（Hypoxia Task Force, 2019）。

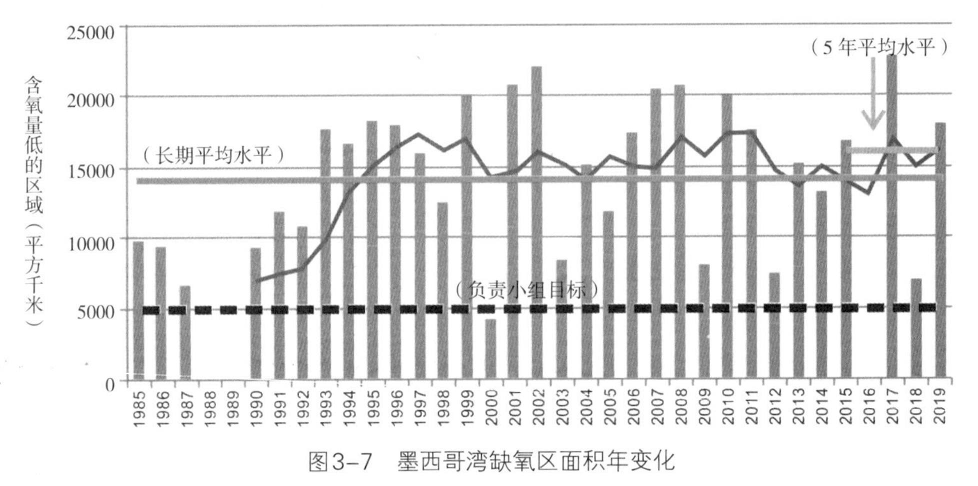

图3-7　墨西哥湾缺氧区面积年变化

（数据来源：Nancy N.Rabalais, LUMCON, R.Eugene Turner, LSU. https://www.epa.gov/ms-htf/northern-gulf-mexico-hypoxic-zone）

4.墨西哥湾生态保护的启示

在密西西比河流域治理与墨西哥湾沿岸生态环境恢复的共同实施下，墨西哥湾生态环境治理取得了一定效果，但由于目前海洋生态修复技术手段的限制，生态系统恢复管理实施体系仍有待完善。从墨西哥湾环境治理历程可得出如下启示：

一是查明原因，实行标本兼治的全体系化治理。针对密西西比河带入墨西哥湾内过量的氮、磷营养物质造成的富营养化和缺氧问题，实施了从完善管理政策、建立跨州协调机制、开展专项行动计划到氮、磷许可和限制持续监测的密西西比河流域治理，同时制订了墨西哥湾沿岸栖息地、水质和生物恢复行动计划，使得墨西哥湾生境得到了改善。

二是采取技术创新与生境治理相结合的持续性改进治理模式。污水排放控制是美国改善水体富营养化最重要的策略，而污水处理中磷和氮的削减技术差别很大，合理、经济而高效的控制技术不断优化是提高氮磷同步处理能力的关键技术，而这一技术的不断优化决定着排放指标的不断改进；另一方面，国际上尚无一个完整且成熟的海洋生态修复技术方法，需要根据新的生物修复技术和科学知识及时修改任务进程。

三是海洋生态环境治理是一个长期而复杂的过程，需要持之以恒。墨西哥湾北部缺氧区的治理目标在经过15年后并没有实现，但美国HTF却并未因此而改变或放弃原定目标，而是在加大墨西哥湾生态治理力度的基础上，将目标又延期了20年，这一点值得我们学习。

四、莱茵河流域生态环境保护实践

1. 莱茵河概况

莱茵河是欧洲最大河流之一，发源于瑞士的阿尔卑斯山，流经法国东部，纵贯德国南北，最后抵达荷兰入海，一共流经瑞士、奥地利、德国、法国、荷兰、列支敦士登、卢森堡、比利时、意大利9个国家，全长1320千米，流域面积185000平方千米（图3–8）。它不仅是欧洲的风景线，还是欧洲最忙的运输大动脉，流量是我国长江的1/6，运力是长江的6倍（周刚炎，2007）。

莱茵河是欧洲的重要航道及沿岸国家的供水水源，对欧洲社会、政治、经济发展起着重要作用。19世纪下半叶以来，莱茵河流域工农业快速发展造成了严重的环境与生态问题，莱茵河一度被称为“欧洲下水道”和“欧洲公共厕所”。莱茵河流域各国直面问题，汲取教训，制订治理目标并开展有效行动，历经多年努力，整个流域实现人与自然和谐相处。莱茵河流域管理被誉为国际流域管理的典范。梳理和总结莱茵河流域管理的发展历程、经验与做法，有助于为我国流域治理与国土空间管制提供借鉴。

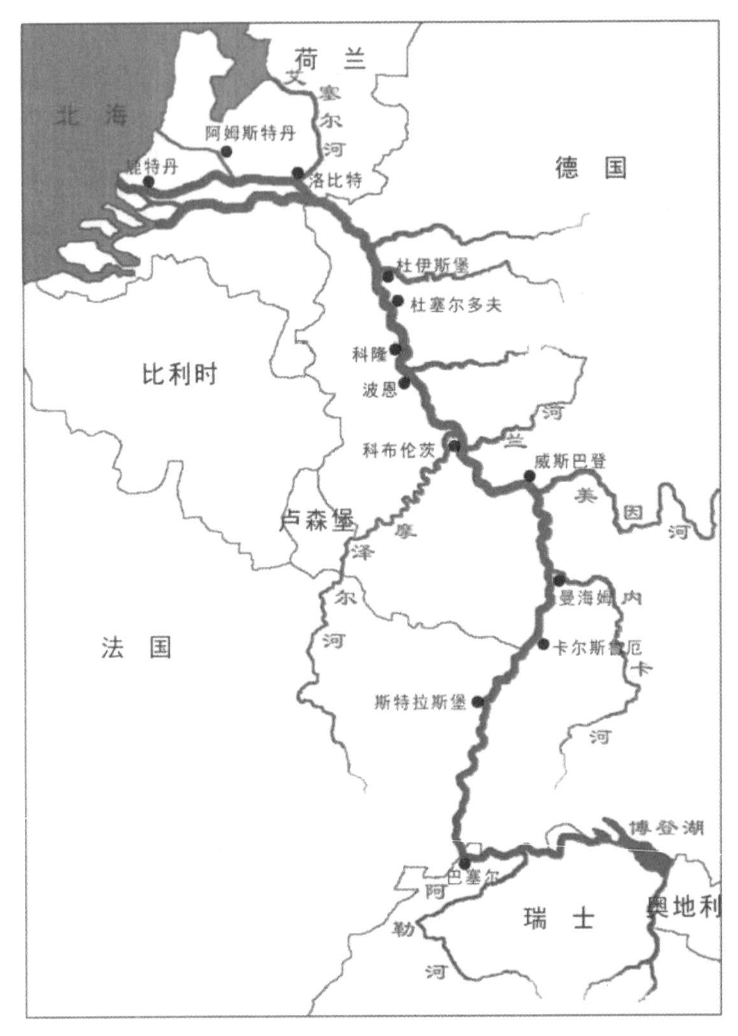

图3-8 莱茵河干流及主要支流

2. 工业化阶段莱茵河流域出现的主要生态环境问题

1850年以后，莱茵河沿岸人口增长、工业化加速。二次世界大战后，随着工业复苏和城市重建，莱茵河流域工业化再度加速，莱茵河周边建起密集的工业区，以化学工业和冶金工业为主。伴随着一个多世纪的工业化进程，莱茵河流域先后出现了严重的环境污染和生态退化问题，主要表现在以下方面（郑人瑞，2018）。

（1）废弃物任意排放，水土污染严重

自1850年起，随着莱茵河沿岸人口增长和工业化加速，越来越多有机和无机物排入河道，氯负荷迅速增加。二次世界大战后，随着工业复苏和城市重建，莱茵河水质更加恶化。1973—1975年监测数据表明，每年大约47吨汞、400吨砷、130吨镉、1600吨铅、1500吨铜、1200吨锌、2600吨铬、1200万吨氯化物随河水流入下游荷兰境内。

（2）生态环境快速退化，生物多样性受损严重

河道污染和不适当的人类活动造成了生态环境退化。18世纪与19世纪之交，由于水力发电、航运发展和河道渠化，加上机械工具过度捕捞，鱼类大量减少。至1940年鲑鱼几乎从全莱茵河流域绝迹（图3-9）。水生动物区系种类数量大幅度减少，种类谱系以耐污种类为主。

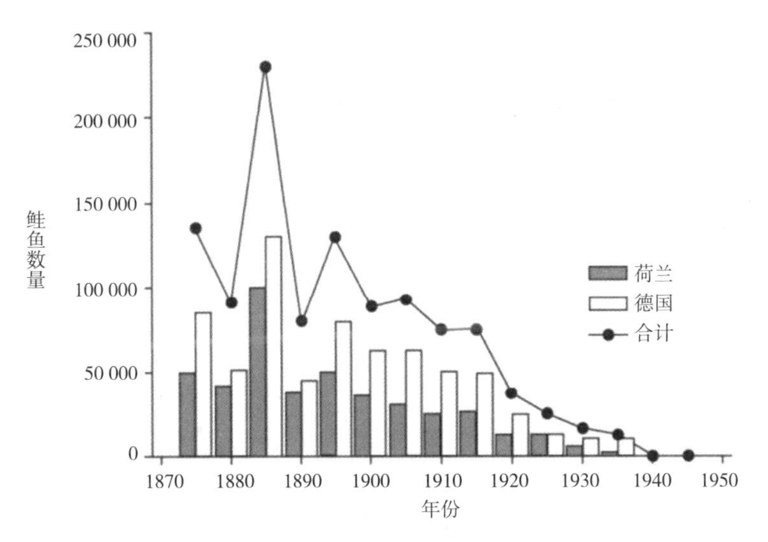

图3-9 1875—1945德国和荷兰的鲑鱼捕捞数
（数据来源：王思凯等，2018）

（3）流域洪水问题突出，经济损失不断增大

莱茵河流域洪水问题十分突出。1882—1883年、1988年、1993年和1995年发生了四次流域性大洪水。由于流域内土地开发利用、水利和航运基础设施建设的发展，天然洪泛区域不断减少，洪水最高水位、时段洪峰流量一涨再涨，沿河堤防和其他防洪工程并不能提供百分之百的安全保证，沿洪泛区受堤

防保护的居民区和工业区的危险性加大，潜在的洪灾损失普遍增大。

3. 莱茵河流域综合治理历程

从20世纪50年代开始，相关国家启动了莱茵河流域治理，共经历了污水治理初始阶段、水质恢复阶段、生态修复阶段和提高补充阶段（王思凯等，2018，图3-10）。

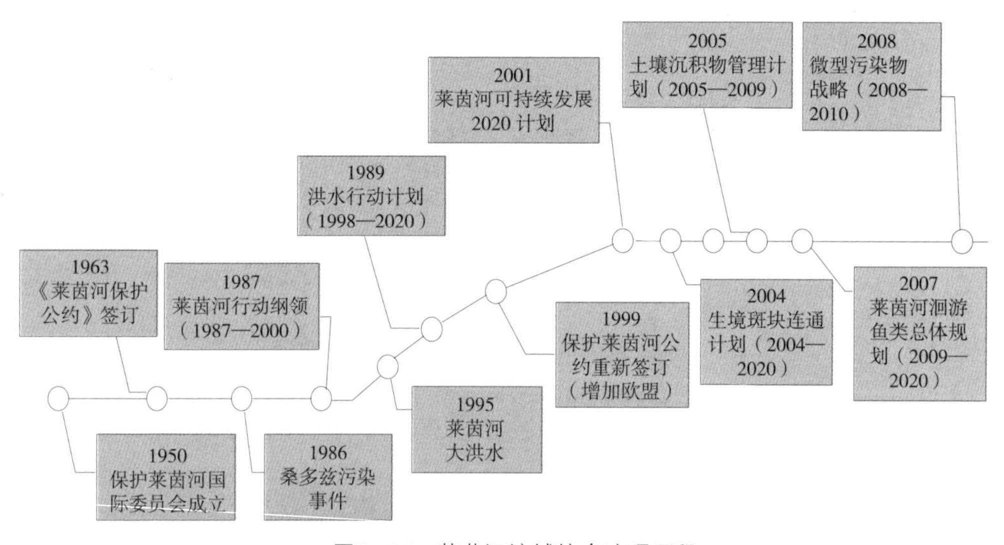

图3-10　莱茵河流域综合治理历程

（1）污水治理初始阶段

在20世纪工业化发展热潮中，莱茵河周边兴建起密集的工业区，尤以化工和冶金企业为主，河上航运也迅速发展。1900—1977年，莱茵河里铬、铜、镍、锌等金属聚集严重，河水已经达到了有毒的程度。自20世纪50年代起，鱼类几乎在莱茵河上游和中游绝迹。作为下游国家，荷兰的饮用水和鲜花产业也因来自德国和法国的工业水污染而损失严重。

1950年，瑞士、法国、卢森堡、德国和荷兰五国联合成立了保护莱茵河国际委员会（ICPR），并于1963年签订《莱茵河保护公约》，首要目的是解决莱茵河日益严重的环境污染和水污染问题。流域内各国通过委员会进行合作，但彼时距离第二次世界大战结束刚刚5年，当时的边界开放程度、经济条件等与今天不可同日而语，合作最初并不愉快，在污水治理初始阶段没有取得比较明显的成效。

（2）水质恢复阶段

1986年11月，瑞士巴塞尔附近一家化工厂仓库着火，采取的消防措施使约30吨化学原料注入了莱茵河，引发了一场让许多人至今记忆犹新的环境灾难，造成大量鱼类和有机生物死亡。

这起事故震惊公众，人们走上街头抗议，但也因此成为一个有力的历史契机，促成了1987年5月《莱茵河行动纲领》的出台，各方开始以前所未有的力度治理污染。

（3）生态修复阶段

在水质逐渐恢复的基础上，ICPR又提出了改善莱茵河生态系统的目标，既要保证莱茵河能够作为安全的引用水源，又要提高流域生态质量（Plum et al.，2014），从生态系统的角度看待莱茵河流域的可持续发展，将河流、沿岸以及所有与河流有关的区域综合考虑（姜彤，2002；董哲仁，2005）。

（4）提高补充阶段

2001年，《莱茵河可持续发展2020计划》发布，明确了实施莱茵河生态总体规划。随后还制订了生境斑块连通计划、莱茵河洄游鱼类总体规划、土壤沉积物管理计划、微型污染物战略等一系列的行动计划（Plum et al., 2014）。2000年后，这些行动计划已经从当初迫在眉睫的挑战转向更高质量环境的创建和生态系统服务功能的开发上来。

4.莱茵河流域综合治理实践

（1）建立流 域多国间高效合作机制

莱茵河流经多个国家，多国之间合作是流域治理成功的重要保障。1950年7月，瑞士、法国、卢森堡、德国和荷兰五国联合成立了ICPR，并于1963年4月29日在瑞士首都伯尔尼（Bern）签订了《莱茵河保护公约》，确定开始采取实质性的防治措施，以解决河水污染问题。ICPR具有多层次、多元化的合作机制，既有政府间的协调与合作，又有政府与非政府的合作，以及专家学者与专业团队的合作。它不仅设有政府组织和非政府组织参加的监督各国计划实施的观察员小组，而且设有许多技术和专业协调工作组，可将治理、环保、防洪和发展融为一体（郑人瑞，2018）。

ICPR的多国协作机制在处理紧急环境污染事故中具有重要作用，“国际警报方案”是莱茵河沿岸各国的信息互通平台。2011年，德国境内一艘装载有2400吨浓硫酸的轮船在莱茵河上翻覆。当发现污染物时，由船务公司、当地水务管理部门以及邻近各州政府机构组成的危机应对小组决定，以每秒12升的速度缓缓释放硫酸，用莱茵河每秒1600万升的流水量将其稀释。同时，紧急启动“国际警报方案”，在瑞士、法国、德国和荷兰设置的7个警报中心，及时沟通，迅速确认污染物来源，并发布警报。正是得益于及时采取措施和紧密监控，这一事件对莱茵河生态环境所引起的负面影响被降到最低。除了处理相类似的环境污染事件，平时关于莱茵河水质的最新信息还会在这7个警报中心相互沟通，以应对随时可能出现的各种污染威胁。

（2）扭转富营养化

由于使用含磷洗涤剂和过量施用化肥，莱茵河水质出现严重的富营养化问题。废水处理以及营养物质的转移是降低水体富营养化的重要方法。早在1975年德国就制定发布了《洗涤剂和清洁剂法规》，设定了能够允许的最大磷酸盐含量，到1990年开始禁止生产、使用含磷洗涤剂，避免了氮、磷等的过量使用，遏制了莱茵河的富营养化趋势。磷的入河排放量由1975年的42000吨减少到1990年的5000吨以下。荷兰采用了多种技术对富营养化的湖泊进行修复，包括水文学（主要是引入其他地方的贫营养水进行稀释）、化学（添加一些化学物质）及生物调控（利用食物链原理通过下行效应控制）的方法（Gulati et al., 2002）。另外，荷兰还开发了矿物计算系统用来记录氮、磷的准确排放值，并且将这一计算系统与税收系统联合起来，通过经济调控的手段使农场的排放量最小化。这一措施的优点在于农场主有了更多的选择权和更加弹性的手段去采取最经济的措施来满足环境要求。

（3）加强水质监测

ICPR在莱茵河及其支流建立了水质监测站（图3-11），从瑞士至荷兰共设有57个监测站点，通过最先进的方法和技术手段对莱茵河水体、悬浮颗粒物、底泥、微型污染物、生物体中的化学物质、鱼类和浮游生物等生物进行监控，形成监测网络。通过连续生物监测和水质实时在线监测，能够及时地对环境污染事故进行预警。

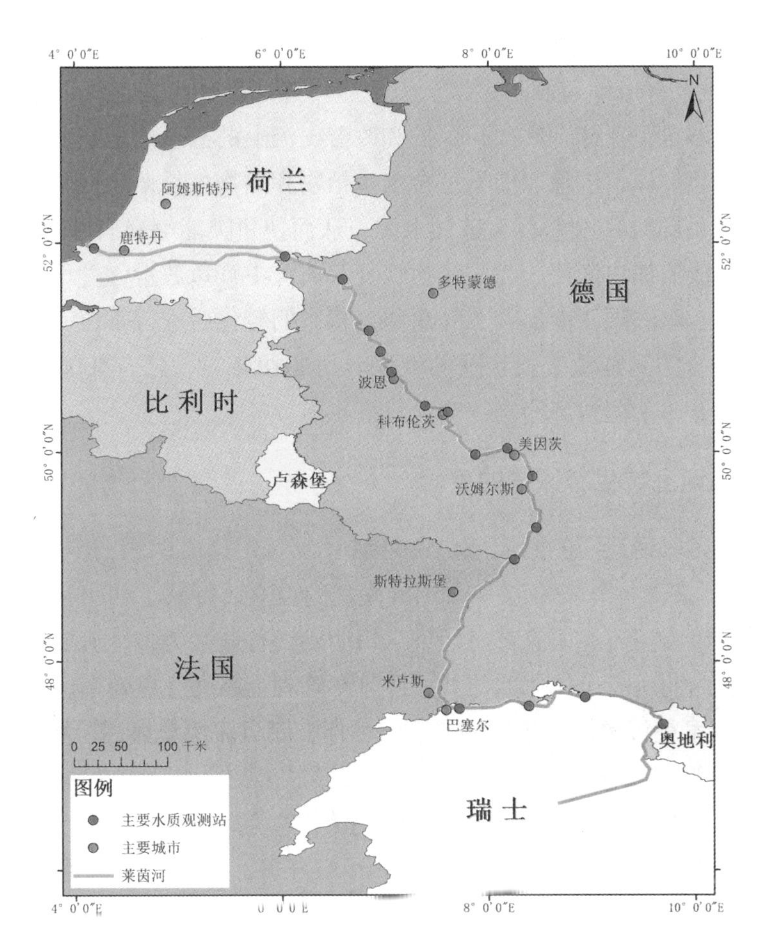

图3-11 莱茵河流域水质监测站点
（数据来源：ICPR，2007）

（4）修复栖息地

“莱茵河2020计划”中明确了实施莱茵河生态总体规划：恢复干流在整个流域生态系统中的主导作用；恢复主要支流作为莱茵河洄游鱼类栖息地的功能；保护、改善和扩大具有重要生态功能的区域，为莱茵河流域动植物物种提供合适的栖息地。

莱茵河行动计划的第一条“鲑鱼重返计划”是莱茵河生态恢复的重要指

标。为了让鲑鱼能够重返产卵地，沿岸各国开发和实施了很多项目（ICPR，2009）。首先，打通鲑鱼洄游路线，恢复生境连通性和生态连续性，使鱼类在上下游间能够自由迁徙。其次，保护和改善支流上的栖息地是恢复鱼类产卵地的重要前提。例如，清除以前不适合水生植物和动物生长渠化堤岸，使其恢复为自然滩状；同时，以大石头替代水泥，从而使鱼类能够在石隙间栖息觅食。最后，人工放流加快恢复。为了快速恢复莱茵河中鲑鱼数量，管理部门和科研机构在苏格兰和法国西南部购买鲑鱼卵，将它们孵化后进行莱茵河的放流，并且开发了一套监测鲑鱼生长状况的软件。到2018年时，已有5000条以上的鲑鱼被监测到返回莱茵河产卵。

5.莱茵河流域生态保护的启示

（1）制定畅通无阻的跨流域协调机制

"九个国家，一个公约"——ICPR模式的设立，打破了部门和流域之间的分割状况。莱茵河流经国家都对污染认识明确，普遍认为整个流域是一个生态整体，区域内的所有个体休戚与共，并且在管理上高度注重效率。

（2）高度重视事件发生后的协调与合作，制订流域总体目标和行动计划

1986年11月1日，瑞士巴塞尔的桑多兹（Sandoz）化学公司的一个仓库发生火灾，装有约1250吨剧毒农药的钢罐发生爆炸，导致硫、磷、汞等有毒物质进入莱茵河。这一事件发生后，1987年开始执行"莱茵河行动纲领"。1993和1995年流域性大洪水发生后，1998年，"洪水行动计划"被迅速提出。

莱茵河保护公约明确提出流域治理的具体目标：1）实现莱茵河生态系统的可持续发展；2）保护莱茵河成为安全饮用水源；3）改善河道淤泥质量，保证在疏浚时不对环境造成危害；4）结合生态要求，采取全面的防洪保护措施（杨正波，2008）。

（3）协调流域内各方利益，提升下游区域的话语权

莱茵河国际合作始于1950年，污染问题是当时下游国家（荷兰）最为关心的，由此倡导成立了ICPR。按照制度设计，尽管委员会主席按照规定期限轮流转，但委员会的秘书长却总是荷兰人。因为荷兰是莱茵河最下游流经的国家，在河水污染的问题上，荷兰最具有发言权。而且，由于荷兰受到污染危害的可能性最大，所以对于治理莱茵河的决心和责任心最为强烈。

五、波罗的海生态环境保护实践

1.波罗的海面临的主要环境问题

波罗的海是欧洲北部的内海。作为大西洋的属海，北冰洋的边缘海，波罗的海的盐度十分低，普遍在0.5%—1%之间，远远低于世界海洋平均3%—5%的盐度。就范围而言，波罗的海从北纬54°一直向东北延伸到近北极圈，共1600多千米长，面积约42万平方千米。波罗的海沿岸共有9个国家，分别为：俄罗斯、德国、瑞典、丹麦、波兰、爱沙尼亚、芬兰、拉脱维亚和立陶宛（图3–12）。海洋平均深度为55米，最深处为哥特兰沟，深度为459米。波罗的海是世界最大的半咸水水域，总储水量为2.3万平方千米。该区域主要的河流有维斯杜拉河和奥得河。

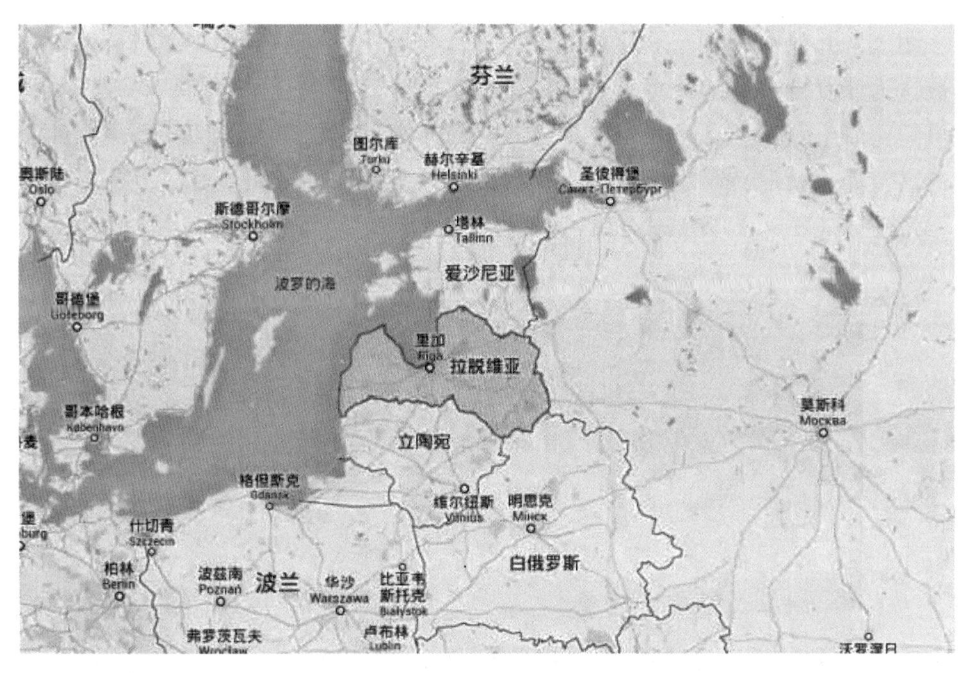

图3–12　波罗的海地理位置图

从20世纪中叶以来，波罗的海沿岸国家经济获得了较快发展，与此同时给波罗的海带来了严重的污染。

（1）富营养化

波罗的海的大部分地区目前被列为受富营养化影响的地区，造成这种情况的原因有两方面。首先，由于过去50—100年波罗的海营养物质的积累，目前人类活动所输入的营养物质（氮和磷）水平超过了自然处理能力。其次，波罗的海易受营养丰富的自然影响，这是由于长时间的滞留和分层限制了深海的环流（Andersen J H et al., 2017）。

土地利用的变化、湿地的减少、农业生产中化肥的过量施用都导致对波罗的海营养物质渗漏的增加，氮、磷通过城市及工业废水进人大海，另一个重要的氮源是燃料，如煤、油、汽油燃烧后释放的氮。目前波罗的海的氮输入约有1/3来自空气和燃料燃烧，特别是交通和工业部门。此外，能大量固定空气中氮的“蓝绿藻”（蓝藻细菌）在水面频繁暴发，它们一分解，就供给海洋氮库大量的氮（Larsson et al., 1985）。

图3-13是将富营养化相关的621个单独的评价指标合并成波罗的海的一个图表，并显示了富营养化前的证据，富营养化时期的证据，还有最重要的被认为恢复期开始的证据。富营养化比率的计算方法是评估期平均浓度与阈值的比值（flming – lehtinen et al., 2015）。自20世纪80年代初以来，波罗的海的富营养化状况有了显著改善，这一改善与氮和磷输入量大幅减少密不可分（Andersen J H et al., 2017，表3-6）。

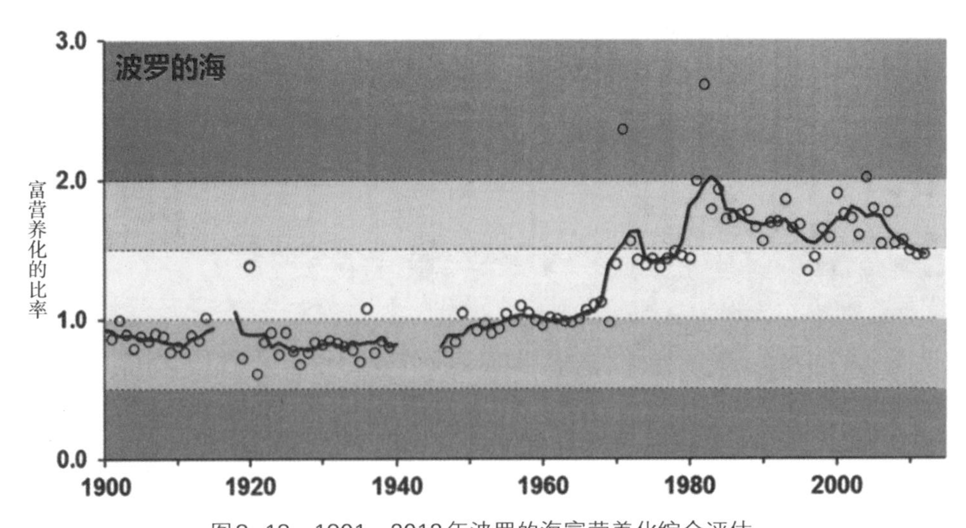

图3-13　1901—2012年波罗的海富营养化综合评估

（注：颜色编码如表3-6所示，实线是5年平均值）

表3-6 富营养化比率（Eutrophication Ratio）区间及其对应的富营养化状态、登记和偏差范围，用于波罗的海富营养化的分类

富营养化的比率（ER）	程度	级别	偏差范围
0.0 ≤ ER ≤ 0.5	未受富营养化的影响	优	没有或与背景值无关
0.5 ≤ ER<1.0		好	略低于目标值
1.0 ≤ ER<1.5	受富营养化的影响	中	略高于目标值
1.5 ≤ ER<2.0		差	主要偏离目标值
ER ≥ 2.0		极差	明显偏离目标值

（数据来源：Andersen J H et al., 2017）

波罗的海富营养化状况的改善与氮、磷的输入量密不可分。在图3-14中可以看出，在波罗的海海域，磷通过水路输入波罗的海的量在近些年来有着巨大的变化趋势，从1900年记录以来，磷输入量持续上升，在1981年达到峰值，超过70000吨/年，并在之后数年持续下降，大部分区域还未达到正常水平。

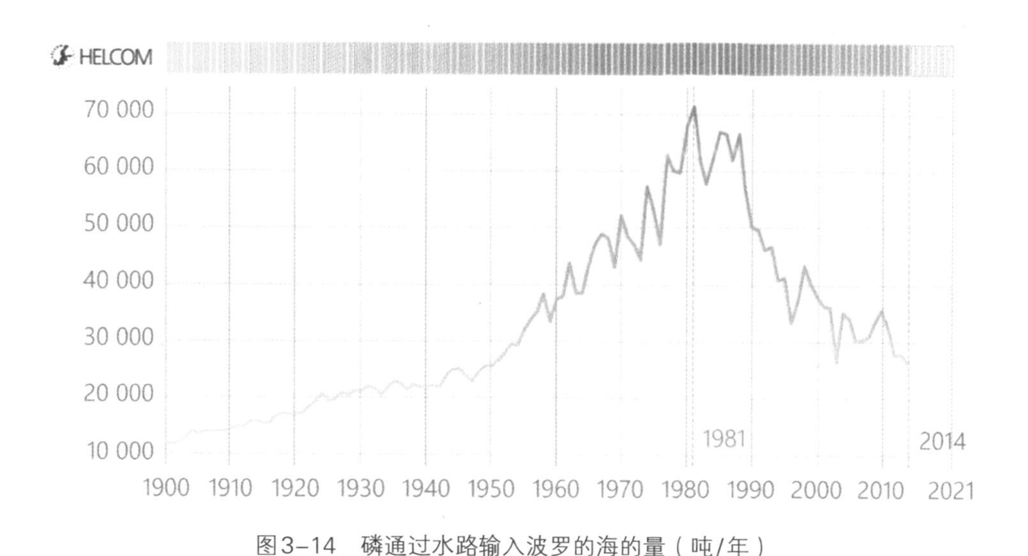

图3-14 磷通过水路输入波罗的海的量（吨/年）

在波罗的海的部分海域，例如丹麦海峡，公海的总氮浓度从20世纪70年代早期大约15微摩尔/升增加到80年代中期的22—23微摩尔/升，近年来，一

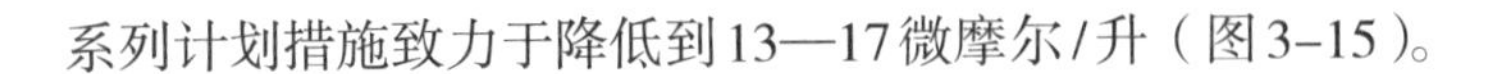
系列计划措施致力于降低到13—17微摩尔/升（图3-15）。

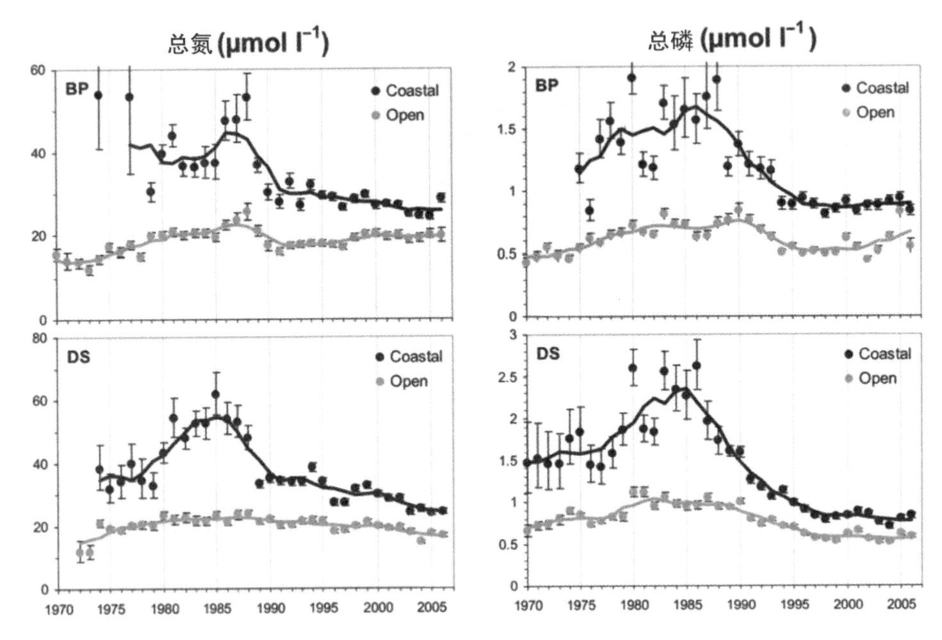

图3-15　总氮、总磷与地表水（0—10米）的年（1—11月）平均比值
（注：实线是5年的平均线；BP代表波罗的海，DS代表丹麦海峡）

（2）含氧量不足

大量的营养导致了生态系统中的高生物产量，主要是水中显微浮游植物。浮游有机体死后沉入海底，被耗氧的动物吃掉或被细菌分解。在波罗的海主体的深水中，氧浓度经常很低，死亡有机体的分解进一步降低了氧浓度。大部分的鱼类不能忍受低于2毫升/升的氧浓度。一旦氧被消耗掉，无数的硫酸盐还原菌就会产生有毒的硫化氢。

在波罗的海主体的海底最深处，因为很难得到氧，动物物种早已十分稀少。据瑞典《哥德堡邮报》报道，从1960年起，瑞典国家气象与水文研究所每年都要在位于波罗的海南部的哥得兰盆地调查海底含氧情况，该盆地占据波罗的海南部海底大部分面积。2008年的调查结果显示，在哥得兰盆地西部、东部和北部，26%的海底区域已成为无氧的“死亡海底”，此外还有46%的海底区域严重缺氧。该机构研究人员表示，波罗的海北部海域海底的含氧量也很低。另据世界自然基金会瑞典分会公布的研究结果，波罗的海共有7处特大“死亡海底”区域，总面积达4.2万平方千米。不过，该基金会认为，波罗的海形成大面积“死亡海底”区域的主要原因是海水富营养化。由于含氧量不足，波罗的海的鱼类资源也受到严重破坏，相比于20世纪80年代，占据了波罗的海渔业资源80%左右的鲟鱼产量下降了70%以上（图3-16）。

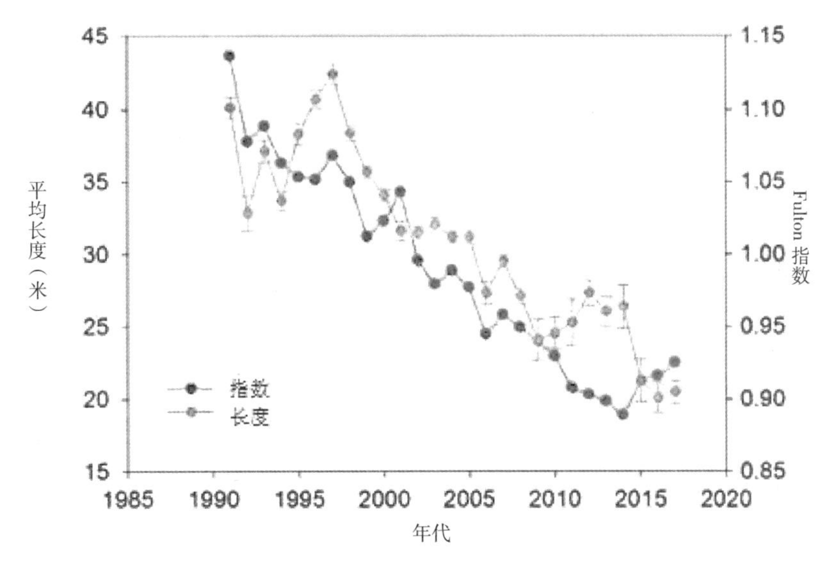

图3-16　波罗的海东部鳕鱼库存状况
（数据来源：Reusch et al., 2018）

（3）有毒物质

除了富营养化，有毒物质也威胁着波罗的海的环境。二次世界大战后，随着波罗的海沿岸国家经济社会的较快发展，城市规模急剧扩张，化学、造纸、冶金等行业的布局增加，再加上波罗的海水体交换缓慢，水体污染日益严重，最终造成其近岸海域基本没有纳污容量，生态环境极其恶劣。由于这些国家经济发展程度不一，合作治理水污染具有相当难度。据监测，波罗的海海域主要污染源为生产生活污水中的滴滴涕、聚氯联苯、砷化物、铬化物、汞化物、磷酸盐和溢油等多种污染物。同时，据报道，由于海水内船只产生的油泄漏或排放物，每年有多达15万只海鸟丧命于油污。从芬兰到瑞典，甚至丹麦的沿岸海域均已发现含汞量很高的鱼，由于波罗的海海域水质的恶化，生长在波罗的海内的鱼、海豹及食鱼海鸟等体内蓄积了大量的有毒物质，鱼类产品大部分不能食用（顾骅珊，2012）。

2.波罗的海水污染治理实践

20世纪70年代，随着波罗的海环境污染日益严重，加强波罗的海环境治理成为沿岸9个国家的共识。就波罗的海的水污染防治而言，主要经验如下：

（1）治污主体达成联合治污的共识和行动是基础

早在1974 年，沿岸9个国家就签署了《赫尔辛基公约》。该公约对沿岸水污染防治的政策安排、排污总量、标准、渔业捕获等进行了较为详尽的规定，协调9个国家的行为。1992年波罗的海沿岸国又签署了新的《赫尔辛基公约》。新公约体现了1974年公约实施以来海洋环保领域的新发展和新挑战，对海洋环保合作的形式和机制进行调整，并对具体的细则进行了系统更新。两个公约对波罗的海沿岸国如何携手共同对抗海洋污染所涉及的方方面面做出了细致、清晰、周全的规定和安排，为持续数十年的波罗的海环保实践，提供了极为关键的框架性法律保障。此外，波罗的海委员会（CBSS）、清洁波罗的海联盟（CCB）、波罗的海城市联盟（UCB）等相关组织机构的不断完善也对波罗的海的治理工作起到了至关重要的作用。

（2）制定严格的总量控制和排放标准是关键

波罗的海沿岸国家在欧盟领导下，签署的《赫尔辛基公约》中明确了排放标准、质量标准以及技术标准，从而对污染物进行管理和控制，并通过立法规定不同类型工业源和设备向大气、水、土壤和地下水的最大污染物允许排放量。通过实行污染物排放总量控制和排污许可证制度，将污染物排放总量削减指标落实到每一个直排海企业污染源，做到污染物排放总量有计划的稳定削减（顾骅珊，2012）。

（3）推行排污权交易和有效的经济调控是重要保障

波罗的海沿岸国家通过支持北欧环境金融公司（NEFCO）建设，推行排污权交易机制，实现国际范围内的有成本效益的波罗的海污染控制。此项措施对排污密集型产业减排起到了积极的作用。通过征收农药税、化肥税等手段，限制了化肥和有毒农药的使用，化肥使用量逐年降低。

积极引导各类环保组织参与波罗的海水污染防治、宣传、监督等工作，比如“绿色和平”组织、国际海洋开发协会等均参与了波罗的海水污染防治、宣传和监督。鼓励研究人员进行专门研究，并给予研究经费保障。鼓励企业参与，除了要求有关企业必须按照法律法规排污、治污外，还吸引其他企业参与。比如通过发挥国际商业机器公司（IBM）的信息专长，很好地改善了波罗的海的导航系统，帮助过往船只提高通行效率，这有助于减少海上交通事故，避免油污发生。

3.波罗的海污染防治取得的成效和长久计划

从波罗的海防治成效来看，取得了极好的效果。没有生命活动的区域减少。据北约海洋研究和实验中心的监测数据（2011），2011年波罗的海含氧量明显提升。在对47个区域进行监测后，没有生命活动的区域数量为18个，较20世纪80年代的监测结果，没有生命活动的区域数量减少了19个。反映波罗的海生物活动状况的鲟鱼产量明显上升。2011年的鲟鱼产量虽然没有恢复到20世纪80年代的水平，但是从2005—2011年产量一直上升，基本达到了20世纪80年代产量的50%。油污得到了较好控制，近年来没有发生大面积的油污事件。海鸟和灰海豹数量也有一定程度的增长。当然，由于人类活动的频繁，波罗的海水污染防治依然面临着压力。

在未来的很长一段时间内，《赫尔辛基公约》的理事机构——波罗的海海洋环境保护委员会（HELCOM）—赫尔辛基委员会将继续推进波罗的海行动计划（BASP）,这是一项雄心勃勃的计划，旨在2021年恢复波罗的海的良好海洋生态环境，将最新的科学知识和创新的管理方法纳入战略政策执行，并促进波罗的海区域的多边合作。

其主要目标集中在四个方面：波罗的海不受富营养化的影响；建立波罗的海生物多样性的有利地位；波罗的海不受有害物质干扰；形成环境友好型海上活动。

六、主要沿海国家海洋生态环境保护政策措施

1.美国海湾生态环境治理政策措施

有效控制和削减有害化学物质入海通量，充分保护和利用海洋环境容量，已经成为协调海岸带社会经济发展与生态环境保护的关键科学问题。美国通过推行最大日负荷总量（TMDL）计划，逐步形成了完整系统的总量控制策略和

技术方法体系，该计划成为确保水质达标的关键手段。该计划的核心概念是在满足水质标准的条件下，水体能够接受的最大污染物排放量。在这一概念指导下，通过设定环境保护和治理的最终目标，可以确定水体的环境容量，并将点源和非点源污染全面纳入总量控制系统。该计划已经被广泛应用于纽约湾、切萨皮克湾、弗吉尼亚湾等的水环境保护，通过结合陆域污染排放与海域生态环境质量，实现海陆一体的海岸带综合管理。

切萨皮克湾保护计划制定了一套监测营养盐和沉积物总量的方法，对所有来自河流和大气的非点源污染进行监测，并根据检测结果将需要减少的营养盐和沉积物的总量分配到每一个主要河口，甚至分配到每一个沿河州，即指令了切萨皮克湾氮、磷含量控制的TMDL计划。2009年奥巴马政府以总统令形式颁布切萨皮克湾保护和恢复计划，形成了涵盖7个行政区，165760平方千米流域，11655平方千米海域，超过1万多条河流的TMDL计划，具体规定了各种市政、工业、农业的污染排放总量和限制。美国最初的TMDL主要控制对象是生物需氧量（BOD）/溶解氧（DO）、氨氮等，近年来各类重金属、持久性有机污染物等指标逐渐加入，同时也从以污染物浓度限值为目标逐步转向以生态系统健康为目标。

区域管理技术与陆海统筹的分区排放总量限制技术有效促进了切萨皮克湾的环境治理。

2. 日本海洋生态环境治理政策措施

日本是当今世界在环境治理方面处于领先的国家，在短短几十年内，日本从备受公害困扰的国家转变成为一个环保型经济发达国家。日本环境治理模式经过多年发展形成了显著的多中心治理特征：中央政府在环境治理中从规则制定者逐渐转变为鼓励相关利益方自愿参与环保活动的协调者，地方政府、企业、非营利组织（NPO）和公民能够在环境治理中做到各司其职（宫笠俐，2017）。

日本在20世纪60年代初开始实行“国民经济倍增计划”，在不到10年的时间内就实现了经济成倍增长。然而，高速的经济增长却伴随着严重的工业污染，黑烟当时成为日本经济繁荣的象征。日本对环境的治理正是起源于高速经济发展过程中产生的严重工业污染，工业污染状况使民众的健康受到了严重威胁，而政府和企业在最初治理污染、改善居民生活环境条件上的失败使企业和民众的关系恶化，引发了大规模市民抗议和媒体运动（Imura et al.，2005）。

日本政府不得不对此作出回应，日本官产学界在环境治理指导思想、理念和政策方面顺应形势不断变化、更新和创新，并在环境管理上设计了较为稳定且科学的体制以明确政府的责任。经过实践和努力，日本在环境治理方面取得了较好成效。日本环境基本公共服务政策的制定经历了4个阶段：（1）公害对策阶段与环境治理阶段（二战后30余年）；（2）全球环境治理阶段（20世纪80年中期至90年代中期）；（3）环境可持续发展阶段（20世纪90年代中后期）；（4）环境战略立国与全民参与阶段（21世纪至今）。日本环境经济政策的主要内容包括：污染者负担原则理论与实践、公害补偿和公害税、产业调整和国土规划、大力发展环保产业（李永东和路杨，2007）。

日本不局限于将污染者负担原则（Polluter Pays Principle, PPP）这一国际性政策原理运用于市场机制的狭隘经济理论框架中，而是以公害对策的正义和公平为原则，并且对于公害的防治也不仅仅停留在最适污染水平上，而是将其放在整个环境对策领域来考虑（宫本宪一，2004）。

日本的环境治理体系表现在制度方面，结合政府、企业、公众的参与方式和特征，可以概括为多层次的精准治理体系：由政府主导的宏观层次的环境政策治理体系、以供应链协作关系为特征的中观层次治理体系（包含着上下游企业和消费者）和以具体企业为代表的微观环境治理体系3个层次组成（周志刚等，2019）。

日本的环境管理体制由众多分项制度安排有机组合而成，相互促进，相得益彰，可以归结为"国家协调、地方为主、社会参与、市场激励"（卢洪友和祁毓，2013）。

从日本环境治理的政策来看，环境政策工具的种类从单一、简单走向复合、多样，环境政策工具越来越重视经济激励手段和社会管理手段的使用（卢洪友和祁毓，2013）。日本环境政策工具包括：污染物排放标准与总量控制、污染申报登记制度、环境影响评价制度、污染赔偿制度、环境税、财政补贴制度、循环经济制度、绿色采购制度、ISO体系认证制度、环保公众参与渠道设计等丰富多样的形式。传统命令式的环境政策工具侧重于末端处理，环境治理的效果最差，经济激励手段和社会管理手段则侧重于环境预防和全过程的控制，而且对环境治理和参与主体的激励和约束最为明显（卢洪友和祁毓，2013）。

从日本环境治理的体制机制来看，健全的环境管理机构、合理划分环境管理责任与支出责任、环境治理过程中的社会参与是重要的保障（卢洪友和祁毓，2013）。

环境会计制度和环境教育立体综合教育体系是日本环境治理的代表性政策（余永跃和樊奇，2018）。实施环境会计制度政策不仅促进了日本国内企业的转型升级，而且提高了日本的产业国际竞争力。日本设置环境会计进行环境审计，积极进行企业环境信息披露，将企业的环境消耗和环境贡献以一种更加透明的方式展现出来，使企业在面对绿色壁垒时具有更充分的合法性、合理性和正当性，促进了企业将绿色壁垒、绿色压力转化为绿色动力。包括环境会计管理模式在内的一系列环境政策促使日本迅速提高了产业的国际竞争力，成为许多高新产业的领军国家（余永跃和樊奇，2018）。此外，日本非常重视环境教育，环境教育经历了从20世纪五六十年代低水平的“公害教育”发展到高水平的“环境教育”，从灌输“保护自然”思想到为日本的绿色经济提供了强大人才储备的过程，成为世界上环境教育最为先进的国家之一（余永跃和樊奇，2018）。

日本环境经济政策以环境问题的要害为突破，从刚开始的工业污染治理扩展到生活垃圾处理，从局部的环境污染到全球变化，从生产环节到经济活动的所有环节，日本环境经济政策能够适应本国和世界环境问题的潮流和方向，有针对性地采取措施并取得积极实施效果。日本环境经济政策成功的内在原因是环境污染造成的损失引起了政府和公众的高度重视，同时日本经济实力积累也为环境治理提供了可靠保障；外在原因是日本推行了严格的环境立法和执法，重视环境与经济发展的协同耦合（孙世强和廖红伟,2005；李永东和路杨，2007）。日本环境经济政策具有如下特点:（1）环境整治的立法手段与经济手段并重;（2）着眼资源长期利用，注重循环经济发展;（3）环境整治的教育宣传与科学研究并重;（4）环境管理同产业布局调整、国土资源规划等经济发展规划有机统一;（5）将环境治理贯穿于社会经济发展的各环节和全过程（李永东和路杨，2007）。

重视环境政策影响效果评估是日本环境管理成功的经验之一。日本的环境政策遵循着“制定—实施—评估—修改—再实施”的过程。《日本环境基本法》第28条要求“国家应当实施必要的调查，以便掌握环境状况、预测环境变化或预测由于环境变化而造成的影响以及为制定旨在保护其他环境的政策”；第29条要求，为了掌握环境状况和妥善实施有关环境保护的政策，国家应当努力健全监视、巡视、观测、测定、实验和检查的体制（卢洪友和祁毓，2013）。

日本环境经济政策对我国的主要借鉴作用是：强化环境治理立法和执法，建立环境质量管理监督体系；科学分析环境价值，建立环境事故损失补偿机制；充分发挥公共财政作用，大力扶持环保产业发展；在环境经济政策中充分反映民意，充分借助民间力量推行环境经济政策；在经济社会发展规划中增加环境规划，使环境质量改善与经济快速增长相协调（李永东和路杨，2007）。

日本环境治理的效应和管理体制设计启示我们：（1）政府、公民、企业都对环境保护负有责任，加大政府投入和吸引多元化的各方资金是环境治理的重要举措。（2）因地制宜地合理划分环境保护责任是环境治理的制度保障。（3）重视经济激励政策和社会创新在环境治理中的作用。（4）社会参与环境治理的机制建设尤为重要，社会公众是环境治理的重要力量，其生活消费行为和习惯对环境质量的好坏有着直接的影响。（5）技术进步在环境治理中的作用日益突出（卢洪友和祁毓，2013）。

3. 欧盟国家区域海洋环境治理政策措施

（1）欧盟国家海洋环境政策

欧洲议会认为，建立海洋保护区是成员国管理区域海洋环境的责任和义务。成员国共享海洋，也要共同努力确保各自海洋政策的协调。同时，欧盟还需要与毗邻的非欧盟国家合作，协调区域海洋环境和生态的保护工作。2008年，欧盟推行了基于生态系统方法的海洋管理工具——《海洋空间规划》，这被认为是国家之间合作处理海洋问题的典范（Calado et al., 2010）。区域海洋环境治理是一个持续的过程，沿海地区往往是一个不能被国家领海行政或经济排他性边界划分的动态体系，因此，欧盟国家试图将国家政策转化为区域政策，并将其提升到地区层面。在这一前提下，一个能为区域海洋环境治理提供更具战略性、综合性和前瞻性的框架非常必要，这个框架应当侧重于具体的海洋区域，平衡区域范围内各国的社会和经济利益，降低不协调成本，从而促进产业发展，鼓励跨界合作（周剑，2015），并将自然保护作为规划和管理的中心。同时，欧盟十分重视海洋环境观测管理的系统性优化，注重观测系统与相关设备的开发及完善，且偏重于观测管理系统的运行，运用国际最先进的高精尖技术打造潜标、浮标、滑翔器等设备，确保观测的广度和精度。在管理业务层面，专业技术小组具体负责海洋观测设备的系统运行，并且重视横向和纵向的多方面协调，以提高工作效率（李慧清等，2011）。尖端的科学技术、扎实的生产基础和系统的协调管理模式奠定了欧盟地区在海洋环境观测管理方面的国际一流地位。欧盟国家逐步细化海洋环境治理相关法规和政策，并将其转化为区域内可实施的具体政策，因地制宜，灵活运用，提升相关政策法规的实用性和可执行性，同时兼顾社会效益和经济效益，在具体的区域海洋规划与区域海洋治理中凸显生态环境保护及可持续发展的原则（顾湘，2018）。

（2）德国海洋环境政策

德国一直对环境保护工作十分重视，拥有世界上较完备和详细的环境保护法（姜华荣，2004），海洋环境保护技术与科学研究也走在世界的前列。在海洋生态环境保护方面，德国在提升本国监测能力和完善监测体系的同时，也注重与其他邻国开展区域性合作，共同应对海洋环境问题。

德国海洋生态环境保护的法律依据包括国际公约、欧盟指令与区域性协议以及国内法律三个层次（杨璐等，2017）。

2012年起，德国联邦与州政府达成协议，建立了北海与波罗的海联邦/州委员会（BLANO），统筹管理与指导海洋环境监测，重点管理联邦及州政府在欧盟海洋战略框架指令与海洋环境监测方面的合作。BLANO是该项合作的最高决策机构，由联邦政府部长及沿海各州的参议院代表组成。委员会下设海洋保护协调委员会，主席由各州政府代表轮流担任。海洋保护协调委员会统筹管理德国海洋环境监测工作实施的部门和机构。海洋保护协调委员会下设4个工作组（图3-17），分别为数据管理工作组、调查评估工作组、质量控制工作组与社会经济工作组。

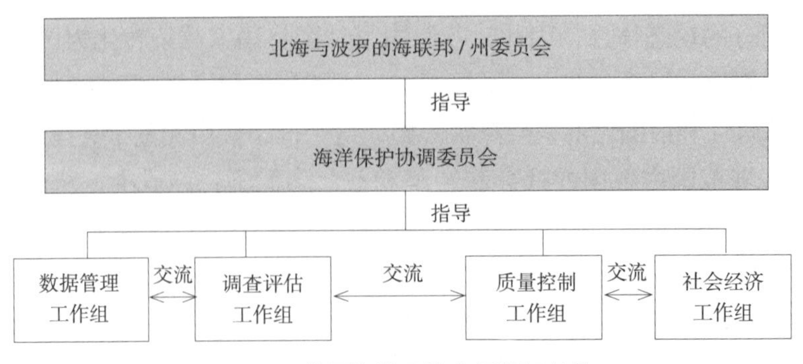

图3-17　德国海洋环境监测组织结构

德国近岸海域的自然保护由沿海州政府负责。12海里以外到200海里专属经济区海域由德国联邦政府负责管理。德国联邦政府的海洋生态环境监测与评估工作主要由海洋与水文测量局和自然保护局负责，同时还会联合国内相关研究所和高校，如莱布尼茨波罗的海研究所等。

海洋与水文测量局负责对波罗的海和北海专属经济区内的物理、化学和生物状况进行监测，同时也包括污染和营养盐状况、浮游生物和微型生物生物多样性及海水放射性监测。目前海洋与水文测量局的很多监测内容由莱布尼茨波罗的海海洋科学研究所负责具体实施。自然保护局负责对波罗的海和北海专属经济区内的底栖生境、海鸟和海洋哺乳动物等脊椎动物以及入侵物种进行监测。同时自然保护局负责自然2000网络（Nature 2000 network）的海洋保护区选划与管理工作、人类活动对海洋的压力评估工作以及海洋生态保护的政策研究等。

德国的海洋生态环境监测内容针对海洋生物多样性和海洋保护。德国海洋生物多样性监测主要依据欧盟的相关指令以及国际公约和合作协议进行，包括欧盟的栖息地指令、鸟类指令、水框架指令和海洋战略框架指令，东北大西洋海洋环境保护协议、波罗的海区域海洋环境保护协议、波罗的海和北海小型鲸类保护协议和瓦登海合作协议。表3-7列出了主要监测内容以及监测机构、频率与指标。基于欧盟栖息地指令与鸟类指令，欧盟建立了自然保护的共同法律框架，并形成了自然2000网络。自然2000网络主要基于具有保护价值或列入保护名录的特定海鸟、海洋哺乳类、鱼类及栖息地的出现和分布情况，建立保护区及采取相关保护措施，以保护和恢复陆地及海洋的物种和生境多样性。德国专属经济区内的自然2000工作由联邦环境、自然保护、建设和核安全部及自然保护局负责。德国组织多家海洋研究机构于2002—2007年开展了25次综合调查项目，收集了大量的保护物种分布数据，对典型沉积结构和生物群落进行了划分，为保护区选址奠定了基础。目前德国已向欧盟自然2000网络提交了10个保护区，面积超过10000平方千米，占德国海洋专属经济区总面积的32%。其中2个为鸟类保护区，8个为栖息地保护区。保护区的管理工作由自然保护局组织，并对研究项目予以资助。德国专属经济区内的自然2000保护系统是德国海洋生物多样性保护的重要措施（杨璐，2107）。

表 3–7 德国专属经济区海洋生物多样性监测

监测内容	监测机构	监测频率	监测指标
浮游植物	莱布尼茨波罗的海海洋科学研究所	每年 5 个航次	叶绿素浓度，浮游植物种类、密度、生物量，硅藻与甲藻比例，主要群落的季节演替等
浮游动物	莱布尼茨波罗的海海洋科学研究所	每年 5 个航次	浮游动物种类、密度、生物量、群落特征等
底栖生物	莱布尼茨波罗的海海洋科学研究所	每年 1 个航次（11 月）	底栖生物种类、丰度、生物量、群落特征等
海鸟	自然保护局	一般每季度监测一次（根据鸟类习性略有区别）	重要鸟类栖息地、迁徙路径、种群数量
海洋哺乳动物	自然保护局	每年 1~2 次（船舶或航空器监测）	主要监测港海豹（*Phoca vitulina*）、灰海豹（*Halichoerus grypus*）和鼠海豚（*Phocoena phocoena*）

（3）芬兰湾与波罗的海协同管理政策措施

芬兰湾是波罗的海东部的大海湾，位于芬兰、爱沙尼亚之间，伸展至俄罗斯圣彼得堡。地理位置位于温带海洋性气候和亚寒带陆性气候之间。芬兰湾生态系统内，具有深水海域缺氧的物理特性，海底磷释放和蓝细菌藻华便成为芬兰湾生态系统的典型特点。沿着芬兰湾，有许多小的半封闭的内湾，当有温跃层时内湾海域海水交换受到限制。这些内湾形成了当地底质缺氧热点区域，而且，在缺氧区域大量的磷从底质释放到水中。营养物的过度排放造成的海水富营养化，石油和化学品的海上频繁运输造成的泄漏风险增加，以及有害物质在食物链上的堆积对人类和环境的威胁是芬兰湾海洋环境保护迫切需要解决的关键问题（刘霜等，2012）。虽然芬兰面对着这些海洋环境问题，但其凭借着完善的法律制度、有效的监控机制以及全民的环保意识，环保成就长期处于世界前列。

芬兰通过国内环保立法与推动区域内国际立法来保护海洋环境，发展溢油回收技术和装置应对溢油和化学品泄漏，建造污水处理厂和提升污水处理技术来改善海水富营养化，采取有害物质清单管理、环保许可证制度、经济手段调控管理，积极发展国际合作，重视公众环境意识的提升和发挥非政府组织和个体的作用等整套组合拳保障了芬兰环保领域的创新能力名列前茅（吴弼人，2008；刘霜等，2012）。在2003年联合国世界水质评估计划及2005年世界经济论坛的环境可持续性指数中芬兰亦高居首位。此外，在瑞士达沃斯举行的世界经济论坛发表的题为《2005年环境可持续发展指数报告》中提出，在接受调查的全球144个国家和地区中，芬兰的环保状况最好（刘霜等，2012）。

2007年底，波罗的海沿岸国家环境部长通过了《保护波罗的海行动计划》，要求相关国家减少将氮、磷等化学物质排放进波罗的海，从而遏制有害化学物质的过量排放，降低该海域生态系统恶化程度。这个计划的影响范围是芬兰以及毗邻的一些国家。计划的主要目标是减少波罗的海海水富营养化，提高水质，改善波罗的海的海洋植物群落和动物群落的生态环境；限制危险物质的排放量，保护波罗的海的生态系统和人类健康；按照可持续发展的原则来使用波罗的海区域自然资源。

保护措施将同时在芬兰及其邻国进行。通过财政的投入、双边合作以及国际组织和协议，这些国家共同以 6 个方面采取措施来修复波罗的海的生态环境：降低海水的富营养化、减少有害物质的泄漏风险、减少波罗的海自然资源使用中的不利后果、保护并增加生物物种的多样性、提高对生态环境的了解和对波罗的海的生态环境进行研究及监控。芬兰在中央、区域及地方层面均为全面水质管理设立了广泛的制度架构，构成了有效的监督管理机制。

中央层面：环境部负责水资源保护及环境政策，而农林部则负责管理水资源。两个部门亦监督芬兰环境协会的工作。该协会属全国性的咨询机构，设立的目的是提供资讯及解决方案，以协助芬兰推行生态上的可持续发展。

区域层面：芬兰环境部自1995年将过去相互分离的水源保护和空气保护双重环保机构精简合并，组成了13个地区环保中心，负责规管及监察提供用水及污水处理服务的公用事业机构，亦负责在各自管辖区域内就水资源问题进行区域性规划、监察及提供指引，这加强了地区环保机构的综合管理权力；同时成立由专家组成的芬兰国家环保中心，负责监测全国环境状况，提供环保信息，进行环保科研、宣传和咨询。

地方层面：各地方当局根据相关法例，负责在各自的行政区内提供用水及污水处理服务（刘霜等，2012）。

芬兰在15艘政府拥有的舰船上，都装载了永久性石油回收系统。舰船沿海岸线合理调配，理论上能够保证在6小时内到达绝大部分地区。营救服务区域的船只能够在2小时到达所有的沿岸水域（在无冰的条件下），这能够满足波罗的海海洋环境保护委员会（HELCOM）的要求。芬兰积极发展了一批不利天气和冰冻条件下的溢油回收技术，旨在拥有甚至在重冰条件下的多功能的溢油回收、泄露化学品响应、灭火能力的响应船只。芬兰公民环保意识强得益于学校长期不懈的环保教育。环保教育被列入芬兰基础教育和高中教育的教学大纲，并贯穿于职业和高等教育。芬兰各政府部门均参与推动环境可持续发展的教育及培训工作。环境部与芬兰环境协会一同制作供教育用途的环境资讯，支持加强环保意识的活动。农林部还向全国农民发放指南，介绍如何使用农药和化肥，怎样采用科学耕作方法保护农村环境。政府向波罗的海环境保护公民志愿者提供足够的波罗的海信息，并让每个人知道如何更好地保护海洋环境，以供志愿者们采取保护行动；鼓励非政府组织提供环境保护教育，传播环境保护知识，增强公众对保护波罗的海环境保护的意识（刘霜等，2012）。

4.澳大利亚国家海洋政策措施

1998年12月出台的《澳大利亚国家海洋政策》明确要求，根据“大海洋生态系统”开展区域海洋环境治理工作。该政策要求区域海洋规划应遵循可持续发展原则，致力于实现跨行政区、跨部门的利益协调。为此，澳大利亚于1998年创建了独立的国家海洋办公室，主要负责协调各项海洋政策，解决涉海主体的利益冲突。2003年初，成立海洋管理委员会，负责海洋综合管理和统一执法，使海洋管理工作获得了较强的组织保证。澳大利亚是最早通过区域性海洋综合规划来管理海洋的国家，该国依据海洋生态系统内在联系，以可持续发展为宗旨，在确保海洋生物多样性的基础上对所辖海域进行规划和管理（罗自刚，2012）。澳大利亚东南海域地处温带，濒临太平洋，面积达200万平方千米，生物多样性程度高，海洋环境治理难度大，因此，澳大利亚第一个区域海洋计划就是针对该地区制订的。海洋计划指导委员会最早在澳大利亚东南经济区成立，主要工作职责是及时确定工作目标并制订具体的实施步骤。2001年，澳大利亚发布了《东南区域海洋计划范围规划文件》，区域海洋环境治理更加有章可循。在具体实施过程中，核心机构是计划指导委员会，该委员会以区域海洋委员会为基础，由国家海洋部长委员会设立，主要利益相关者为当地政府及相关职能部门，共同参与区域海洋治理工作。另外，工作组也是澳大利亚区域海洋环境治理的有效组织形式，工作组通过举办论坛及召开会议等方式处理海域内跨区海洋环境污染问题，在协调州政府与联邦政府之间的关系方面也发挥了重要作用（顾湘，2018）。

针对国际著名的澳大利亚大堡礁，世界自然基金会（WWF）和澳大利亚海洋保护组织（AMCS）于2014年发布报告，称澳大利亚政府近期批准的关于在大堡礁及周边地区进行能源开发的项目，已经严重威胁到该地区的生态安全。尤其是近期联邦环境部长格雷格·亨特批准的一项允许向大堡礁海域倾倒300万吨淤泥的决定，更是违反了联合国环境机构关于仅允许在已有的工业区进行开发的规定。

澳大利亚联邦政府和昆士兰州政府于2015年联合公布《大堡礁2050长期可持续计划》，这一计划既是澳大利亚政府对联合国教科文组织世界遗产委员会所提建议的对策，也是今后保护和管理大堡礁的指导方针。计划包含7个方面，即生态系统的健康、生态多样性、遗产、水质、社区益处、经济益处、治理等，目的是为政府、企业、土地的土著所有者、研究人员和社区提供合作途径，保护大堡礁生态。计划设立了具体目标、行动方案等，以便全面保护大堡礁生态，更灵活地应对气候变化和促进生态可持续发展。气候变化、刺冠海星过度繁殖、农业溢流、沿海开发污染带来一系列生态问题困扰，特别是气候变化和厄尔尼诺现象引发气温升高，导致大堡礁2015—2016年连续出现大规模白化现象。

2017年6月，联合国教科文组织对大堡礁世界自然遗产保护状况的评估报告草案中警告，气候变化仍然是大堡礁面临的最大威胁，而澳大利亚改善大堡礁水质的工作进展缓慢，可能无法实现《大堡礁2050长期可持续计划》设定的中长期目标。对澳大利亚落实《大堡礁2050长期可持续计划》所做的初期努力，以及今后5年投入12.8亿美元用于保护大堡礁生态的政策，教科文组织给予肯定，但同时指出，澳大利亚尚未通过规范附近沿岸开发的重要立法，并强调制定科学政策并配合有效执行是区域海洋生态环境保护的组合拳。

5. 印度海洋生态环境保护政策措施

印度沿海生态系统类型丰富，包括沿海湿地、珊瑚礁、红树林、泻湖以及河口，是重要的生物多样性地区。随着经济的发展，印度沿海自然资源和栖息地不可避免地出现资源紧张和环境状况恶化的趋势。海上钻井、水产养殖、港口活动等经济活动严重影响了沿海生态系统（闫艳和陈宇，2015）。印度已经意识到沿海生态系统的重要性以及国家对这些自然资源的依赖（闫艳和陈宇，2015），在环境主义理念的影响下，印度政府围绕经济的快速和可持续发展目标，在西方三权分立的制度体系下，推出了一系列环境治理方案和行动计划（王金强，2017）。

印度渔业及海洋资源的管理与保护，总体上基于1986年《环境保护法》、1972年《印度野生动植物（保护）法》及其修正案、2002年《生物多样性法案》这三部法案涉及了陆地与海洋的纲领性法律引导（闫艳和陈宇，2015）。以1986年《环境保护法》为代表的印度环境法不仅在改善本国生态环境方面和保障公众环境利益方面起到了重要作用，而且印度独具特色的环境法制也在国际环境法制发展格局中占有重要地位（段帷帷，2016）。印度环境主义理念具有鲜明本土特色，是发展中国家在工业化进程中围绕环境保护而进行的有益探索。

印度政府环境治理的制度设计中，民众的环境需求与政府的环境治理实践存在一定错位甚至冲突。国内有学者认为：印度国内利益协调的复杂性、中央与地方权力的不平衡以及政党对民众选票的过度关注影响着印度国家环境治理的可持续性（王金强，2017）。

6. 南非生态环境治理政策措施

南非宪法规定，生态环境保护是各级政府的必尽职责。在南非，除环境和旅游部外，农业和土地事务部、水利和林业部、矿业和能源事务部以及卫生部也设有环保监督职能部门。这些部门在制定和执行国家环保标准方面协调行动，相互监督，形成了严密的环保机制。南非政府历来注重在青少年中培养环保意识。政府发表的《环境保护政策白皮书》特别要求各地教育部门把生态环境保护知识列入学校正式和非正式课程，务必使环保意识深入人心。在南非，保护大自然、保护动植物已形成一种可贵的社会风气。

南非将环境外交作为其改善国家形象、提高国际地位的国策；其通过环境外交提高了全球环境政治中的影响力；也扩大了国内环境议题的影响力，为解决国内社会经济的可持续发展问题营造了良好氛围（邹应猛，2013）。1994年以来，南非积极参加和主办了一系列国际会议；特别是2002年主办的约翰内斯堡世界首脑峰会，平稳有序地完成了预期目标，并经过与会代表的共同努力通过了《约翰内斯堡可持续发展承诺》和《可持续发展世界首脑会议执行计划》两个富有建设性的文件，成为此后推动世界可持续发展合作的重要纲领；2011年又主办了世界气候大会，向世界展示了其在解决环境问题中不可或缺的作用。南非在大型国际会议中的组织、协调能力已经获得了国际社会的公认（邹应猛，2013）。南非在建立生态环境保护机制和政策、环境保护区建设、减少环境污染、生态恢复治理和培养、树立公民环保意识方面的经验值得借鉴（杨丽萍和陈晓洋，2011）。南非合理开发利用和有效保护海洋渔业资源取得的成功，则得益于南非政府采取的加强对海洋资源的动态调查评估，强化对捕捞业的监督和管理，加强对海岸带的管理，加强对海水养殖业的扶持等一系列措施（李嘉莉和秦路，2007）。

同时，南非环境外交面临着诸多挑战，限制着其环境外交的政策运作空间。首先是其国内严峻的环境形势，降低了其在全球环境政治中的影响力，甚至成为在全球环境问题谈判中受到攻击的目标；其次是其国内脆弱的生态环境和薄弱的基础设施；再次是南非作为发展中国家，其环境外交受到国内制约、手段有限，无法在全球环境问题上通过提供资金或技术发挥影响力；最后是全球环境问题，尤其是气候问题谈判的复杂性限制着南非开展环境外交的空间（邹应猛，2013）。

综合上述国家的区域性海洋环境政策，先进性主要表现为：（1）跨区域跨部门海洋环境管理合作顺畅，凸显尊重海洋流动性的客观事实。（2）政策制定基于可持续发展理念，具有整体性和长期性。（3）科学政策具有良好的可操作性，执行有效。

海洋的流动性决定了跨区域海洋生态环境管理的合作必要性。入海江河、海洋的水体具有连通性，承载着陆海物质通量与转化、支持着江海洄游生物的完整生活史。以长江经济带为例，统筹上、中、下游的环境与生态保护、统筹流域汇集与入海物质、统筹流域生态空间格局与水土保持，是破解长江生态问题与保持可持续发展的必由之路。

第四章

陆海统筹海洋生态环境保护的基本内容

一、陆海统筹海洋生态环境保护的内涵、原理

陆海统筹是在陆地与海洋两个不同的地理单元之间建立的一种协调关系和发展模式，是统一筹划沿海陆域与海洋两大系统的资源利用、经济发展、环境保护、生态安全的区域政策。陆海统筹的核心在衔接。我国沿海是产业和经济要素最集中的区域，海域和陆域经济发展、规划布局、资源环境有序衔接下的可持续发展是支撑区域社会健康发展的基础，如何做好海域与陆域经济与社会各个领域的协调，促进海洋和陆域全面发展、协调发展、均衡发展、可持续发展是当前海陆统筹中的重要问题。必须努力在海域与陆域开发上做到定位、规划、布局、资源、环境、防灾六个方面相衔接。一是海域发展定位与陆域功能定位相衔接，形成陆海协同发展的新格局；二是海域发展规划与陆域经济发展规划相衔接，构建协调的陆海规划体系；三是海域与陆域开发布局相衔接，加快陆海产业结构的调整优化；四是海域与陆域资源开发相衔接，形成陆海互促的发展局面；五是海域与陆域环境质量相衔接，形成一体化决策和治理体系；六是海域与陆域防灾相衔接，提高灾害应急管理能力。

深入贯彻落实党中央、国务院的有关指示精神，立足国家发展的战略全局，以海岸带为重点区域，以保护海洋环境和发展蓝色经济为重点任务，遵循“因地制宜、以海定陆”的基本原则，打破区域、流域和陆海界限，实行要素综合、职能综合、手段综合，加强陆海统筹和区域联动，贯通污染防治和生态保护，建立与生态系统完整性相适应的生态环境保护管理体制。

充分考虑陆地、流域、沿海地区发展对海洋生态系统的影响，以生态系统为基础，建立从山顶到海洋“海陆一盘棋”的生态环境保护体系框架。依据海域的资源环境承载能力和环境质量改善需求，确定陆域的环境治理和开发利用管控要求。从国家生态安全大局统筹部署海洋生态保护区建设和管理，加强海洋保护区空间整合和保护目标衔接，实现海岸、海滩、海湾、海水、海岛的协同保护；实施陆源污染物入海总量控制制度，建立“以海定陆”的污染管理“倒逼机制”，将海洋环境管理控制目标与陆域综合治理相结合，有效遏制生态退化趋势，全面改善海洋环境质量。

二、我国陆海统筹海洋生态环境保护的目标任务

1. 总体目标

以习近平生态文明思想为指导，贯彻落实“两个一百年”战略目标和建设美丽中国的总体部署，通过政府主导、社会参与，依靠技术创新、制度改革和管理优化，改革发展陆海统筹的生态环境治理新模式，持续改善海洋生态环境质量，不断增强优质海洋生态产品供给能力，着力推进海洋生态环境治理体系和治理能力现代化，协同推进沿海地区经济高质量发展和海洋生态环境高水平保护，切实提升社会公众对海洋生态环境的满意度。

2. 分期目标

按照海洋生态环境保护成效“覆盖面逐步扩大、改善度逐步提升、协调性逐步增强、认可度逐步提高”的思路设计近期、中期和远期发展目标。

（1）近期目标（2019—2025年）

陆海统筹的海洋污染防治和生态保护区域联动机制基本建立，生态优先的海岸带空间保护与利用格局基本形成，海洋生态环境质量持续稳定改善，海洋生态退化趋势得到根本遏制并逐步好转。总体实现从“打赢重点海域污染防治攻坚战”向“陆海统筹保障近岸海域生态环境质量持续稳定改善”的转变，从“遏制海洋生态退化趋势”向“贯通河海生态廊道，恢复修复受损海洋生态系统”的转变，从“定点定时监测评估”向“陆海一体的立体动态监测预报”转变，从“近岸海域污染防治为主”向“海岸带生态空间统一规划、生态环境综合治理和生态风险联防联控并重”工作格局的转变。

1）海洋环境质量改善目标

一要“抓两头、促中间”，既要设置优良水质比例低限，又要设置劣四类水质比例高限；二要“保质量、保安全”，既要分区域差异性设置保障近岸海域环境质量的水质目标，又要针对突出问题设置保障人民群众用海安全的环境质量指标。

2）海洋生物生态保护目标

一要“管红线、守底线”，设置海洋生态保护红线划定和监管指标要求，

严格实施重要海洋生态功能区、敏感区和脆弱区保护监管，守住海洋生态安全底线；二要“增容量、拓空间”，为海洋关键物种和典型生态系统、滨海湿地和自然岸线保护及整治修复等设置指标要求，遏制海洋生态退化趋势，增大海洋生态承载力和环境容量，拓展公众亲海生态空间。

3）海洋环境治理能力提升目标

主要从补短板、强弱项、抓关键、谋长远的角度，分别提出海洋生态环境监测预警能力、污染监控和生态监管能力、风险防范和应急响应能力等的发展目标，为沿海地方党委政府和相关企事业单位加强海洋生态环境治理能力建设提出要求、提供依据。

（2）中期目标（2026—2035年）

陆海统筹的海洋污染防治和生态保护区域联动机制基本健全，海洋生态环境质量根本好转，优质海洋生态产品供给能力显著增强，海洋生态环境治理体系和治理能力全面提升。总体形成节约资源和保护生态环境的空间格局、产业结构、生产方式、生活方式，全面落实海洋生态文明制度，构建大陆文明与海洋文明相容并济的可持续发展格局，基本实现美丽中国目标。

（3）远期目标（2036年至本世纪中叶）

陆海统筹的海洋污染防治和生态保护区域联动机制和治理模式更加先进，“水清、岸绿、滩净、湾美、物丰、人和”的美丽海洋基本建成，海洋生态环境治理体系和治理能力全面实现现代化。

3.典型海域目标

以问题为导向，对我国管辖海域海洋生态环境保护现状、趋势及管理需求等进行综合分析，在陆海统筹背景下，分区域提出陆海统筹的海洋生态环境保护战略需求与目标要求如下：

（1）渤海

近岸海域环境质量稳定持续改善。环渤海入海河流断面水质消除劣五类，莱州湾海水水质恶化趋势得到根本遏制，渤海湾、辽河口和大连近岸海水水质稳定达标。

滨海湿地退化趋势得到遏制。陆海衔接的生态保护红线格局基本划定，主要河流入海生态径流量得到充分保障，盘锦湿地“绿进红退”问题基本得到解决，滨海湿地植被面积萎缩、景观破碎化趋势基本得到遏制。

海洋生物多样性得到有效保护。文昌鱼、斑海豹等珍稀濒危生物和涉水鸟类等迁徙生物及其栖息地保护力度加大，优质渔业资源结构和总量不断提升，“三场一通道”及陆海生态廊道得到贯通性保护。

海洋生态灾害和环境突发事故风险得到有效防范。环渤海生态环境灾害风险监测预警和应急响应体系基本建成，秦皇岛近岸海域海洋生态灾害多灾种并发态势得到有效遏制，沿海突发环境事故风险源排查—污染物海上输移扩散—敏感生态环境目标风险防控的管理机制和技术支撑保障机制同步建成。

（2）长江口和杭州湾

近岸海域环境质量稳定持续改善。长江口、杭州湾及邻近海域富营养化现象持续改善，持久性污染物入海量不断削减。

滨海湿地退化趋势得到遏制。陆海衔接的生态保护红线格局基本划定，长江入海生态径流量得到充分保障，杭州湾滨海湿地得到恢复。

海洋生物多样性得到有效保护。珍稀濒危生物和涉水鸟类等迁徙生物及其栖息地保护力度加大，优质渔业资源结构和总量不断提升，“三场一通道”及陆海生态廊道得到贯通性保护。

海洋生态灾害和环境突发事故风险得到有效防范。河海联动的长江口、杭州湾生态环境灾害风险监测预警和应急响应体系基本建成，海洋生态灾害多灾种并发态势得到有效遏制，沿海突发环境事故风险源排查—污染物海上输移扩散—敏感生态环境目标风险防控的管理机制和技术支撑保障机制同步建成。

（3）粤港澳大湾区

近岸海域环境质量稳定持续改善。入海河流断面水质消除劣五类，珠江口及邻近海域水质持续改善，主要海湾和大中城市近岸海水水质稳定达标。

滨海湿地退化趋势得到遏制。陆海衔接的生态保护红线格局基本划定，主要河流入海生态径流量得到充分保障，滨海湿地植被面积不断增长、滨海生态空间不断拓展、陆海连通的生态廊道体系不断健全。

海洋生物多样性得到有效保护。珍稀濒危生物和涉水鸟类及其栖息地保护力度加大，滩涂湿地大型底栖生物多样性不断改善。

海洋生态灾害和环境突发事故风险得到有效防范。陆海联动的粤港澳生态环境灾害风险监测预警和应急响应体系基本建成，沿海突发环境事故风险源排查—污染物海上输移扩散—敏感生态环境目标风险防控的管理机制和技术支撑保障机制同步建成。

三、我国陆海统筹海洋生态环境保护的总体思路

在生态文明建设重大战略背景下，我国海洋生态环境保护必须坚持陆海统筹、区域联动、多方共治，总体思路简述如下：

一是坚决贯彻落实习近平生态文明思想和全国生态环境保护大会精神，落实好习近平总书记关于建设海洋强国、构建海洋命运共同体等的指示精神，践行“绿水青山就是金山银山”的理念，切实融合融入生态文明建设大局，以海洋生态环境高水平保护推进海岸带地区经济高质量发展和绿色转型。

二是坚持问题导向、差别化施策，在全面、深入调查研究我国海洋生态环境突出问题、陆海统筹机制改革突出短板的基础上，既着眼“两个一百年”战略目标，做好顶层设计和中长期谋划；又针对当前存在的突出问题，做出切实管用的部署安排，充分发挥对不同地区、不同行业的差别化指导作用，高质量完成“十四五”阶段性任务。

三是深化海岸带综合管理机制改革，充分认识海岸带地区在陆海统筹加强海洋生态环境保护中的重大战略地位，深化对海岸带资源环境管理整体性、系统性和全局性的科学认知，实施以生态系统为基础的，源头、过程和结果管理并重的海岸带综合管理，优化海岸带保护与利用的空间格局，严格落实生态保护红线制度，推进陆海环境综合治理与生态系统整体修复，建设陆海协同的海岸带生态灾害和环境风险防范体系，构建海岸带蓝色生态屏障，保障区域生态安全和民生福祉，进一步提升海岸带经济社会绿色高质量发展的综合实力。

四是系统谋划新时代海洋生态环境保护的重点任务，根据协同推进经济高质量发展和生态环境高水平保护的总体要求，到2035年基本实现“生态环境根本好转，美丽中国目标基本实现”战略目标，建议新时期海洋生态环境保护工作的重点任务应该包括以下4个方面：

（1）融合融入国家机构改革和生态文明体制改革大局，重构重建“打通陆地和海洋，贯通污染防治和生态保护”的海洋生态环境治理体系关键框架，加快健全新管理体制下的法律法规体系、标准规范体系、管理制度体系和监测业务体系。

（2）巩固深化污染防治攻坚战成果，系统实施陆海统筹、区域联动的海洋生态保护和恢复修复，加快解决人民群众反映强烈的海洋生态环境突出问题，有效遏制重点海域生态退化趋势，全面推进海洋生态环境综合治理，在海岸带

地区率先推动形成生态优先和绿色发展的空间格局。

（3）抓牢陆海统筹的海洋生态环境监督管理关键职责，强化从严从紧的政策导向，以问题为导向强化陆源排污监管、海岸带生态监管，以责任为抓手强化党委和政府督察、企业监管，创新发展海洋生态环境保护的激励政策和制度。

（4）抓紧基础性、关键性能力建设，编实配强海洋生态环境保护队伍，建立健全已有海洋生态环境保护机构能力的共建共享机制，贯彻落实与海警局等的海上执法协作机制，持续提升政府—企业—市场多方参与的海洋生态环境监测监管、应急响应、执法监察和业务支撑能力，有效利用系统内外优势科技力量打造联合科技攻关平台。

四、我国陆海统筹海洋生态环境保护的适用模式

目前生态环境问题主要由发展不平衡、不充分所导致，具体体现在统筹生态环境治理质量和效益不高。因此，新时代海洋生态环境治理和保护亟须更适用的模式以平衡陆海发展、促进生态环境治理和提高海洋生态环境管理质量和效益。

1. 陆海统筹海洋生态优先管理模式

基于陆海统筹思想和生态优先发展理念，深化陆海统筹管理体制改革，协调推进生态环境保护中陆海统筹工作，进而形成长效的陆海统筹海洋生态优先发展管理模式。在陆上“河长制”的基础上，探索建立海岸带的“滩长制”以及海上“海长制”等区域联动责任目标管理机制，加快开展垃圾拦截工作；切实落实生态恢复与促进、生态补偿与适应等措施，推动流域综合治理项目，推进海岸带健康发展。

基于绝大多数沿海生态系统的主要流向和人为扰动是从陆地到海洋之现实，建立“流域（陆地—河流）—河口—近海”一体化的生态环境陆海统筹管理机制，有效推动以海洋生态保护优先发展理念为基础的陆海生态环境建设各项工作。严格控制陆源污染，贯彻“以海定陆”理念，制订污染物总量控制计划，提高海洋污染控制、综合管理能力，加大对流域内城市污水、工业污水、生活污水的收集和处理力度，严格控制畜禽养殖规模和数量，提高污水净化

率，切实减少入海污染物，提升近海水质，从而构筑陆海生态屏障，保障区域生态安全。

加强基于生态优先陆域、海域管理，在对陆域海域生态系统组成、结构和功能过程加以充分理解的基础上，制定适应陆海一体化的管理策略，以恢复或维持生态系统整体性和可持续性，实现生态系统的陆海统筹管理；基于加强陆域和海域联防、联控和联治，创新生态环境建设的陆海统筹与海岸带管理体制。

2. 蓝色经济与生态文明协同发展模式

统一布局生态、生产空间，统筹陆海生态系统和资源，以陆域、海域生态文明建设为目标，在强化港口航运、临海工业、滨海旅游等传统产业发展的基础上，重点培育新一代信息技术、新材料、生物制药、节能环保、海洋高新等战略性新兴产业的发展，通过创新驱动，加快产业结构战略性调整和产业转型升级，形成资源环境与经济社会协调发展的经济结构与空间格局，推动实施从流域到海岸带的产业整体空间布局的调整和优化，搭建起上、下游企业发展的循环链条，加快产业的绿色转型，推动蓝色经济与生态文明协同发展模式。

3. 弹性社会—生态系统绿色发展模式

从构建弹性社会—生态系统目标出发，在海岸带“陆地—水—生物多样性”系统联结基础上推进生态基础设施建设，构建基于陆海统筹和绿色发展的弹性社会—生态系统模式。此外，加强对现有滨海湿地资源，特别是自然湿地资源的抢救性保护，全面开展滨海湿地资源现状调查，明确滨海湿地保有率，划定围填海控制线和湿地保护红线，严格控制围填海项目对滨海湿地的侵占，并严格论证围填海对海岸带地区土地利用和生态环境造成的影响及其驱动机制；确定不同区域滨海湿地生态主导功能、环境质量目标和生态保护措施，作为海洋产业布局、海洋污染防治与海洋生态保护的主要依据，以环境容量和生态功能为基础，构建滨海湿地生态安全新格局。基于陆海统筹和绿色发展，构建弹性社会—生态系统绿色发展模式，协同其他绿色基础设施，以适应环境变化和应对自然灾害。另一方面，以保护生态系统为基础，推进基于生态系统服务的生态基础设施建设，开展滨海湿地资源可持续利用示范，实施自然岸线恢复与海岸生态系统修复工程。

4. 陆海统筹生态环境功能发展模式

建立陆海统筹下海洋生态保护和管控“三个一”总体格局，即“多规合一陆海一张图，生态系统服务价值陆海统筹一个数，陆海边界明确一个标准”，将“三个一”作为生态环境陆海统筹发展的关键支撑技术体系，推进空间规划融合、生态环境质量现状测算、陆海边界划分工作，进而形成陆海统筹生态环境大数据信息系统平台。建立陆海统一的空间规划体系，统一调查陆海全域的自然资源资产，以海岸线为轴，统筹规划岸线两侧功能和需求，衔接主体功能区规划和海洋功能区划，结合陆海功能特征，从功能相容性出发，优化调整陆域、海域功能布局，实现陆域海域“两域融合”。充分分析各地区陆域与海域各项规划目标指标间的矛盾冲突及关联性，从加强“多规合一”目标指标衔接性的角度出发，建立统一的“多规合一”目标指标体系，实现陆海一体化管理。此外，开展大数据信息系统建设，加强陆海统筹的海洋环境监测和监督执法管理，建立立体化、高精度、全覆盖的监测和监督管理网络体系，以推进陆海统筹生态环境功能发展模式。

五、我国海洋生态环境保护的法律政策措施

1. 我国生态环境保护发展进程

（1）我国生态环境保护的历史变迁

我国的环境保护变迁史就是一部环境战略与政策发展改革史，自新中国成立以来，我国国民经济与社会发展取得了举世瞩目的成就，生态环境保护也取得了前所未有的进步，特别是国家环境战略政策发生了巨大变化，经历了一个从无到有、从“三废”治理到流域区域治理、从实施主要污染物总量控制到环境质量改善为主线、从环境保护基本国策到全面推进生态文明建设这一主线上来的发展轨迹，基本建立了适应生态文明和“美丽中国”建设的环境战略政策体系（王金南，2019）。

1）非理性战略探索阶段（1949—1971年）

新中国成立初期，经济建设与环境保护之间的矛盾尚不突出，所产生的环境问题大多是局部个别的生态破坏和环境污染，属于局部性的可控问题。该阶

段只是在水土保持、森林和野生生物保护等一些相关法规中提出了有关环境保护的职责和内容，包含了一些原始性的环境保护要求。这一时期的国民经济建设中开始出现一些环境保护思想的萌芽，但总体上是一个非理性的战略探索阶段。

2）环境保护基本国策：建立三大政策和八项管理制度（1972—1992年）

该阶段是我国环保意识从启蒙期逐步进入初步发展的阶段，提出“环境保护是基本国策”。1973年9月第一次全国环境保护会议召开，拉开了环境保护工作的序幕，确定了32字方针。1983年12月，第二次全国环境保护会议明确提出了“环境保护是一项基本国策”，1979年9月，我国第一部环境法律——《中华人民共和国环境保护法（试行）》颁布，标志着我国环境保护开始步入依法管理的轨道。1989年4月底，在第三次全国环境保护会议上，系统地确定了环境保护三大政策和八项管理制度，即预防为主、防治结合，谁污染谁治理和强化环境管理的三大政策，以及“三同时”制度、环境影响评价制度、排污收费制度、城市环境综合整治定量考核制度、环境目标责任制度、排污申报登记和排污许可证制度、限期治理制度和污染集中控制制度。这些政策和制度，先以国务院政令颁发，后各项污染防治的法律法规在全国颁布实施，构成了一个较为完整的“三大政策和八项管理制度”体系，有效遏制了环境状况更趋恶化的形势，一些政策直到今日仍在发挥作用。

3）可持续发展战略：实施强化重点流域、区域污染治理（1992—2000年）

1992年，联合国召开环境与发展大会，通过了《21世纪议程》，大会提出可持续发展战略。20世纪90年代我国工业化进程开始进入第一轮重化工时代，城市化进程加快，伴随粗放式经济的高速发展，环境问题全面爆发，工业污染和生态破坏总体呈加剧趋势，流域性、区域性污染开始出现，污染防治工作开始由工业领域逐渐转向流域和城市污染综合治理。1995年8月，国务院签发了我国历史上第一部流域性法规——《淮河流域水污染防治暂行条例》，明确了淮河流域水污染防治目标。1996年，《中国跨世纪绿色工程规划》作为《国家环境保护“九五”计划和2010年远景目标》的一个重要组成部分，按照突出重点、技术经济可行和发挥综合效益的基本原则，提出对流域性水污染、区域性大气污染实施分期综合治理。流域层面启动实施“33211”工程，即“三河”（淮河、辽河、海河）、“三湖”（太湖、滇池、巢湖）、“两控区”（二氧化硫控制区和酸雨控制区）、“一市”（北京市）、“一海”（渤海），重点集中力量解决危及人民生活、危害身体健康、严重影响景观、制约经济社会发展的环境问题。

4）环境友好型战略：控制污染物排放总量，推进生态环境示范创建（2001—2012年）

2006年4月召开的第六次全国环境保护大会，提出了“三个转变”的战略思想。2011年12月召开的第七次全国环境保护大会，提出了“积极探索在发展中保护、在保护中发展的环境保护新道路”。1996年8月印发的《国务院关于环境保护若干问题的决定》中明确要求“要实施污染物排放总量控制，建立总量控制指标体系和定期公布制度”。“九五”期间实施的《全国主要污染物排放总量控制计划》，明确提出了“一控双达标”的环保工作思路，“十五”期间制定了主要污染物排放量减少10%—20%的目标，“十一五”期间总量控制提升到国家环境保护战略高度，“十二五”期间，总量控制进一步拓展优化，在“十一五”二氧化硫和化学需氧量的基础上，将氨氮和氮氧化物纳入约束性控制指标。在总量减排推进过程中，环保投入大大增加，“十一五”期间的投入相当于过去20多年对环保的总投入，有效提升了当时欠账较大的环境基础设施能力建设，全国设市城市污水处理率由2005年的52%升至72%，城市生活垃圾无害化处理率由52%升至78%，火电脱硫装机比重由12%升至82.6%。

这一时期，生态环境保护示范创建工作蓬勃开展，在全国初步形成了生态省（市、县）、环境优美乡镇、生态村的生态示范系列创建体系，大力发展生态产业，加强生态环境保护和建设，推进生态人居建设，培育生态文化，促进了所辖区域社会、经济与环境的协调发展。《大气污染防治法》《水污染防治法》等法律法规适应新形势再次进行修改，《放射性污染防治法》《环境影响评价法》《清洁生产促进法》《循环经济促进法》相继出台；2008年，国家卫星环境应用中心建设开始启动，环境与灾害监测小卫星成功发射，标志着环境监测预警体系进入了从“平面”向“立体”发展的新阶段。2005年2月16日，《联合国气候变化框架公约》缔约国签订的《京都议定书》正式生效，《中国应对气候变化国家方案》出台，中国积极参加多边环境谈判，以更加开放的姿态和务实合作的精神参与全球环境治理。

5）生态文明战略：推进环境质量改善和“美丽中国”建设（2013年至今）

自2013年党的十八届三中全会召开以来，以习近平同志为核心的中共中央把生态文明建设摆在治国理政的突出位置。中央把生态环境保护放在政治文明、经济文明、社会文明、文化文明、生态文明“五位一体”的总体布局中统筹考虑，生态环境保护工作成为生态文明建设的主阵地和主战场，环境质量改善逐渐成为环境保护的核心目标和主线任务，环境战略政策改革进入加速期。2015年4月，《关于加快推进生态文明建设的意见》对生态文明建设进行全面部署；2015年9月，中共中央、国务院印发《生态文明体制改革总体方案》，提出到2020年构建系统完整的生态文明制度体系。2018年3月，第十三届全国人大一次会议通过了《中华人民共和国宪法修正案》，把生态文明和“美丽中国”写入《宪法》，这就为生态文明建设提供了国家根本大法遵循。特别是在2018年5月召开的全国第八次生态环境保护大会上，正式确立了习近平生态文明思想，这是我国生态环境保护历史上具有里程碑意义的重大理论成果，为环境战略政策改革与创新提供了思想指引和实践指南。习近平生态文明思想已经成为指导全国生态文明、绿色发展和“美丽中国”建设的指导思想，在国际层面也提升了世界可持续发展战略思想。

（2）我国生态环境保护取得的历史成就

新中国成立以来，我国不断加大生态环境保护力度，持续推进生态文明建设，积极推动生态环境质量改善，生态环境保护事业稳步发展（李干杰，2019）。

战略部署不断加强。1973年8月，第一次全国环境保护会议在北京召开，揭开了中国环境保护事业的序幕，1983年12月至1984年1月、1989年4月至5月、1996年7月、2002年1月、2006年4月、2011年12月、2018年5月，先后召开了2—8次全国生态环境保护大会，党中央、国务院对生态环境保护作出一系列重大决策，从将保护环境确立为基本国策，将可持续发展道路确立为国家战略，到建设资源节约型和环境友好型社会，再到落实科学发展观，坚持在发展中保护、在保护中发展，生态环境保护在经济社会发展全局中的地位不断提升。特别是党的十八大以来，建设美丽中国成为我们党的奋斗目标，在中国特色社会主义“五位一体”总体布局中，生态文明建设是其中一位，在新时代坚持和发展中国特色社会主义基本方略中坚持人与自然和谐共生是其中一条基本方略，在新发展理念中绿色是其中一大理念，在三大攻坚战中污染防治是其中一大攻坚战。

治理力度持续加大。自新中国成立以来，我国的生态环境从末端治理到源头和全过程控制，从点源治理到流域和区域综合治理，我国污染防治力度不断加大，解决了一大批关系民生的突出环境问题。特别是党的十八大以来，坚决向污染宣战，发布实施大气、水、土壤污染防治三大行动计划，蓝天、碧水、净土保卫战全面展开，生态环境质量持续改善，人民群众对生态环境的获得感、幸福感和安全感不断增强。目前应当按照重点攻坚、多点突破、综合治理、示范打样的原则，坚决打好渤海综合治理攻坚战，推动其他重点海域综合治理，加快解决人民群众反映强烈的海洋生态环境问题。

生态保护稳步推进。新中国成立以来，我国坚持生态保护与污染治理并重，实施了一系列生态保护重大工程，不断筑牢国家生态安全屏障。特别是党的十八大以来，坚持保护优先、自然恢复为主，实施山水林田湖草生态保护修复工程，开展国土绿化行动，推动构建以国家公园为主体的自然保护地体系，划定生态保护红线，加强生物多样性保护。全国已建立国家级自然保护区474个，各类陆域保护地面积达170多万平方千米，建有各级各种类型海洋保护区271处（不含港澳台地区），其中，海洋自然保护区186处，海洋特别保护区63处，约占我国管辖海域面积的4.1%，遍布沿海11个省、市、自治区，涵盖多个典型海洋生态系统及珍稀濒危海洋生物物种，海洋生物多样性得到有效保护。

执法督察日益严格。新中国成立以来，我国大力推进生态环境保护法治建设，基本形成了以《中华人民共和国环境保护法》为龙头，覆盖大气、水、土壤、核安全等主要环境要素的法律法规体系。特别是党的十八大以来，立法力度之大、执法尺度之严、守法程度之好前所未有：先后制修订9部生态环境法律和20余部行政法规，“史上最严”的新《环境保护法》自2015年开始实施，在打击环境违法行为方面效果显著。2018年9月，全国人大时隔20年再次启动海洋环保法执法检查，除了受《海洋环境保护法》近期需要修缮的主要原因驱使外，也向外界表明当前海洋环境保护的重要性，让各地认识到海洋资源的使用必须在保护的前提下进行，海洋环保执法检查行动仅是当前全面掀起的海洋环境举措的一环。

制度体系不断完善。新中国成立以来，我国坚持依靠制度保护生态环境，1973年第一次全国环境保护会议提出“全面规划、合理布局，综合利用、化害为利，依靠群众、大家动手，保护环境、造福人民”的32字环保工作方针。1989年第三次全国环境保护会议提出了加强制度建设。1996年第四次环保会议提出了坚持污染防治和生态保护并重的方针，制定了环境与发展问题十大对策。进入21世纪以后，把主要污染物总量减排作为经济社会发展的约束性指标。特别是党的十八大以来，加快推进生态文明顶层设计和制度体系建设，制定了一系列涉及生态文明建设和生态环境保护的改革方案，生态文明建设目标评价考核、自然资源资产离任审计、环境保护税、生态环境损害责任追究等制度出台实施，排污许可制、河湖长制、生态环境监测网络建设、禁止洋垃圾入境等环境治理制度加快推进，“四梁八柱”性质的制度体系基本形成，生态环境治理水平有效提升。

体制改革不断深化。从1974年国务院环境保护领导小组正式成立，到1982年在城乡建设环境保护部设立环境保护局，到1988年成立国务院直属的国家环境保护局，再到1998年升格为国家环境保护总局，一直到2008年成立环境保护部，环境保护职能不断加强。特别是党的十八大以来，2018年国务院组建生态环境部，统一行使生态和城乡各类污染排放监管与行政执法职责，强化了政策规划标准制定、监测评估、监督执法、督察问责“四个统一”，实现了地上和地下、岸上和水里、陆地和海洋、城市和农村、一氧化碳和二氧化碳“五个打通”以及污染防治和生态保护贯通，在污染防治上改变了“九龙治水”的状况，在生态系统保护修复上强化了统一监管。生态环境保护综合行政执法、省以下环保机构监测监察执法垂直管理等改革举措加快推进，全国生态环境保护机构队伍建设持续加强，生态环境治理能力明显增强。

国际合作不断扩大。新中国成立以来，我国批准实施了30多项与生态环境有关的多边公约或议定书，包括《联合国气候变化框架公约》《联合国海洋法公约》《生物多样性公约》《保护臭氧层维也纳公约》等，生态环境保护国际交流合作成效显著。特别是党的十八大以来，我国积极参与全球环境治理，率先发布《中国落实2030年可持续发展议程国别方案》，向联合国交存《巴黎协定》批准文书，推动达成《巴黎协定》实施细则。我国消耗臭氧层物质的淘汰量占发展中国家总量的50%以上，成为对全球臭氧层保护贡献最大的国家。2016年，联合国环境署发布《绿水青山就是金山银山：中国生态文明战略与行动》报告，河北塞罕坝林场、浙江“千村示范、万村整治”工程分别获得2017年和2018年联合国“地球卫士奖”。2019年联合国世界环境日全球主场活动在我国举行。我国生态环境保护实践为全球生态环境治理提供了中国智慧和中国方案，成为全球生态文明建设的重要参与者、贡献者、引领者。

2.我国陆海统筹生态环境保护主要措施

(1)水污染防治行动计划

自2015年4月国务院发布实施《水污染防治行动计划》(简称“水十条”)以来,在党中央、国务院领导下,生态环境部会同各地区、各部门,以改善水环境质量为核心,出台配套政策措施,加快推进水污染治理,落实各项目标任务,切实解决了一批群众关心的水污染问题,全国水环境质量总体保持持续改善势头(生态环境部,2019)。

一是全面控制水污染物排放。截至2018年底,全国97.4%的省级及以上工业集聚区建成污水集中处理设施并安装自动在线监控装置。加油站地下油罐防渗改造已完成78%。拆除老旧运输海船1000万总吨以上,拆解改造内河船舶4.25万艘。全国城镇建成运行污水处理厂4332座,污水处理能力1.95亿立方米/日。累计关闭或搬迁禁养区内畜禽养殖场(小区)26.2万个,创建水产健康养殖示范场5628个,开展农村环境综合整治的村庄累计达到16.3万个。

二是全力保障水生态环境安全。推进全国集中式饮用水水源地环境整治,1586个水源地6251个问题整改完成率达99.9%,搬迁治理3740家工业企业,关闭取缔1883个排污口,5.5亿居民的饮用水安全保障水平得到提升。36个重点城市(直辖市、省会城市、计划单列市)1062个黑臭水体中,1009个消除或基本消除黑臭,消除比例达95%,周边群众获得感明显增强。强化太湖、滇池等重点湖库蓝藻水华防控工作。11个沿海省份编制实施省级近岸海域污染防治方案,推进海洋垃圾(微塑料)污染防治。

三是联动协作推进流域治污。全面建立河(湖)长制,全国共明确省、市、县、乡四级河长30多万名、湖长2.4万名。组建长江生态环境保护修复联合研究中心,长江经济带11省市自治区及青海省编制完成“三线一单”(生态保护红线、环境质量底线、资源利用上线和生态环境准入清单)。赤水河等流域开展按流域设置环境监管和行政执法机构试点。新安江、九洲江、汀江—韩江、东江、滦河、潮白河等流域上下游省份建立横向生态补偿试点。

监测数据显示,2018年,全国地表水国控断面水质优良(Ⅰ—Ⅲ类)、丧失使用功能(劣五类)比例分别为71.0%、6.7%,分别比2015年提高6.5%、降低2.1%,水质稳步改善。但是,水污染防治形势依然严峻,在城乡环境基础设施建设、氮磷等营养物质控制、流域水生态保护等方面还存在一些突出问题，需要加快推动解决。

2018年，水环境质量目标完成情况较好的有北京、天津、河北、上海、浙江、福建、江西、湖北、广西、海南、重庆、四川、西藏、甘肃、青海、宁夏、新疆。

“水十条”的严格实施，在一定程度上降低了污染物排放入海的总量，可以算作中国陆海统筹控制环境污染的重要举措。

（2）浙江省的“五水共治”

“五水共治”是浙江省在区域环境治理敢为人先并取得阶段性进步的重要战略，本报告主要引用彭佳学副省长的文章来进行阐述。

“五水共治”是一个综合系统工程，是一项长期的作战任务，有完整的战略设计和配套措施，有明确的时间表、路线图、作战图，在实践中强调步步为营、步步深入，环环相扣、一贯到底，做到积小胜为大胜，直至全胜。“五水共治”包括治污水、防洪水、排涝水、保供水、抓节水这五项，是浙江省进行生态文明实践的系列组合拳之一，以治水为突破口，加快推进产业转型升级，有力带动城乡环境面貌提升，进一步打通“绿水青山就是金山银山”的转化通道，为高标准打好污染防治攻坚战奠定了坚实基础。

治水步骤：按照“三年（2014—2016 年）要解决突出问题，明显见效；五年（2014—2018 年）要基本解决问题，全面改观；七年（2014—2020 年）要基本不出问题，实现质变，决不把污泥浊水带入全面小康”的“三五七”时间表要求和“五水共治、治污先行”路线图，从全省水质最差河流入手，率先在浦阳江打响水环境综合整治攻坚战，并迅速向全省铺开，有序推进，一个重点一个重点地突破，一个阶段一个阶段地深化。

1）工作举措与治水成效

一是实施治水三部曲。对应“三五七”的时间表，持续发力、梯次推进，实施了“清三河”、剿灭劣五类水、建设美丽河湖三个阶段的治水举措。

2）完善更加严格的水环境管控制度

主要是全面推行三线一单，强化源头管控；推行多规合一，推动产业、项目合理布局；实行双控，严格落实水功能区达标率和污染物减排量控制。同时，构建更加严密的水质在线自动监控网络，加强上下游、左右岸的联合监测、联合执法、联合治理、协作补偿，确保完成水质治理目标。为了确保各项工作的落实，浙江省还配套实行更加严格的督查考核机制，一月一提醒、一月一督查、一月一通报、一月一考评，使考核督查逐步从督点向督政转变，真正压实地方责任。根据考核结果，每年省委、省政府对工作优秀的市、县（市、区）授予“五水共治”大禹鼎。

“五水共治”纵深带动全省环境综合整治，全省生态环境面貌发生了显著改善，“绿水青山就是金山银山”理念不断深入人心、开花结果，也为浙江高标准打好污染防治攻坚战坚定了信心、探索了路径、夯实了基础、打开了局面。

经过五年治水攻坚，治水成效比较显著：一是水环境质量显著改善；二是转型升级加速推进；三是群众获得感明显增强。

3）经验总结

第一，坚持上下联动、齐抓共治。浙江省委、省政府主要领导亲自抓，四套班子齐上阵，部委办局都有责，省市县全面行动，乡村户不留死角，组织推进体系自上而下、到底到边。考核机制科学合理，对2个设区市和26个县取消GDP考核，不再单纯以经济增速指标论英雄，充分体现生态优先、绿色发展理念。约束激励机制敢动真格，敢担当的干部提拔重用，为官不为者严肃问责。

第二，坚持精准施策、标本兼治。水环境污染，表现在水里、问题在岸上、根子在产业。浙江坚持水岸同治、城乡共治。聚焦工业和农业“两转型”，对污染企业釜底抽薪，对落后产能猛药去疴。聚焦城乡污水处理能力“两覆盖”，协同推进治水与治城治乡，深化“千村示范、万村整治”工程，联动推进“三改一拆”、小城镇环境综合整治、污水革命、垃圾革命、厕所革命。由点及面，实现由各自为战向区域流域联动，由突击治理向系统治理，由党政推动向自觉主动转变。

第三，坚持改革创新、常态强治。率先全面推行五级河长制，率先颁布实施河长制地方法规，全省共有各级河长6万余名，并配备“河道警长”，推行“湖长制”“滩（湾）长制”，治水管理体系逐步延伸到湖库、海湾以及池、渠、塘、井等小微水体。加强生态政策供给，推动实施主要污染物排放总量财政收费制度、“两山”财政专项激励政策，探索绿色发展财政奖补机制，拓展生态补偿机制，实现省内全流域生态补偿、省级生态环保财力转移支付全覆盖。建立健全督查机制，省委、省政府共30个督查组全过程跟踪督导，省市县万名人大代表、政协委员协同，特别是验收环节，还邀请基层“两代表一委员”参与，可以说人人是监督员、参谋长。不断健全环境执法与司法联动，在全国率先实现公检法驻环保联络机构全覆盖，组织开展护水系列执法行动，始终保持执法高压态势。

第四，坚持全民参与、共享共治。强化多元投入，建立政府、市场、公众多元化投资体系，削减“三公”经费30%以上用于治水，鼓励浙商回归、引导民间资本参与“五水共治”项目投资。加强科技服务，建立技术服务团，召开技术促进大会，建立专家“派工单”和“点对点”服务制度。强化舆论监督，通过《今日聚焦》等电视栏目，深度曝光反面典型，凝聚治水正能量。发动全民参与，工青妇治水队伍齐上阵，农村“池大爷”“塘大妈”守护门前一塘清水。企业河长、乡贤河长、华侨河长和洋河长等社会各界人士也积极加入治水大军，从而形成全民治水的良好氛围（彭家学，2018）。

（3）长江经济带大保护

《长江经济带发展规划纲要》由中共中央政治局于2016年3月25日审议通过，纲要从规划背景、总体要求、大力保护长江生态环境、加快构建综合立体交通走廊、创新驱动产业转型升级、积极推进新型城镇化、努力构建全方位开放新格局、创新区域协调发展体制机制、保障措施等方面描绘了长江经济带发展的宏伟蓝图，是推动长江经济带发展重大国家战略的纲领性文件。

为贯彻落实“共抓大保护，不搞大开发”精神，切实做好长江经济带生态环境保护工作，2017—2018年，生态环境部（原环境保护部）联合原国土资源部、水利部、原农业部、原国家林业局、中国科学院、原国家海洋局6部门组织开展长江经济带国家级自然保护区管理评估。2019年，生态环境部联合自然资源部、国家林草局印发《关于印发长江经济带120处国家级自然保护区管理评估报告的函》，向地方反馈评估结果，督促问题整改。

此次评估历时两年，生态环境部周密计划、精心组织，相关行业相关领域专家认真参与，实地考察行程累计近10万千米，查阅档案资料1万余件。

评估结果表明，长江经济带国家级自然保护区管理工作取得积极进展，绝大部分保护区设置了独立管理机构，所有的保护区都建立了管理制度并开展了日常巡护工作，自然保护区主要保护对象状况基本稳定，部分重点保护野生动植物数量稳中有升，保护区与社区协同发展取得一定成效。

从各省总体情况来看，上海、江苏、浙江、湖北、江西等省市评估情况较好。其中评估结果前十名的保护区包括：四川卧龙、湖北五峰后河、江苏泗洪洪泽湖湿地、湖北神农架、江苏大丰麋鹿、贵州赤水桫椤、江西武夷山、浙江天目山、贵州梵净山、江西九连山。同时，评估结果中也反映出一些共性问题。例如，部分地方政府仍然存在重视程度不高、落实保护区管理责任不到位等问题；保护区管理机构的人员配置与勘界立标等基础工作薄弱，科研监测、专业技术能力等方面存在明显短板；人类活动负面影响仍然存在。

评估结果后十名的保护区包括：安徽扬子鳄、重庆缙云山、重庆五里坡、贵州佛顶山、长江上游珍稀特有鱼类（贵州段）、云南文山、江西赣江源、江西铜钹山、四川察青松多白唇鹿、四川长沙贡玛。

长江经济带大保护将有利于我国进一步提高自然保护地保护成效，维系国家生态安全格局和稳步推进生态文明建设。

3. 我国陆海统筹生态环境保护政策与机制

（1）完善相关法律法规及政策

深入贯彻习近平生态文明思想的全民观、法制观、自然观。通过法律法规政策的制定规范公民与组织的权利与义务，约束自然人、法人与自然观相违背的行为。

以生态文明建设需求为导向，在党中央的领导下，以为人民谋幸福、为民族谋复兴的初心，梳理完善现有法律法规政策，克服原有法律法规中站位不高、局部片面的问题，以及因机构设置权责不够、立法立规隔靴搔痒的问题。在区域海洋生态环境管理方面，要实现流域生态环境管理与区域海洋生态环境管理工作的协调统一，就要从维护国家生态环境整体利益的角度出发，充分考虑各类活动可能涉及的部门、行业、社会组织、上下游及沿海居民等利益相关者。

海洋生态环境政策的制定要视区域的具体情况而定，因地制宜。

第一，陆海统筹需要在观测技术、监测设备、检测方法、评价标准等方面进行统一，达到车同轨、量同衡，建立跨部门、流域、海域的水生态环境保护与监测巡查综合体系。

第二，注意区分和细化区域海洋环境特征，制定形式多样的区域海洋环境政策，使区域海洋环境治理和海洋资源配置有更多的选择。

第三，重视区域海洋环境政策与区域其他相关资源或环境政策的衔接、协调与统一，严格依据区域总体环境政策及区域发展战略规划，使区域海洋 环境政策在指导相关海洋产业发展中也能发挥作用。

（2）建立有效协调与督导机制

区域海洋环境治理强调在同一空间范围内促进陆地和海洋环境治理各主体的沟通与协作，在处理突发海洋环境污染事件或日常污染防治工作中能够及时分享数据和信息，共同协商治理对策。必须认识到协调合作对区域海洋环境治理的重要性，尤其要强调流域上下游、沿海地方政府的协调能力建设。

当前我国的发展逐渐步入资源环境瓶颈制约期，局部区域资源环境承载力接近上限，生态文明建设总体滞后于经济社会发展。海洋更是无法独善其身，海洋生态文明建设主要风险表现为：陆域流域物质排放，超出自然淤涨规律的围填海、河口等滨海湿地退化，沿海区域规划中不科学的工业布局，高负荷、高密度水产养殖，海洋垃圾、微塑料集聚，危化品泄露、抗生素检出事件频发，海洋生物结构失衡和渔业资源破坏。

百川东到海，是流域汇集物迁移的直接写照。中国国土自然地理格局西高东低，上游生产生活排放物质沿河下移，经河口区汇入大海。大气污染物沉降入海、滨海污水排放口直排入海，更加剧了海洋的污染负荷。自然地理格局引导着水流从高山到海洋、颗粒物从高空到海洋，海洋是陆地与大气的污染汇集处。海岸带人口高密度聚集、沿海城镇与企业星罗棋布，社会经济与产业格局，一方面增加海洋负荷，一方面减少滨海湿地。

发挥第三方绩效评估的督导作用，也是保障我国海洋生态环境健康发展的社会管理制度组成部分。绩效评估是实现国家财政资金有效使用的社会治理手段。对生态环境政策进行绩效评估，有利于保障管理行为和资金使用的实际效果。生态审计和环境审计是近年来与生态文明建设匹配的财政资金管理举措。环境审计是在环境污染日益严重的背景下提出的一种新的审计应对，是以人们对环境保护和可持续发展的共识与关注为时代背景而兴起的新的审计分支，目的是监控、预警、揭示、纠偏及修复生态环境。作为国家治理的重要组成部分，环境审计具有独立的监督与评价职能,是生态文明建设系统的有机组成部分与有效运行的保证。在生态文明发展过程中，前期的环境审计实践点明了宏观问题存在于政治法律、经济发展、社会和技术4个方面（宋舜玲，2016）。生态审计是审计机构依据法律法规对生态环境的保护、修复和破坏情况进行监督、评价和鉴证，旨在平衡经济发展和生态环境的关系，推动生态文明、实现可持续发展的审计活动（李春华，2017）。

环境审计与生态审计主导方可以作为第三方绩效评估的实施者。通过第三方，监督并督促生态环境管理各主体的行政管理行为，建立并完善从整体出发、有长远规划、符合生态文明建设要求的区域海洋生态环境管理制度框架。为制定和执行全面、合理的海洋生态环境政策增加约束，同时也为海洋产业发展点亮指路明灯、为约束海洋资源开发和利用行为套牢“紧箍咒”。

第五章

陆海统筹重点流域污染控制策略

陆海统筹加强海洋生态环境保护，重点在做好流域污染控制和治理。作为海域污染最重要的输入者，流域的治理成效将直接决定海域生态环境保护的质量和效率。

一、典型流域污染控制策略

1.点源污染控制策略

（1）推动产业清洁化升级与改造

1）加强产业升级改造

加快长江流域重化工企业技术改造。全面落实国家石化、钢铁、有色金属工业“十三五”规划，发挥技术改造对传统产业转型升级的促进作用。根据总体规划要求，加快沿江现有重化工企业生产工艺升级、设施改造，争取达到全国领先水平；深入推广节能、节水、清洁生产新技术、新工艺、新装备、新材料；持续推进石化、钢铁、有色、稀土、装备、危险化学品等重点行业的智能工厂、数字车间、数字矿山和智慧园区改造，提升产业绿色化、智能化水平，使沿江重化工企业技术装备和管理水平走在全国前列，引领行业发展。

改造提升工业园区。开展现有化工园区的清理整顿，加大对造纸、电镀、食品、印染等涉水类园区循环化改造力度，对不符合规范要求的园区实施改造提升或依法退出，实现园区绿色循环低碳发展。在此基础上，完善园区水处理基础设施建设，强化环境监管体系和环境风险管控，全面推进新建工业企业向园区集中。将严控重化工企业环境风险摆在重要位置，重点开展化工园区和涉及危险化学品重大风险功能区区域定量风险评估，科学确定区域风险等级和风险容量，对化工企业聚集区及周边土壤和地下水定期进行监测和评估。同时，推动制革、电镀、印染等企业集中入园管理，建设专业化、清洁化绿色园区，通过培育、创建和提升一批节能环保安全领域新型工业化产业示范基地，促进园区规范发展和提质增效。

加快淘汰落后产能，有效化解过剩产能。借助先进技术手段，构建企业技术的长期发展机制，将传统落后的产能尽快淘汰，以此推进节能减排。在此基础上，加紧制定石化工业淘汰落后产能的标准和政策，依法淘汰质量低劣、能耗高、资源利用不合理、安全隐患较大以及环保不达标的小炼油、小化工厂。通过识别区域存在的现场问题，针对不同地区及其产业布局实施差异化举措和对策，具体包括：江苏等钢铁规模较大的地区应通过兼并重组、淘汰落后，减量调整区域内产业布局；湖南、湖北、安徽、江西等省份在不增加钢铁产能总量条件下，积极推进结构调整和产业升级；西部地区部分市场相对独立区域，立足资源优势，承接产业转移，结合区域差别化政策，适度发展钢铁工业。在治理过程中，严格控制长江中上游磷肥生产规模；严防“地条钢”死灰复燃；严禁钢铁、水泥、电解铝、船舶等产能严重过剩行业扩能，对产能过剩的产业，要以“消化、转移、整合、淘汰”化解产能过剩为核心思想，在市场机制作用下，促使低效落后炼油产能主动退出市场（廉宏文，2018；段菁春，2013；工业和信息化部等，2017）。

2）推动循环经济体系建设

构建循环产业链。针对不同行业及其潜在的可循环利用资源，构建相应的循环产业链，以提高资源利用效率。如煤炭企业应充分利用煤炭及伴生资源，构建以“煤—电—铝—化工—建材”为主导的循环经济产业链；充分发挥农业资源优势，提高农副产品附加值、拓展农业产业链，形成养殖业、种植业、食品加工等构成的循环产业链，构建“废弃物回收—加工—再利用”的静脉产业链。在长江经济带沿江城市中，选择工业比重高、代表性强、提升潜力大的城市，结合主导产业，围绕传统制造业绿色化改造、绿色制造体系建设等内容，综合提升城市绿色制造水平，打造一批具有示范带动作用的绿色产品、绿色工厂、绿色园区和绿色供应链。

开展资源综合利用。针对长江中上游地区磷石膏、冶炼渣、粉煤灰、酒糟等工业固体废物没有得到有效利用的问题，重点推进工业固体废物综合利用，加大中下游地区化工园区废酸废盐等减量化、安全处置和综合利用力度，选择固体废物产生量大、综合利用有一定基础的地区，建设一批工业资源综合利用基地。在此基础上，面向长江流域推进再生资源高效利用和产业发展，严格废旧金属、废塑料、废轮胎等再生资源综合利用企业规范管理，搭建逆向物流体系信息平台。

提高水资源利用效率。切实落实节水优先方针，加强企业节水管理，强化高耗水行业企业生产过程和工序用水管理，严格执行取水定额国家标准，推动高耗水行业用水效率评估审查。大力培育和发展沿江工业水循环利用服务支撑体系，强化过程循环和末端回用，提高钢铁、印染、造纸、石化、化工、制革和食品发酵等高耗水行业废水循环利用率。推进非常规水资源的开发利用，支持上海、江苏、浙江沿海工业园区开展海水淡化利用，推动钢铁、有色等企业充分利用城市中水。

3）深入推进清洁生产

重点区域加快淘汰落后生产能力。针对长江流域重污染行业在工业结构中所占比重较大的现状，继续抓好电力、石油、石化、化工、轻工、建材等重点行业的结构调整工作，解决“结构性污染”。而对于“三湖”地区、三峡库区及其上游等重点区域，要加快淘汰落后生产能力的进程。在深入推进清洁生产的过程中，应严格贯彻和执行国家公布的限制和淘汰落后生产能力、工艺和产品目录，进一步淘汰落后的技术、工艺和设备，坚决依法关闭浪费资源、产品质量低劣、污染环境、不具备安全生产条件的厂矿，禁止淘汰的落后设备向其他地区转移。

加大对清洁生产投资力度。投资管理部门在制订和实施投资计划时，要把节能、节水、综合利用，提高资源利用率，预防工业污染等清洁生产项目列为重点，加大投资力度。同时，积极引导企业按照清洁生产的要求，调整产品结构，努力降低污染物的产生和排放；鼓励和吸引社会资金及银行贷款投入企业，实施清洁生产。

认真开展清洁生产审核。引导和支持沿江工业企业依法开展清洁生产审核，鼓励探索重点行业企业快速审核和工业园区、集聚区整体审核等新模式，全面提升沿江重点行业和园区清洁生产水平，在沿江有色、磷肥、氮肥、农药、印染、造纸、制革和食品发酵等重点耗水行业，加大清洁生产技术推行方案实施力度，从源头减少水污染。

加快实施清洁生产方案。坚持“积极主动、先易后难、持续实施”的原则，制订切实可行的实施计划。具体包括：优先实施无费、低费方案，中、高费方案要纳入企业规划和固定资产投资计划，逐步实施；积极筹措资金，确保清洁生产方案的落实，努力提高能源、原材料的利用率，减少商品的过度包装和污染物的产生与排放，树立企业良好的社会形象。

鼓励企业建立环境管理体系。鼓励有条件的企业按照ISO14000系列标准开展环境管理体系认证，提高清洁生产水平（刘变叶，2007；国务院办公厅，2003）。

（2）加强管网建设与改造

1）加大老旧管网改造

全面普查长江流域原有污水管网，解决管网错接、混接等问题；进而紧密结合城镇近期及远期建设规划，以近期建设为主，提高资金支持力度，积极协调多个部门，因地制宜建立新的排水系统。针对不同区域，实施差异性对策，即老城区及难以分流的区域采用截流式合流制，新建城市、扩建新区、新开发区和旧城改造区等采用分流制排水系统（孟玉，2006）。

2）加强管网规划设计

充分考虑长江流域气候、地形等自然条件，兼顾工、农、商等多个方面，结合城市实际，根据路面结构形式以及建筑结构形式，合理选择与调整污水管网建设方式，确保污水管网与既有路面、建筑结构充分结合，促进管网排放质量与水平的进一步提升。根据当前不同城市水质的具体情况以及各区域在污水排放与治理上存在的问题，重视城市污水管网规划设计的统一性，确保城区与郊区之间在污水管网规划上的统筹性与整体性，科学规划设计管网系统。

3）加快新污水管网、再生水管网建设工作

污水收集系统与污水厂同步或先行建设，遵循厂网并举、管网先行的原则，加强污水管网配套建设力度，使管道输水量与污水厂设计处理能力相适应，保障污水厂投入运行后的实际处理规模，最大程度实现污水厂的投资效益和环境效益。片区内相邻城镇之间可结合具体条件，合建污水处理厂，实现污水处理设施共建共享、集约发展。

4）加强管网维护管理

加大养护资金的投入力度，定期开展污水管网设施设备的保养与维护工作，建立一套完整有效的监督以及应急措施，采用先进的养护和检修技术，加快实现养护管理的自动化目标。在污水排放点、排放量等方面提出明确要求，注重对污水排放的监管，将污染物排放量控制在最低范围内，不断提高污水管网的管理质量（杨建军，2019；何俊文，2019；周长全，2018；马力等，2018；秦海平，2001；冯来兄，2018）。

（3）加强城镇污水的深度处理

1）加快老旧污水处理厂提标改造，提升脱氮除磷能力

提高化学需氧量、氨氮、总磷等水污染物指标要求，升级改造长江流域现有污水处理设施。调整活性污泥工艺，增加厌氧好氧（An/O）工艺、氧化沟

及其变形工艺、倒置An/O工艺、摩批式活性污泥法（SBR）及其变形工艺的应用。在脱氮除磷工艺中可采用新的技术，如反硝化除磷、同时硝化反硝化、短程硝化反硝化和厌氧氨氧化等。增加深度处理工艺，使用物理化学处理法和生物处理法对二级处理水进一步去除污染物。积极研发引进先进污水处理技术，提高出水水质，强化工艺的脱氮除磷功能。针对现阶段流域内污水处理率较低的四川、贵州等地区，扩大污水厂建设规模，配备完善的污水处理设施，提高区域污水处理率。

2）合理规划新污水处理厂的建设

全面规划、分期实施、正确处理近期与远期的关系。通过分析现状污水管道系统、流域水系规划、城市建设区布局等条件，综合考虑污水处理厂的设计年限以及与设计年限相适应的城市人口、经济状况及城市化水平等因素，将近期目标与远期目标相结合，坚持近期建设服从远期规划要求，坚持规模大、中、小相结合，选址上、中、下游相结合，布局集中与分散结合，确定合理可行的建设方案（周敏，2011）。

3）加强城镇污水处理厂运行监管

加强对排入城镇污水收集系统的主要排放口（特别是重点工业排放口）水量水质的监督和监测，保障各类城镇排水设施的安全运行，保证城镇污水处理厂的正常运转。城镇污水处理厂运营单位必须在城市建设行政主管部门指定的位置安装在线监测系统对进出水量和主要水质指标进行实时监测，并建立严格的取样、检测和化验制度，按国家有关标准和操作规程对进出水的水质、水量和污泥进行检测。在运营日常过程中，应完善检测数据的统计分析和报表制度；按期（月、季、年）向城市建设行政主管部门上报进出水的水质、水量、污泥处置情况、设备运行状况及运行成本等（建设部，2004）。

（4）加强畜禽养殖污染防治

1）调整优化养殖业生产布局

合理调整养殖布局，科学划定禁养区、限养区和养殖区，促进水域资源有效利用。禁止在长江流域饮用水源区、风景名胜区、自然保护区的核心区和缓冲区、城镇居民区、文化教育科学研究区等人口集中区域及法律、法规规定的其他禁止养殖区域内建设畜禽养殖场、养殖小区。尽快把太湖等一级保护区建设成为畜禽禁养区，除承担国家或省级畜禽种质资源保护任务的保种场、保护区和基因库外，不得建设其他畜禽养殖场。综合考虑资源禀赋和环境承载能力，控减太湖等环境敏感区域养殖总量，鼓励在规模种植基地建设一批种养结合型家庭农场，提高畜产品安全保供能力。

2）加强生态环境友好养殖

大力发展畜禽标准化规模养殖，支持符合条件的规模养殖场改造圈舍和更新设备，建设粪污贮存处理利用设施，提高集约化、自动化、生态化养殖水平；进一步推广节水、节料等清洁养殖工艺和干清粪、微生物发酵等实用技术，实现源头减量；继续深入推广精准配方饲料和智能化饲喂，规范兽药、饲料添加剂使用，落实畜禽疫病综合防控措施，强化病死畜禽无害化处理体系建设。

3）推进畜禽养殖污染综合利用与治理

根据养殖规模和污染防治需要，建设相应的畜禽粪便、污水与雨水分流设施，畜禽粪便、污水的贮存设施，粪污厌氧消化和堆沤，有机肥加工，制取沼气，沼渣沼液分离和输送，污水处理，畜禽尸体处理等综合利用和无害化处理设施。因地制宜采取就近就地还田、生产有机肥、发展沼气和生物天然气等方式，加大畜禽粪污资源化利用力度。规模养殖场要严格履行环境保护主体责任，根据土地消纳能力，自行或委托第三方进行粪污处理和资源化利用；周边土地消纳量不足的，要对固液分离后的污水进行深度处理，实现达标排放或消毒回用；培育壮大畜禽粪污治理专业化、社会化组织，形成收集、存储、运输、处理和综合利用全产业链。

4）加强养殖污染监管

将规模以上畜禽养殖场纳入重点污染源管理，依法执行环评和排污许可制度。继续巩固禁养区内的畜禽养殖场关闭、搬迁成果，全面依法取缔超标排放的畜禽养殖场；建立畜禽规模养殖场直联直报信息系统，构建统一管理、分级使用、共享直联的监管平台。畜禽养殖大县要将畜禽粪污综合利用率、规模养殖场粪污处理设施装备配套率等目标要求逐一分解、落实到规模养殖场，明确防治措施和完成时限，并严格执行《畜禽粪污土地承载力测算技术指南》，合理调减养殖规模超过土地承载能力的畜禽养殖数量。

2.非点源污染控制策略

非点源分布广、来源复杂、过程随机，对其进行控制和治理一直都是水污染防治领域的重点和难点。长江流域水系发达，非点源分布广泛，只有从种植结构调整、非点源源头控制、传输途径阻滞和临水末端治理等方面做好防治工作，才能构建合理的非点源污染防控体系，实现流域非点源污染的减排、控制和治理。

（1）优化农业种植结构

综合考虑流域资源承载能力、环境容量、生态特点以及区域的社会、经济发展状况，确定不同区域农业种植业的发展方向和发展重点，巩固提升优势区农业种植结构，调减非优势区作物的种植面积和类型，优化流域农业种植业结构，实现农业非点源污染的防控和减排。从空间角度上，以劳动密集型和土地密集型为特点的长江上游地区，在发挥劳动密集优势的同时还应综合考虑区域特点，合理有效地利用荒山、天然草山、草地等非耕地资源，大力加强资源密集型产品生产，逐步形成一批具有全国或大区地位的专业商品基地；作为我国重要的油粮生产区，长江中下游地区应根据区域耕地资源及社会经济发展的实际情况，加快调整耕地承包结构，推进土地使用权流转，集中土地承包经营权，将土地流转到农村合作社或者农村经营大户手中进行集中经营，并设计高效合理的生态种植方式，如稻田复合种养模式、水体生态农业模式、丘陵山地牧草果菌沼模式等现代化、集约化的种植模式，实现区域农业种植结构的优化。

（2）多措并举，加强源头控制

针对长江流域农业、养殖业、农村废水以及城市地表径流污染（总氮、总磷）含量高、分布广的特点，分别选择对应的技术，构建一套完整的非点源源头控制治理技术。

1）农业非点源源头控制

①加强化肥减施工作。在长江中下游主要油粮生产区，全面推广测土配方施肥技术，综合考虑区域作物的需肥特性、土壤供肥能力，确定氮、磷、钾以及其他元素肥料的配置方案，降低化肥施量。

②推广农药减施技术。通过推广病虫综合防治技术以及精准施药技术，合理配置长江流域农业种植区单位面积的农药施用量，减轻农药残余的影响。采用生物、人工及低毒低残留农药，构建以生物防治、物理防治及化学防治相结合的病虫防治体系，实现农作物虫害的防控，减少化学农药的施用量。

③加强水土保持工作。加快推进两湖地区（洞庭湖、鄱阳湖）退耕还林、退耕还草、退耕还湖工作，在长江中上游易发生水土流失的地区种植树木、植被，控制区域水土流失，降低农田非点源污染物的迁移范围，并积极开展坡耕地整治工作，从源头控制污染物的迁移。

2）养殖业非点源源头控制

①推进畜禽养殖场建设。在长江流域积极发展规模化畜禽养殖技术，按照人畜分离、集中管理的原则，在养殖专业户相对密集的区域，建设养殖场和养殖小区。

②建设畜禽粪污利用处理工程。完善长江流域，尤其是长江上游地区农村畜禽粪污资源化和无害化处理工程。通过干湿分离技术，实现粪尿的有效分离，减少污水的产生量。通过堆肥、发酵等方法，实现废水、废气、废渣的资源再利用，降低畜禽养殖污染的治理成本和难度。

③清理围网养殖设施。逐步清理金沙江、雅砻江流域内库区、河道的围网养殖设施，转型养殖产业，大力发展水旅游、水观光产业，做好转产、转业补偿，加大劳动技能培训投入。

④合理布局水产养殖区。调整长江流域主要水产养殖区养殖品种结构，优化养殖区布局，加大低能耗水产品的养殖比重；对渔业养殖企业进行统一规划，构建养殖池塘—湿地处理工程，实现养殖区水资源的循环利用，降低废水的排放比重。

3）农村非点源源头控制

①完善村落废水收集处理工程建设。完善长江流域农村废污水收集管网，在农村污水收集管网建设程度较低的长江上游地区推进化粪池、沼气池、人工湿地、小型污水处理设施等废污水收集、处理工程建设，采用“生物+生态”组合的处理模式对农村生活污水进行无害化处理，实现废污水的资源化利用和减量排放。

②加强固体废弃物收集处理工程建设。依据农村的生产条件、资源需求等因素，对农村生产生活中的固体废弃物，如生活垃圾、农作物秸秆等，灵活地采用适宜的资源化利用技术，构建农村固体废物的资源化利用工程。

4）城市地表径流非点源源头控制技术

①完善雨污分流工程建设。推进武汉、长沙等城市老旧城区污水收集管网改造工作，构建雨污分流体系，设置初期雨水排入污水管网，实现雨污的单独收集与处理，降低水量对污水处理厂的冲击，保证初期高浓度携污雨水的收集和处理，切实降低城市地表径流非点源污染的入河总量。

②推进海绵城市建设工作。结合自然途径与人工措施，在确保城市排水防涝安全的前提下，推进武汉、长沙、南京等主要枢纽城市的海绵城市建设工

作，最大限度地实现雨水在城市区域的积存、渗透和净化，降低城市地表径流非点源污染的入河总量，促进雨水资源的利用和城市生态环境的保护。

（3）多管齐下，强化过程拦截

植被带作为流域非点源污染传输的必经路径，同时也是流域非点源污染负荷削减的重要场所。在长江中下游水田、河道之间因地制宜地建立一系列地表漫流植被带、生态沟渠植被带、沙层过滤植被带，能够有效截留和净化径流传输途径中的非点源污染，达到减少入河污染负荷的目的。利用植被的吸附和固着特性，还能有效防止农田地表与地下径流污染物的传输以及水土流失，在植被带中合理布置植被，可以拦截并沉淀径流中的颗粒物、泥沙等固体沉积物，实现土壤多余养分的高效吸收，达到调节土壤氮、磷含量的效果。

（4）多策并用，加强末端治理

通过生态浮床、浮动湿地等水质改善技术，实现流域末端河道水质的提升；并合理应用生态修复理论实现末端河道水生动植物以及微生物系统的重构，保证末端河道水质的长效保持。同时，进一步加强农技交流学习平台建设，实现"测土配方""土壤有机质提升"等农技新技术的推广和应用，加大农技新技术和控污减排知识的宣传力度。

二、典型流域库坝生态放流策略

长江流域自西向东，横跨中国西部、中部、东部三大经济区，流域面积广、流量大、空间异质性强。近几十年，长江流域已建有多座库坝工程，工程的蓄水截流已严重改变了坝下河段的水文节律，导致坝下河段径流量的减少、水位的降低，严重影响甚至是破坏下游河段的水生态环境。库坝建设工程的推进以及流域特殊的地形、气候和生态系统给流域生态流量控制策略的制定带来了一系列挑战。

1.中下游河流生态流量策略

库坝工程的兴建已对长江中下游的河川径流、泥沙输运、河床冲刷、生物多样性等产生了深刻影响。针对长江中下游水生态环境的独有特征，面向长江中下游供水、用水的库坝生态放流策略可以分为以下几点。

（1）优化蓄水策略，提高蓄水期下泄生态流量

因地制宜、因时制宜地制订流域库坝蓄水方式，在常规蓄水方式的基础上，积极探索提前、推迟以及延长蓄水方式的可行性和适宜性，以此缓解汛后三峡与金沙江下游梯级水库群之间的蓄水矛盾；耦合多蓄水方式，合理配置三峡和金沙江下游梯级水库群蓄水模式，加大汛后下泄生态流量，缓解汛后两湖（洞庭湖、鄱阳湖）季节性缺水问题。

（2）考虑河道、海域多目标，保证生态环境需求

综合考虑下游河道、河口、近海工农业以及水生动植物对水量、水质的多目标需求，优化区域水资源配置方案，实施水库多目标调度，缓解区域水资源供需矛盾，实现流域水资源经济效益与生态效益的有机融合以及坝下水生态环境质量的长效维护。

（3）科学安排上下游水库群的联合调控

梯级水电工程的累积影响易导致过饱和气体、氮、磷等污染物长期滞留在库区中，会降低库区水体的纳污能力，直接威胁库区水生态系统安全。因此，结合水力学原理，设计上下游梯级库坝联合调度方案，科学规划上游库坝的放流时间，能够有效实现库区水体置换效率和纳污能力的提高，从而减轻过饱和气体、氮、磷等污染物对下游库区的累积影响，提高库区水生态环境质量。

（4）防治咸潮，加大枯水期及9—10月下泄流量

长江流域大型水利工程的兴建虽在一定程度上增加了枯水期的下泄流量，补给了下游的生产、生活及生态用水，但受长江中下游江湖关系和沿线取用水影响，尤其是南水北调东线、引江济太等大型引调水工程，长江三峡水库下泄流量的增加，对补水压咸的影响，不仅能力有限，而且效果滞后，长江口的咸水入侵仍不可避免。同时，9—10月是库坝汛后蓄水的关键时段，流域中上游库坝的大范围、长时间蓄水直接导致库坝下泄流量的减少，造成咸潮入侵。因此，加大枯水期及9—10月下泄流量势在必行。

（5）制造人造洪峰，保证鱼类产卵繁殖

水文条件是刺激四大家鱼产卵的重要因素之一。研究表明，每年5—6月是长江“四大家鱼”产卵繁殖季节，鱼类产卵需同时满足水温达到18℃以上和江河涨水两个条件（王悦等，2017）。具体研究结果表明，驱动四大家鱼自然繁殖的水文指标主要包括：涨水次数、涨水持续时间和流量增长率。只有当水温达18℃以上，有效涨水次数越多，四大家鱼产卵数量和质量才会越高。因此，为保证下游河段鱼类（尤其是四大家鱼）的正常产卵和繁殖，库坝下泄生态流量应充分考虑水文的波动特性，即充分考虑下泄生态流量的涨水次数、涨水持续时间和流量增长率。

2. 控制性库坝生态放流策略

控制性水库是指兴建在大江大河主河道上，控制流域面积达50%以上，承担着防洪、发电、供水、航运等综合性任务，能够在流域水资源开发、利用、治理与保护中发挥关键性和骨干性作用的水利工程。控制性库坝工程的大坝阻隔及水文调节，能够对关联区域的生态环境产生巨大的影响。作为长江流域规模最大的控制性水库，三峡工程的建设与运行已对下游的水动力、水环境、水生态带来了巨大的影响，研究三峡工程的生态放流策略，对下游沿岸的用水安全及水生态保护具有重要的意义。项目以三峡工程为例，考虑控制性库坝工程的特殊性，提出以下生态放流策略。

（1）考虑时空异质性，实施动态生态放流

以典型断面和典型时段为研究对象，综合考虑流域时间和空间的异质性，明确不同时期、不同区域河段的生态需水要求，制定满足变化条件下的库坝生态放流策略，实施动态生态放流计划。

（2）兼顾多目标对象，制定普适性生态放流策略

目前针对长江下游生态流量的研究，主要以四大家鱼的产卵、繁殖为对象，下一步可扩大生态流量的研究对象（不仅仅局限于少数鱼类，而是以普遍鱼类生境以及景观、湿地等为研究对象），构建多目标生态流量求解模型，制定普适性生态放流策略。

（3）考虑生态需水的动态特性，制定分层次生态放流策略

根据蓄水、来流及指标物种的需水情况，在最小生态流量的基础上，增加适宜生态流量、最大生态流量等指标，制定分层次生态放流策略。

（4）统筹陆海，制定入海生态放流策略

综合考虑陆域和海域的水力学—水环境特征，构建陆海耦合水力学—水环境模型，预测不同来流条件对河口及近岸海域水力学—水环境的影响情况，分析来流变化对河口水生动植物，尤其是对鱼类的影响，制定入海生态放流控制策略。

三、大气沉降污染控制策略

1.能源结构优化与散煤治理策略

优化调整能源结构。秉持“多能互补、能效最大化、排污最小化”等原则（贺克斌和李雪玉，2018），采取综合管控措施，强化源头管控与减量，实施煤炭减量替代，严查严批新建耗煤项目，持续削减非电行业的煤炭需求，严格控制长江流域煤炭的消费总量；针对节能减排，对长江经济带工业锅炉、工业窑炉等高耗能领域大力推广高效节能、储能技术与装备，淘汰不合理产能装置设备，如对上海、江苏、浙江等省市35蒸吨/小时以下燃煤锅炉进行淘汰或使用清洁能源替代；综合提高能源利用效率与清洁利用水平，努力实现减煤、控煤与大气污染防治；持续推进长江流域内钢铁、化工等行业企业过剩产能转化利用工作的展开，避免产能过剩与浪费；加大绿色能源的科技与资金投入以及激励性政策补贴，扩大清洁能源的覆盖面与提升能源利用率，同时积极发展能源服务产品的配套设施建设，加快建立与煤炭资源耦合配套系统，加快能源转型。

将散煤治理视为煤炭减排工作的重要组成部分。加强散煤统计工作，主要针对沿江11省市区“散乱污”与“低小散”企业进行排查，因地制宜，提高区域性决策支撑水平；强化政府、企业、个人等多方协同沟通合作，根据分类处置的原则，在现有工作基础上，持续深入、加大对沿江工业企业小锅炉、小窑炉以及“散乱污”企业的整治，提高燃煤窑炉淘汰门槛，加快淘汰落后不达标小煤窑、小锅炉；同时严格控制散煤煤品，降低散煤硫分等，规范控制散煤生产、流通环节，并配合各种政策补贴等激励措施，积极完成散煤削减目标。针对民用散煤，推进江苏等省供暖区民用散煤治理，积极响应“替代优先、清洁煤保底”的思路，充分落实“四宜”的指导原则（宜电则电、宜气则气、宜煤则煤、宜热则热），因地制宜选取替代能源，推进清洁取暖（贺克斌等，2018）。

2.工业清洁生产与循环经济发展策略

积极推动产业结构的调整，强化产业管理。加快长江流域沿岸钢铁、有色金属、造纸、印染等重污染企业的搬迁改造工作，淘汰关闭污染排放严重的企业；以上海、南京、杭州、成都、重庆等沿江城市国家级开发区为试点，发展信息技术、节能环保、高端装备制造、新能源等中高端产业，切实推进产业结构的转型与升级；加大对工业的监管监测力度，进一步规范长江流域内化工、钢铁等产业的发展；积极推进产业集中化、园区化管理，加强对多种污染物的协同减排与监督管理，完善大气污染物排放清单，全面控制减少污染物排放。

升级生产、减排技术，积极推进工业清洁生产。在长江流域内，以清洁生产为基本导向，相关行业超低排放标准以及二氧化硫、氮氧化物等大气污染物排放限值为基准，通过源头控制与末端处理的协同治理，双管齐下，减少或避免在各个生产环节中大气污染物的产生与排放，努力实现钢铁、化工、石化等非电工业行业的超低排放。如长江流域内钢铁、火电等大型工业企业应全面配套泄露检测与修复技术，加强对气体污染物的收集布控、储存及运输环节的监管与控制，以及提高相应废气收集净化处理工艺；钢铁与水泥产业应配套旋风+布袋等高效除尘设施，大力推广新型干法水泥窑的低氮燃烧技术以及采用活性炭（焦）、选择性催化还原等高效脱硝技术对钢铁企业的烟气脱硝设施进行优化调整。

推动工业循环经济的发展模式。以“减量化、再利用、再循环”的3R循环经济理念为基本原则，通过完善政策与法制，创建适合长江经济带循环经济发展的环境氛围，积极推动沿江工业生产由线性经济向“资源—产品—再生资源—产品”的循环经济模式转变，建立循环经济发展的流程体系，充分利用市场机制和经济手段推进循环经济的发展。针对工业生产废弃物的回收利用，例如钢铁行业的钢铁废弃物以及含铁粉尘、长江中上游磷矿企业黄磷尾气等行业的回收利用，积极发展高新技术，推动传统工业生产方式向绿色生产方式转变，加强节约减排、回收处理等有利于循环经济发展技术的科技创新；在生产过程中使用清洁能源原料，优化资源配置，提高资源利用率，真正做到“在源头上减量化—中端、末端资源化再利用”的闭合循环利用模式。同时需加强产业间互惠耦合，实现资源与能源的高效利用，例如长江经济带中上游磷化工企业可与冶金、石化、建材等工业耦合，双方相互提供生产原料或中间体，发展绿色磷化工产业，促进磷化工与相关产业的互利共赢（贡长生，2019）。

3. 农用资源合理利用策略

继续减少农业氮肥使用，提升有机肥施用率。进一步调整长江流域内化肥使用结构，因地制宜，优化营养元素配比，合理利用有机养分资源，实现有机无机结合，逐步减少沿江农业氮肥使用量；在流域内进一步扩大果菜茶有机肥试点范围与农业作物种类，继续提高有机化肥使用率；改进施肥方式，提倡推进测土配方施肥，精准施肥，避免盲目施肥、过量施肥等浪费现象，大力推广化肥深施、水肥一体化、种肥同播等科学施肥技术，以提高化肥，尤其是有机肥使用率；鼓励使用氮素挥发性较低的化肥，减少氨氮挥发；进一步推广普及绿色植保技术，利用生物控制方法，减少化学农药的使用。

进一步深化长江流域农业废弃物的无害化处理和资源化再利用工作。以农业废弃物回用工作发达地区带动发展相对滞后地区，因地制宜，发展适合当地的回用技术；充分考虑有机肥资源养分还田率，采取适宜的措施和技术，减少禽畜粪便在贮存、加工以及运输过程的养分流失，减少氨氮的挥发，提高有机肥料中氮营养素的还田率；提升禽畜粪便沼气化产能与肥料化还田、农作物秸秆饲料化的比例，积极开发生物质能源，加快实施乡村清洁工程；农政企配合，大力推广普及农业生产的循环经济意识以及相关技术，建立配套标准化设施，积极探索生态循环农业发展新途径，实现农业由单向式资源利用向循环梯级利用转变，拓展农村产业链条，促进农村经济的可持续发展。

4. 移动源排放的减控策略

加快推进优化调整长江流域道路运输结构。积极执行《推进运输结构调整三年行动计划（2018—2020年）》，推广电气化铁路、清洁船舶为主的客货运以取代柴油为主的公路运输；加强长江、京杭运河等河流及其干流支流的内河水运网络的建设，完善铁路、水路运输网络的建立以及港口码头、铁路多式联运体系的建设，积极推进上海、浙江、江苏等省、市的集装箱中长距离运输以及工矿等大宗货物的“公转铁”“铁水联用”等工程的实施，加速推进长江干线主要港口接入集疏港铁路工程。

严格控制汽车尾气排放和柴油管理，推动新能源机动车发展。加大机动车管理力度，加强车辆定期检验与监督管理，加速淘汰报废老旧车辆、黄标车等污染物排放车辆，严查机动车超标排放；提升新车大气污染物排放控制水平，确保机动车大气污染物排放达标；各级政府积极发展、提倡公共交通的使用，通过补贴等政策推动新能源机动车的使用；提升油品品质，根据最新国家标准，对柴油的生产、存储、销售和使用环节进行严格管控，确保符合国六标准的车用柴油的使用，并逐步实现车用柴油、普通柴油、内河船舶用油“三油并轨”，实现柴油用油统一化管理；使用先进有效的机内净化技术、尾气后处理技术对柴油车，尤其是重型柴油车等严格控制尾气排放。

强化非道路移动源排放的减控。强化对非道路移动机械排放的执法监管和减控工作，全面排查流域内非道路移动机械，规范相关机械管理，严查超标排放，淘汰落后排放超标机械；逐步将已有船舶替换为新能源船舶，加速淘汰20年以上的内河船舶；推动相关配套设施的技术升级工作，尤其是柴油品质的把关与后续尾气排放的技术加强工作；针对上海港、宁波港等大型港区码头机械工作以及农用机械设备，鼓励使用天然气等清洁能源；构建完善的港口污染物排放的管理措施章程，建立完整系统的港口大气污染物排放清单，严格执行《船舶大气污染物排放控制区实施方案》，完善港口岸电建设、大气污染防治等配套设施，严格遵守船用燃油标准，强制远洋船舶使用硫含量不大于0.5%（质量百分比）的燃料。

第六章

陆海统筹重点海域生态环境保护策略

一、滨海湿地生态保护策略

滨海湿地是陆地生态系统与海洋生态系统的交错过渡地带，被认为是生产力最高、生物多样性最丰富的生态系统之一，为人类提供防止风暴和海岸侵蚀、供给水产品、净化水体和维护生物多样性等重要生态系统服务（Alongl，2008；Costanza et al., 2008；Newton et al., 2012）。然而，随着沿海地区人口的急剧增长和社会经济的快速发展，自然资源掠夺性开发日益加剧，滨海湿地已成为全球受威胁最为严重的自然生态系统之一（Lotze，2006）。据统计，全球约有50%的盐沼、35%的红树林和29%的海草由于环境压力和人类干扰而丧失或退化（Valiela et al., 2009）。滨海退化湿地生态系统的恢复也由此成为全球关注的热点。

1.基于生态系统原理的海滨退化湿地恢复策略

当前，国内外基于生态系统创造和恢复的修复方案，为海滨湿地生态功能服务价值以及经济利用价值的最大化，提供了比传统海岸带工程修复更具有可持续和高生态效益性的思路。通过生态工程恢复原有海滨湿地以降低全球变化对海滨湿地的影响在欧美外已有较好的实践。例如在荷兰瓦登海（Wadden Sea）的海滨生态系统，通过建造人工岛屿恢复鸟类繁衍栖息地（De Jonge and DeJong，2002）。针对我国海滨区域开发的现实情况，并基于我国海岸带湿地人地矛盾与经济发展需求，找到海滨湿地生态系统开发与保护的平衡点，通过维持一定数量和结构的原生湿地生态系统，实现生态系统开发与保护的平衡（周云轩等，2016）。要牢固树立创新、协调、绿色、开放、共享的新发展理念，以湿地全面保护为根本，以扩大湿地面积、增强湿地生态功能、保护生物多样性为目标，以自然湿地保护与生态修复为抓手,加大湿地保护力度，提高我国湿地保护管理能力，维护湿地生态系统健康和安全，促进我国经济社会和生态环境的可持续发展《全国湿地保护“十三五”实施规划》。海滨退化湿地恢复规划遵循落实目标、分步实施、全面保护、系统恢复、突出重点、示范带动、科技为先、人才为本的规划原则。规划包括全面保护与恢复海滨湿地、湿地保护与修复的重大工程、可持续利用示范和能力建设四方面建设内容。其中，全面保护与恢复湿地是把所有湿地纳入保护范围，并进行系统修复，发挥中央财政资金的引导作用，在全国范围内的重要海滨湿地，开展湿地保护与恢复、退耕（建）还湿和湿地生态效益补偿等项目；重大工程建设是在湿地全面保护的要求下，对我国海滨生态区位重要、集中连片和迫切需要重点保护的湿地开展湿地保护与修复的工程建设；例如天津（北大港）滨海湿地保护与恢复工程，通过湿地保护工程，建立滨海湿地监测中心和野生动物救护中心、修建巡护道路、观鸟屋、人工鸟巢等基础设施；建立数字化信息管理系统，监测、分析北大港湿地与野生动物动态变化。通过湿地恢复工程种植本土湿地植物、生态补水、治理外来有害生物等措施恢复湿地面积，改善湿地生境质量，充分发挥湿地生态系统的多种功能。通过系列保护措施建设，湿地基础设施得到加强，湿地与野生动物保护体系趋于完备，生态系统的完整性、稳定性和生物多样性得到有效保障，并以此为契机，建成中国北方首个以湿地为类型的国家公园。可持续利用示范工程建设为了更好地促进湿地保护管理，选取典型性和代表性的不同形式的湿地资源合理利用成功模式开展示范工程项目建设；例如河北昌黎黄金海岸国家级自然保护区湿地生态修复工程，开展文昌鱼栖息地修复工程，加强林带、泻湖、鸟类监测基础设施、湿地生态监测站等建设。通过项目实施，海岸沙丘、文昌鱼、林带、泻湖、鸟类等构成的沿岸海区生态系统得到保护和修复。能力建设应在加大湿地资源调查监测、科技支撑、科普宣教等建设的基础上，建立我国湿地资源调查监测系统、科普宣教体系和教育培训体系等健全的管理信息系统。

2. 恢复生态系统结构与综合管理

海滨湿地面积减少、水质恶化、生物多样性减少，生态系统脆弱是海滨带湿地生态系统退化的主要表现。退化海滨生态系统恢复应该重点关注将修复进程从定向到期望的状态，注重系统协调。研究表明小型生态系统的大范围波动对许多物种的长期生存有不利的影响。以厦门市五缘湾湿地恢复为例，在生态恢复建设前，五缘湾是由虾塘养殖与围垦区域构成的海滨潮间带湿地，水质恶化，污染严重。通过区域生态恢复系统工程完成近5年后，五缘湾沉积物质量有了显著改善。五缘湾水体中无机氮、活性磷酸盐含量降低了70%以上，底栖生物由57种增加到87种，多样性指数由0.72上升到2.53（黄海萍等，2015）。然而由于硬质岸线取代了原有的滩涂，水鸟的种类减少了近40%。开发活动等人为干扰使得景观多样性和均匀度降低。在海滨生态恢复过程中采用与自然共建（Build with nature）的新型湿地柔性修复手段，减少不必要的硬质工程，主要通过自然生态系统自身动力，实现与自然共建稳定的海岸带湿地生态系统是未来发展的主要方向（Stive et al., 2013）。围绕海滨湿地物质传递和能量交换，根据生态系统结构和功能的系统分析，合理调整影响湿地植被生长的土壤、水文、生物等制约因素，重建退化海滨生态系统。在修复项目落实后，仍需要在已有环境监测系统的基础上，补充和完善环境监测网络建设规划，发挥天地一体化监测系统优势，建成以环境遥感监测为主体、地面生态监测网络为补充的全国海滨生态环境网络监测系统。与此同时，加强海滨湿地保护的组织领导，推进湿地保护法规政策和制度建设，加大湿地保护科技支撑，及时针对工程实施过程中需要解决的关键技术问题进行攻关，应用和推广相关成果。建立国际交流机制，及时引进国外在湿地保护、恢复和合理利用等领域的先进理念和技术。建立多元化资金保障机制，并牢固树立“尊重自然、顺应自然、保护自然”的生态文明理念，增强支持、参与湿地保护的自觉性，在全社会营造一种重视湿地、爱护湿地和保护湿地的良好社会氛围。

3.滨海湿地生态修复措施

（1）生态修复途径

生态系统恢复遵循两个途径：一种是当生态系统受损不超过负荷并在可逆的情况下，压力和干扰被去除后，恢复可以在自然过程中发生；另一种是当生态系统的受损是超负荷的，并发生不可逆的变化时，只依靠自然力已很难或不可能使系统恢复到初始状态，必须依靠人为的干扰措施，才能使其发生逆转。因此，根据生态系统的退化程度及其生态修复的途径，生态修复的模式可划分为三大类，即自然恢复、人工促进生态修复及生态重建。

1）自然恢复

生态系统受损程度未超过负荷，生态系统轻度退化，生态系统退化因素消除后，恢复可以在自然过程中发生。自然恢复是最简单的生态修复模式，即去除、减缓、控制或者更改某种特定干扰，从而使生态系统沿着自身正常生态过程而独立恢复。生态系统的自然恢复取决于一些生态系统自身的特性，即可使它们吸收、改变或实现一种改进的结构和功能的特性，包括可恢复力、适应性及弹性等（Elliott et al., 2007）。

2）人工促进生态修复

生态系统受损程度超过负荷，生态结构和功能出现局部或部分退化的现象，即便生态系统退化因素消除也无法实现自然恢复。在这种情况下，生态系统受到较严重的干扰，但生境、生态系统未遭到完全的毁灭性破坏，可以基于生态系统的自我恢复潜力，结合生物、物理、化学等一定的人工干扰措施，使生态系统退化发生逆转。

3）生态重建

生态系统受损程度超过负荷，生态结构和功能完全退化或破坏，需采取人为干扰的措施重建新生态系统的过程，包括重建某区域历史上未曾有的生态系统的过程。

尽管恢复生态学强调对受损生态系统进行恢复，但恢复生态学更强调尊重自然规律，注重自然生态系统的保护。因此，只有在自然恢复不能实现的条件下，才考虑进行人工辅助的生态修复措施（Mcdonald et al.，2016；Borja et al.，2010）。

（2）生态修复的技术措施

生态修复的技术措施是基于生态修复模式，提出的操作性更强、更具体的生态修复方法和过程。由于干扰的持续时间和强度、塑造景观的人文条件及当前的限制条件和机会的不同，不同生态修复项目所采取的措施不尽相同。从生态系统的组成成分看，滨海湿地生态修复主要包括非生物和生物系统的恢复，如Elliott等把生态修复项目分为两种类型：水动力的功能（生态水文）和生境结构修复；当物理条件足够充分用于持续的生态发展时，生物物种被重新引入、补充或重新种植等。从滨海湿地生态修复的对象来看，目前最主要集中在红树林、盐沼湿地、海草床和珊瑚礁等典型滨海湿地生态系统，以下将分别给予阐述。

1）红树林生态系统修复

稳定的植被覆盖是红树林生态修复的目标之一，也是红树林修复的重要内容。因此，无论在国内还是国外，针对红树林修复研究较多地集中于红树林植被的人工种植部分（Barnuevo et al., 2017），主要涉及了红树林湿地水动力和沉积环境修复、宜林地的选择、树种选择和搭配、红树林育苗、红树林栽培等关键技术的研究（Lewis et al., 2019）。此外，在人类活动和全球变化的驱动下，红树林生态系统退化的问题逐渐凸显，互花米草入侵、环境污染、病虫害、岸线侵蚀等问题威胁着红树林的健康，不同类型湿地的退化机制及其修复仍是红树林生态修复研究的一个重要内容。

2）珊瑚礁生态系统修复

目前，珊瑚礁生态修复的主要手段包括珊瑚的繁殖技术、珊瑚移植、底质改良以及人工礁技术等。无性繁殖技术门槛低，目前被广泛应用到造礁珊瑚断枝的规模化繁育中，是过去几十年来修复珊瑚礁的主要手段；底质改良是通过稳固底质技术以及增加一些化学物质和化学电位，以吸引珊瑚幼虫的附着和促进珊瑚的生长。此外，近年来，有研究者开始利用“杂交”技术培育新一代具有较强对抗环境变化的珊瑚幼体，研究表明杂交或变异后代的氧化还原酶活性和细胞基质相关的基因本体有丰富的正调节基因集合，拥有更高的热耐受应激反应基因（Barshis et al., 2013；Thomas，2011）。通过控制环境培育突变和杂交产生的珊瑚幼虫，选择更适应极端环境的珊瑚基因，进行可遗传性繁育，相应地提高了珊瑚耐白化的能力（Palumbi et al., 2014）。将更热海区的珊瑚幼虫补充到相对低温的海区，使高温区的珊瑚和相对低温区的珊瑚杂交，可以有效地提升了新生珊瑚的温度耐受力（Oppen et al., 2015）。但是通过杂交等手段改变珊瑚及其共生虫黄藻的基因类型，提升珊瑚对环境的耐受能力和恢复潜力等技术目前仍处于实验室试验阶段，是未来的研究方向。

3）海草床生态系统修复

海草床生态系统恢复的主要措施有自然恢复法、移植法和播种法。自然恢复海草床需要很长时间，虽然节约大量的人力和物力成本，但是海草衰退的速度远远超过自然恢复的速度（Meehan and West，2000）。目前，移植法和播种法是海草床生态系统修复的核心。移植法是目前可行性比较高的恢复方法，是指在适宜生长的海域直接移植海草苗或者成熟的植株。播种法是利用种子来恢复和重建海草床，这不但可以增加海草床的遗传多样性，同时海草种子体积小、易于运输，而且收集种子对原海草床造成的危害较小，因此利用种子进行海草床修复，逐步发展成为海草床生态修复的新途径和重要手段。

4）盐沼湿地生态系统修复

国际上，许多国家都经历过滨海盐沼湿地的开发、利用、开垦、破坏，直至部分恢复阶段，盐沼湿地生态修复的研究与实践已有很长的历史，已有不少大尺度的区域盐沼生态修复项目，如美国的特拉华湾海岸、旧金山湾、切萨皮克湾等。盐沼湿地修复措施重点关注了盐沼湿地水文和沉积环境的修复（Diefenderfer et al., 2018；Proosdij et al., 2010）、盐沼湿地植被恢复（Morzaria-Luna and Zedler，2007）。与国际相比，我国盐沼湿地生态修复的研究尚处于起步阶段，研究主要集中于盐沼湿地生态系统恢复与重建、湿地污染生物修复技术、湿地入侵物种（尤其是互花米草）的去除和防控技术等。

滨海湿地生态修复的选址是决定生态修复成败的关键因素，尤其对于滨海湿地水文条件和植被的恢复来说更为重要。因此，在制订滨海湿地生态修复计划时，需要对拟修复区域进行充分调查与研究，科学选址，因地制宜采取生态修复技术措施。

滨海湿地生态修复是协助一个已经退化、受损、被破坏的生态系统恢复的过程（Mcdonald et al.，2016），旨在建立一个能自我维持或在较少人工辅助下能健康运行的滨海湿地生态系统（陈彬和俞炜炜，2012；Mcdonald et al.，2016）。尽管恢复生态学强调对受损生态系统进行修复，但更强调尊重自然规律，注重生态系统的自然恢复（Young，2000）。当自然生态系统的丧失速度远远高于退化生态系统的恢复，对现存生境或生态系统的保护是滨海湿地生态系统保护最有效的措施，也是生态修复成功的关键因素之一。对于退化程度较轻的生态系统，优先考虑采取管理措施以消除退化压力的被动恢复途径，促进生态系统的自然恢复，只有在自然恢复不能实现的条件下，才采取人工辅助措施（Jellinek et al., 2019）。

二、杭州湾及邻近海域生态保护策略

1. 长江流域的陆源输入与海洋生态响应

长江流域和长三角既是我国经济发展的重要区域，也是全球范围内人类活动对河口近海生态环境造成的压力最大的区域之一。作为生态文明建设的重点，长江及其河口与近海具有生态环境典型性和代表性。长江口及其邻近海域不仅兼具四大类型的生态系统特征（世界第三大河口、中国最宽的陆架海、中国最大群岛、孕育中国最大渔场的上升流），还具备高强度的人类活动特征（流域GDP占全国45%、长江废水排放总量占全国的40%以上，单位面积氨氮、氮氧化物等排放强度是全国平均水平的1.5至2.0倍）。长江口及邻近海域的生态问题的根源在长江流域，该流域面积200万平方千米，途径11个省市区。2014年长江流域污水排放量为338.8亿吨，入河量为254.8亿吨，约占75%。其中非点源污染是长江口及其邻近海域水环境污染的最主要因素，2010年《污染源普查公报》显示，来自农业污染源的总氮、总磷分别占总源量的57%和67%。该海区在如此高强度人类活动和气候变化的共同影响下，正在发生一系列严重的生态环境问题，如缺氧、酸化、海洋微塑料垃圾、栖息地退化和生物多样性减少等。

长江口的海洋生态环境变化不仅受外海输入和气候变化的影响，也与流域的人类活动息息相关。在此，人类活动主要从营养物质输入的角度着手,是一个长期缓变并积累的过程。近30年来，长江口海域无机氮和活性磷酸盐含量上升与农用化肥使用增加、排污等人类活动有关；硅酸盐含量下降与输沙量减少有关（杨颖和徐韧，2015）。人类活动已导致长江入海泥沙通量减少约2/3（杨世伦，2009）。长江营养盐浓度的增大使得夏季长江浅滩大气CO_2向海通量增加（刘哲，2016）。营养盐结构的变化会导致浮游植物的生物量和种类变化，影响口外海区浮游植物的生长。过量的DIN和持续升高的DIN/P是长江口海域赤潮优势种从硅藻演变为甲藻的主要原因（王江涛和曹婧，2012）。此外，由于大量拖网作业过程中无滚动的拖刮，底栖环境经历了严重破坏，以至于在20世纪80年代还能经常拖到的海树等海底植物，现在却极为少见（肖方森，2002）。基于上述特征，我们要从海洋生态系统的理念出发，对长江口邻近海域生态系统的重要输入源及其特点进行研究。

长江口及其邻近海区生态环境出现了富营养化、有害藻华、缺氧、酸化、海洋微塑料垃圾、栖息地退化、生物多样性减少等多种问题。以长江口缺氧现象为例，其影响因素是多方面的，但主要受长江输入污染影响。

长江口及其邻近海域缺氧现象从20世纪50年代自然状态下偶有发生逐渐发展到21世纪初开始大面积发生、重复发生，呈现出加重趋势（Ning and Lin et al., 2011）。同时，缺氧现象还表现出显著的季节性变化规律：冬季时，长江口表、底水层溶解氧浓度总体上呈近岸高、外陆架低的分布趋势，水体上下混合均匀；春季时，水体中藻华开始出现，水体层化初成；夏季时，缺氧区逐渐形成并向北发育成熟；秋季时，缺氧现象得到缓解（李宏亮等，

2011）。缺氧的大面积、重复发生是海洋生态环境变差的重要征兆，有研究表明这与流域输入过量营养盐，导致海区富营养化并引起藻华爆发有关。研究所示，发现长江口营养盐的输入从20世纪60年代起呈不断增长趋势，在40年内营养盐浓度增加了3倍，1959—2009年长江口夏季氮磷营养盐浓度呈上升趋势，且硅酸盐浓度保持恒定（Zhibing Jiang and Jingjing Chen et al., 2014）。研究也发现长江口营养盐浓度在23年（1987—2009年）间有显著的增加，尤其是2004年。而且近30年来黑潮带来的硝酸盐浓度也呈现缓慢上升的趋势（Guo and Zhu et al., 2012，图6–1）。

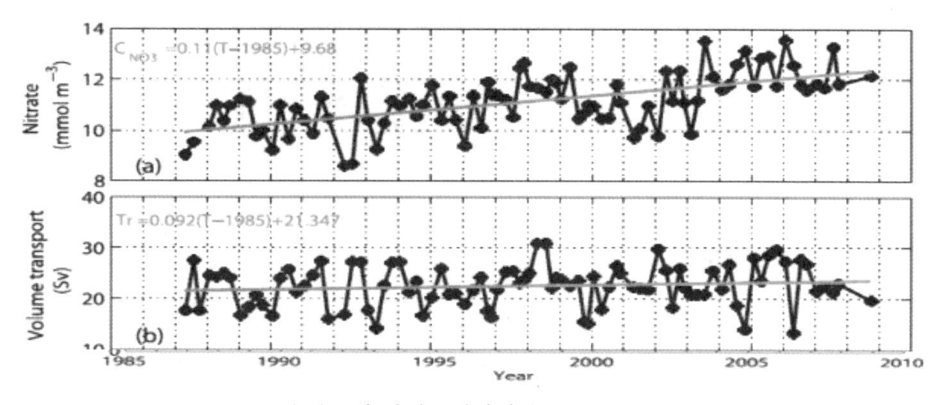

图6–1　近30年来黑潮硝酸盐浓度变化（Guo and Zhu et al., 2012）

长江口缺氧现象的形成不仅与人类活动有关，还受到气候变化的影响。对于该生态问题科学家们形成了两个假设：①有机物分解消耗大量的氧气造成长江口海区缺氧；②黑潮带来低浓度溶解氧水体造成长江口海区缺氧。我们可以看到缺氧生态问题是一个多尺度变化、多圈层共同作用的复杂问题。缺氧区域与富营养化、藻华发生的区域基本吻合。并且通过模式模拟长江口海区底层溶解氧浓度，可以看到缺氧也与黑潮入侵有关（图6–2）。长江口缺氧也受极端气候影响，例如2016年严重缺氧现象。厄尔尼诺现象使长江流域降水丰富，带来更多的淡水和营养盐输入，夏季热浪使海表温升盐降，导致更强的层化结构；海表叶绿素浓度增加会有更多的有机物生成，造成更多氧气的消耗。

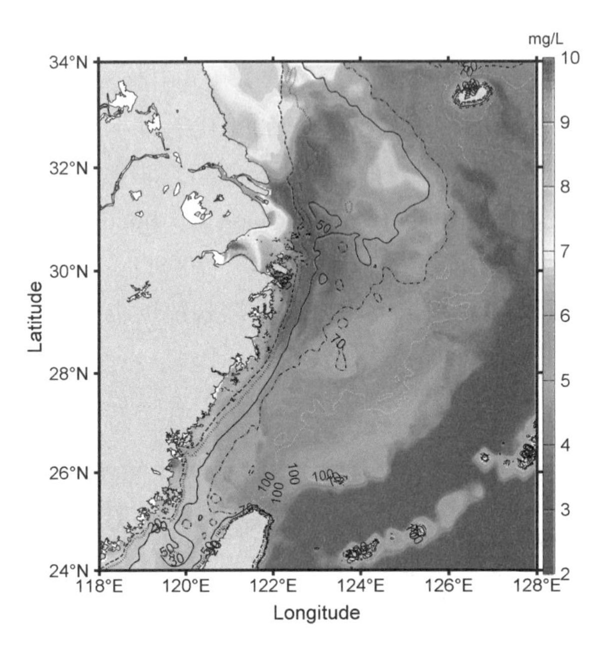

图6-2　长江口底层溶解氧分布
（数据来源：周锋，2019）

2.杭州湾及邻近海域跨境污染状况

2017年12月，中央第二环境保护督察组对浙江省反馈了环保督察意见。其中涉及近海生态环境问题的包括："杭州湾、象山港、乐清湾、三门湾4个重要海湾水质全部为劣四类，杭州湾是全国水质最差的海域之一。水体富营养化严重，近岸海域已成为全国赤潮发生最频繁的区域之一""浙江省海洋生态保护不力，对海洋开发利用统筹不够，违法围填海、违规养殖、入海排污等问题比较突出"。针对督察指出的问题，2018年5月，经党中央、国务院审核同意，浙江省委、省政府研究制定发布了《浙江省贯彻落实中央环境保护督察反馈意见整改方案》（简称《方案》）。该《方案》在整改措施中除了提出"综合整治入海陆源污染""强化近岸海域水质监测"外，还提出"在做好本省陆源污染源治理的基础上，积极配合国家有关部委和长江周边有关省份开展长江流域污染的联动联治，以切实减少近岸海域的入海污染物"。但具体的落实措施没有明确。

2016年国务院印发的国家《"十三五"生态环境保护规划》，明确将"改善近岸海域生态环境质量"列入其中，指出需要加大东海近岸海域污染治理力度，实施“蓝色海湾”综合治理，重点整治长江口等河口海湾的污染问题。但是，由于浙江近海海域存在显著的污染物跨界（境）问题，导致污染溯源困难，责任主体不明，管理职责不清。光靠浙江省采取有关的防治行动，很可能达不到《方案》中提出的“到2020年年底，近岸海域水环境质量达到国家水污染防治考核目标要求”。

事实上，为贯彻落实党中央、国务院关于大力推进生态文明建设、打好污染防治攻坚战的精神，自2013年以来，浙江省陆续出台了“五水共治”“一打三整治”和《浙江渔场修复振兴行动方案》《浙江省水污染防治行动计划》《浙江省近岸海域污染防治实施方案》等政策措施，自身入海污染源得到一定程度控制，但近岸海域水质受长江入海污染源的影响还难以得到大幅改善。

（1）浙江近海跨境污染输入问题

浙江近海重度富营养化区域主要集中分布在杭州湾海域、象山港、三门湾，相对贫营养化区域分布在温州近海和东部外侧海域。这种分布特征实际就是长江污染物跨界输运至浙江近海海域的结果。浙江近海水体污染冬季比夏季严重，这与长江冲淡水的季节变化一致。冬季，来自长江流域的污染物入海后，连同南下的苏北沿岸流，在强劲的南向浙闽沿岸流的作用下，污染物向浙江近岸海域跨境输运。同时，由于科氏力作用，北风驱动向岸方向的物质输运，促使长江口南下污染物质进入浙江近岸海湾，根据观测资料和模式估算，冬季长江口污染物可以在几周之内输送至浙江中南部沿海。南风主导的夏季，长江冲淡水向东北方向扩展，而从台湾海峡北上的台湾暖流强势北上，浙江近海海域不再有如冬季浙闽沿岸流那般稳定的南向流存在，跨境污染减少。据浙江省环保局发布的公报，浙江本省近岸海域污染物入海量占自身与长江合计入海量的比例相对较低，化学需氧量、氨氮、总氮和总磷分别占总量的12%、30%、16%和14%，而长江化学需氧量、氨氮、总氮和总磷分别占总量的88%、70%、84%和86%。

（2）浙江近海面临的生态问题

跨境污染导致舟山渔场—浙江近海富营养化、藻华与缺氧等生态灾害持续恶化，影响了生态系统结构和渔业资源。长江口及浙江沿岸是我国近岸海水污染最为严重的海域，主要表现为以氮、磷为主导的富营养化。20世纪60年代以来，长江无机氮、磷的浓度呈现逐年增加的趋势，且自80年代以来迅速增加。无机氮的浓度从60年代初的20微摩尔/升左右增加到了90年代末的120—140微摩尔/升左右，增长了7倍以上。国家海洋局第二海洋研究所的生态浮标时间序列观测结果表明，高营养盐的冲淡水输入是舟山外海赤潮浮游植物旺发的重要刺激因子。长江口海域的优势种由过去的链状硅藻逐渐向有毒的大型甲藻和丝状蓝藻演替。藻华与水母爆发性增长和海洋水产品的结构也有很大的关系。某些年份虾蟹类增加，很可能就是藻华大规模爆发、有机质快速沉降、底栖的蟹类增加的原因。海水缺氧可以导致鱼类的大量死亡。长江口外—浙江近海夏季季节性的缺氧主要也与冲淡水扩散带来的营养盐有关。长江口的缺氧现象自20世纪60年代就已观测到，近年来有日益严重的趋势，体现在面积扩大、厚度增厚、核心缺氧区溶解氧最低值降低，并对生态系统产生了实质性影响。在2016年的LORCE计划航次中，国家海洋局第二海洋研究所于8月17日，在东经122.5度至123度，北纬32.5度附近的N断面，多个站位观测到底层溶解氧浓度在0.1毫克/升左右的站点，这是长江口有观测资料以来的最低值。此外，缺氧水体不仅存在于底层水中，DO<1毫克/升的范围覆盖了10米深的水柱，对底栖环境和水生生物均会有显著影响。据现场观测，低氧现象已经对长江口海域大型底栖生物群落结构有显著影响，表现为甲壳类已经被经济价值较低的多毛类等耐低氧物种所取代，双壳贝类也出现死亡现象。长江口附近的舟山渔场也是缺氧核心区经常占据的海域，若类似严重缺氧事件继续发生在该海域，势必对舟山渔场产生重大影响。

（3）陆海统筹的减排目标措施

长江口海区的生态环境问题不只是局地环境的问题，与之休戚相关的流域作为重要的输入源，营养物质贡献占到80%左右，同时外部交换和气候变化也会对该海区生态环境造成重要影响。考虑陆海统筹的可落地措施，一方面，可以从过去几十年长江口流域化肥使用量和长江口有害藻华发生次数的关系着手（图6–3）。另一方面，国外也有相似的两个例子可以作为参考。如图6–4所示，自20世纪80年代起，黑海出现缺氧事件的频次在多瑙河流域对营养盐排放量实施控制措施后大幅下降，水质得到了显著的改善。墨西哥湾在多部委和区域联合的长期顶层战略指导下，对点源和非点源污染输入进行营养盐结构上的控制，使缺氧现象总体上不再继续恶化，在多因子共同作用下呈现出非常大的年际差异。

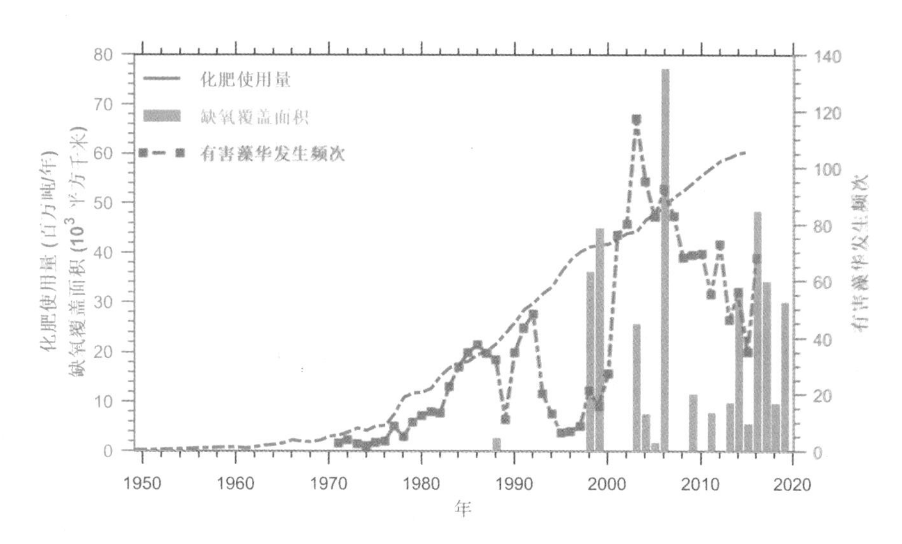

图6-3　长江口流域化肥使用量和近海有害藻华发生次数的关系

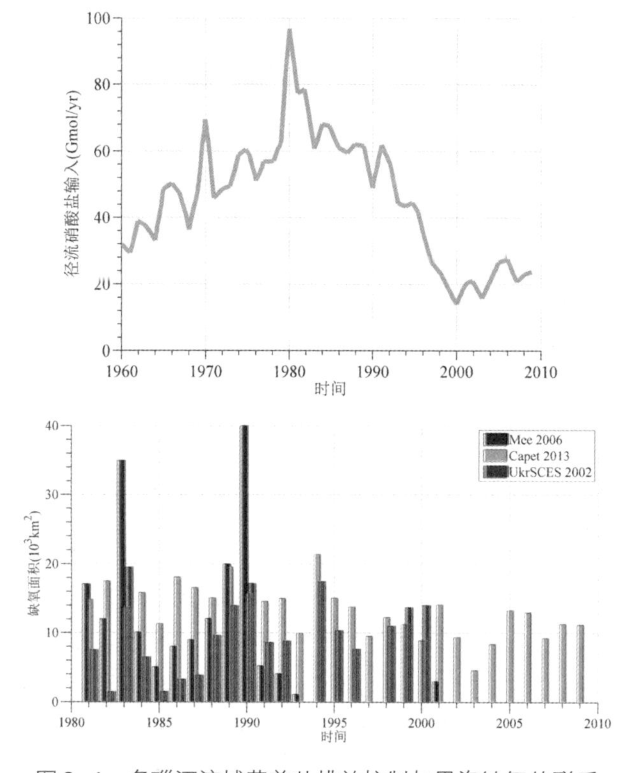

图6-4　多瑙河流域营养盐排放控制与黑海缺氧的联系

3. 陆海统筹杭州湾海洋生态环境保护策略

(1) 杭州湾生态保护实施策略

浙江省委、省政府高度重视杭州湾治理，为此先后出台了《浙江省近岸海域污染防治规划》《浙江省近岸海域污染防治实施方案》《杭州湾区域污染综合整治方案》等，宁波市也出台了《近岸海域污染防治行动方案》《杭州湾（宁波）区域污染综合整治方案》等，全面开展杭州湾陆源污染治理。近5年来，浙江用于治水方面投资超过500亿元。

2019年4月，《杭州湾污染综合治理攻坚战实施方案》发布，要求扎实推进“大湾区”和“美丽浙江”建设，以改善杭州湾生态环境质量为目标，坚持陆海统筹、以海定陆，坚持“污染控制、生态保护、风险防范”协同推进，治标与治本相结合，重点突破与全面推进相衔接，使环杭州湾生态环境质量逐步改善。基本原则是系统治理，两手发力；重点突破，带动全局；标本兼治，务求实效；陆海统筹，河海兼顾。治理范围包括：杭州市市区（含萧山、余杭、富阳）、桐庐县，宁波市镇海区、余姚市、慈溪市和杭州湾新区，嘉兴市全市和绍兴市全市。主要目标为：到2020年，杭州湾区域地表水环境质量进一步改善，列入国家“水十条”地表水考核断面Ⅰ—Ⅲ类比例和入海河流断面水质优于国家考核目标要求，区域内直排海污染源实现达标排放。杭州湾海域水质保持稳定，无机氮和活性磷浓度有所下降，富营养化状况逐步改善。主要实施的措施为：

1）陆域污染治理

深入实施五水共治“碧水”行动。开展“污水零直排区”建设、污水处理厂清洁排放、水环境质量提升、饮用水水源达标、近岸海域污染防治、农业农村环境治理提升、防洪排涝、河湖生态修复、河长制标准化、全民节水护水等十大专项行动。以“污水零直排区”和“美丽河湖”建设为载体，坚持“截、清、治、修”并举，巩固提升剿灭劣五类水成果，深化工业和农业转型升级，加强水产养殖污染治理，全方位推进水环境综合治理和水生态保护。

直排海污染源整治行动。全面实施杭州湾重污染行业整治，降低主要工业污染物的入海总量。加快推进工业园区污水集中处理工程建设和提标改造，建立重金属、有机物等有毒有害污染物排放企业的管控制度，推动重污染行业工艺废水的分质处理，确保污染治理设施稳定运行，达标排放。加强现有入海排污口的整合力度，逐步削减排污口数量，最大限度消减零星企业向杭州湾海域排放污染物。严格根据《中华人民共和国海洋环境保护法》等相关法律法规及近岸海域环境功能区划、规划等相关要求，规范设置入海排污口，严格落实入海排污口备案制度，深入实施入海排污口规范化整治提升工作，全面完成"装、树、联"，即安装在线监测设施，树立公示牌，与环保部门联网。

总氮排放控制行动。完善基础设施建设，推进污水处理厂总氮削减。加大污水处理厂脱氮除磷的力度，严格实施污水排入排水管网许可证制度，推进城镇生活污水处理厂污泥无害化处理处置建设。加强重点行业治理，减少总氮工业源头排放。分类推进工业源总氮削减，积极推广清洁生产、加快废水处理设施的精细化管理、提高中水回用率，加强工业节水技术改造和循环供水、提高水的重复利用率。全面实施入海河流（溪闸）总氮排放浓度控制。总氮排放浓度控制采用在现有浓度水平上的递进式削减控制，控制断面为各入海河流、溪闸的地表水水质自动监测站及入海口。到2020年，杭州湾3条主要入海河流和5个主要入海溪闸入海口总氮排放控制的控制（削减）目标见表6–1。杭州湾沿海城市将其他入海河流纳入常规监测计划，并开展水质监测（含总氮指标）。

表6–1　杭州湾主要入海河流和主要入海溪闸入海口总氮排放控制目标

河流、溪闸名称		监测断面	2020年控制目标 总氮（毫克/升）	控制区域
入海河流	钱塘江	七堡	2.6	杭州市
		湄池	3.6	绍兴市
		将军岩	2.9	金华市
		上仙屋	2.7	金华市
		洋港	2.9	衢州市
	曹娥江	曹娥江大闸前	3.4	绍兴市
	甬江	游山	3.1	宁波市
入海溪闸	四灶浦闸	四灶浦闸	1.5	宁波市
	长山河	长山闸一号桥	1.6	嘉兴市
	海盐塘	南台头闸一号桥	2.3	嘉兴市
	上塘河	上塘河排涝闸	4.6	嘉兴市
	盐官下河	盐官排涝枢纽	5.1	嘉兴市

农业农村污染防治行动。严格畜禽养殖区域和污染物排放总量“双控制”制度。严格执行禁养区、限养区制度。积极发展生态养殖，提高畜禽粪便资源化利用率，实施“千万吨畜禽粪污资源化利用行动”。切实加强畜禽养殖场废弃物综合利用、生态消纳，加强处理设施的运行监管。控制农业面源污染。大力发展现代生态循环农业，积极开展农业废弃物资源化利用。鼓励施用有机肥、沼液等，减少农田化肥氮磷流失。探索末端减排模式，加快推进氮磷生态拦截系统建设。引导农民使用生物农药或高效、低毒、低残留农药，切实减轻农药对土壤和水环境的影响。

2）海域污染治理

水产养殖污染治理行动。实施杭州湾内县域养殖水域滩涂规划，划定禁养区、限养区和可养区，并加以管控。支持发展池塘循环水、工业化循环水、稻渔综合种养、深水抗风浪风箱等清洁高效生产模式，加强重点养殖水域环境监测，开展浙江渔场修复振兴行动。

船舶污染治理行动。加快淘汰老旧落后船舶，鼓励节能环保船舶建造和船上污染物储存、处理设备改造。依法强制报废超过使用年限的船舶。加强船舶水污染防治，督促船舶按要求配备和运行处理设备，开展船舶污染物收集、存放和处置。

港口污染治理行动。把湾区港口污染物的接收、转运及处置纳入城市污染治理体系统一处理，设置船舶生活垃圾接收装置，做好船、港、城设施衔接，提高污染物接收处置能力及污染事故应急能力。

海洋垃圾污染防治行动。沿岸（含海岛）高潮线向陆一侧一定范围内，禁止生活垃圾堆放、填埋，规范生活垃圾收集装置，禁止新建工业固体废物堆放、填埋场所。禁止垃圾入海，严厉打击向海洋倾倒垃圾的违法行为。

3）生态保护修复

海洋生态保护行动。全面加强海洋生态红线管控，严守生态保护红线，确保杭州湾海洋生态保护红线生态功能不降低、面积不减少、性质不改变。制定海洋生态保护红线监督管理办法或相关管理规定，加强生态保护红线监测能力建设，实现对海域生态保护红线的常态化监管。严格围填海管控，严肃查处违法围填海行为，全面清理非法占用生态保护红线区域的围填海项目。严控开发建设活动占用自然岸线，禁止非法采挖海砂，加强杭州湾国家湿地公园的管理与建设，完善海洋生态安全屏障，推进候鸟栖息地保护。

海岸带整治修复行动。开展海岸线整治修复三年行动。加强杭州湾沿海滩涂湿地保护和潮间带生物资源养护，治理互花米草等外来入侵物种，改善湿地生物多样性状况，逐步恢复滨海湿地生态功能，提升杭州湾海岸带抵御台风、风暴潮等海洋灾害能力。开展滨海旅游景区的环境整治，维护海岸自然系统平衡。

4）环境风险防范

海洋突发环境事件风险防范行动。加强对杭州湾沿海环境风险较大的工业企业的环境监管，全面排查杭州湾海洋污染事故潜在风险源，建立重大环境风险名录。加强杭州湾沿海工业开发区和沿海石化、化工、冶炼、石油储运等行业企业的环境执法检查，加大环境违法行为的处罚力度，消除环境违法行为。建立杭州湾区域高风险、重污染企业退出制度。加强杭州湾倾倒区使用状况监督管理工作，做好废弃物向海洋倾倒活动的风险管控。

完善杭州湾海域环境预警应急体系。制定和完善水污染事故处置应急预案，落实责任主体。统筹杭州湾污染事故应急能力建设，建立健全应急预案体系。构建杭州湾重大海洋污染事件应急指挥平台，建立健全杭州湾海域重大环境污染事故应急响应机制，加强事故现场应急监测、污染处理和事后环境影响评估工作，并建立跨区域联动工作机制。

海上溢油风险防范行动。加强杭州湾海域海上溢油及有毒化学品污染风险防范体系建设，完善海上溢油监视体系，提高溢油监视和应急能力。加快杭州湾船舶污染监视、监测体系建设。积极预防溢油污染事故的发生。整合相关部门应急力量，建立健全溢油应急队伍。

（2）杭州湾海洋生态环境保护措施

根据“海陆统筹”“区域联动”“以海定陆”的原则，推进长江口和浙江近海的污染防治。

一是按照“海陆统筹”的原则，针对长江口和浙江近海海域的水质状况主要受控于长江外源性输入这一情况，除了浙江省落实“综合整治入海陆源污染”“强化近岸海域水质监测”等措施外，建议自然资源部牵头，会同环保部、水利部等部门根据职责分工，制定断面水质控制标准，责成长江流域有关省市，进一步削减排入长江的氮、磷等污染物。

二是按照“区域联动”的原则，抓好海域生态环境监控。针对长江口和近岸海域跨界（境）污染问题，由自然资源部牵头，统筹水利、环保已有的长江流域和近海海域的观测监测体系，设立“长江口邻近海域海洋污染物跨界输运监控平台”，实现流域和近海管辖全海域高密度监测，摸清污染因子及分布现状。

三是按照“以海定陆”的原则，实行总量控制，分省包干落实，并实施针对性的在线监测、移动巡查技术，重点详查监控异常区域和特征海域。在动态监测、科学调查的基础上，开展污染物溯源科学研究，科学评估找出和厘定主要污染源头，分析污染形成综合因素和叠加效应，开展生态相应的损益评估，提出生态补偿和污染防治措施。

四是将近海污染治理与“蓝色港湾”“滨海湿地修复”“蓝碳工程”统筹起来实施。2016年10月，国务院关于印发《“十三五”控制温室气体排放工作方案》，提出“增加生态系统碳汇，加强湿地保护与恢复，稳定并增强湿地固碳能力，探索开展海洋等生态系统碳汇试点”。蓝色碳汇不仅在减缓气候变化方面发挥重要作用，还在净化水质、减轻营养负荷、防止海岸带侵蚀、减轻极端天气事件影响等方面发挥着重要作用。如种植滩涂碱蓬等景观植物可以改善海岸带环境，贝藻混养可以改善水质、提升海产品品质，红树林可以阻挡陆地污染物入海，减轻台风和风暴潮的影响。

五是成立长三角及长江流域省际联席委员会或成立长江流域陆海统筹生态委员会，制定政策措施，落实生态补偿制度，定期磋商、解决长江污染治理问题。

三、渤海生态环境保护策略

1. 渤海生态环境实施策略

（1）强化组织领导，压实政治责任

为综合治理渤海湾，天津市成立污染防治攻坚战指挥部，由市委书记任总指挥、市长任常务总指挥，各区成立由区委书记任总指挥、区长任常务总指挥的区级污染防治攻坚战指挥部，统筹推进渤海综合治理攻坚战。天津市还制定了《天津市环境保护工作责任规定》《天津市党政领导干部生态环境损害责任追究实施细则》，建立生态环境保护督察制度，将渤海综合治理作为重点督查和绩效考核内容。常态化进行渤海污染执法检查，定期调度治理进展，扣紧压实各级领导干部的治理责任。

（续表）

（2）坚持规划引领，强化制度建设

为加强渤海湾生态环境保护的制度建设，天津市编制完成一批重大生态规划，并划清了生态保护红线和划定了保护区域。编制了《天津市海洋主体功能区规划》《天津市海洋环境保护规划》，明确总体目标、重点任务和主要措施。规划实施了一批重大生态工程，制定天津市湿地自然保护区“1+4”规划，对湿地进行升级保护，上市发行生态保护专项债券，募集专项资金，加快生态修复建设。制修订《天津市海洋环境保护条例》《天津市环境保护条例》《天津市水污染防治条例》《天津市海域使用管理条例》等多部地方法规，形成了较为完备的法规制度体系。

山东省为响应国家《渤海碧海行动计划》，颁布了《山东省生态碧海行动计划》以及《渤海综合整治规划》。在莱州湾划定海洋特别保护区，并建立海洋牧场示范基地；建立海洋污染治理实验和示范基地，研究开发排污总量控制技术和关键污水处理技术；加强海洋环境监测站建设，完善海洋监测与预报能力以及应急体系。辽宁省为严格落实党中央、国务院关于生态优先、绿色发展的决策部署，制定了《辽宁省海洋功能区划（2011—2020）》，积极推进辽东湾“退养还湿”工作。

（3）坚持陆海统筹，严格源头治理

加强入海河流、排污口的综合整治，从源头上控制入海污染物的排放。1）大幅收严排放标准。出台污水处理厂污染物排放标准、综合污水排放标准，对全部工业废水直排外环境企业、污水处理厂完成提标改造。2）加快补齐环境基础设施短板。实施“工业集聚区围城”专项整治。3）消除“黑臭”突出问题。完成黑臭水体治理工程，消除黑臭水体。4）严格污染管控。加强港口、养殖、海上作业平台的污染防控，对重点污染源实施在线监控；调整海岸线及其两侧的开发利用布局，防止陆海相互影响；打通和建设生态廊道，使陆海生物有序迁移；提高海洋资源开发利用水平。

（4）坚持河海联动，强化治管并举

河流排放是渤海重要的污染源，80%以上的陆源污染通过河流排放入海。对此，天津市采取了河海联动：1）构建市、区、乡镇（街道）、村四级河长责任体系。所有入海河流由各地区“一把手”亲自担任河长，制定并实施“一河一策”。2）实施水系联通循环工程。建设水系连通工程，使入海河流“水动了起来，水活了起来”。3）严格水环境监督管理。设立水质自动监测站，对入境、入海、各区界水质进行监测。4）建立水环境区域补偿制度。出台《天津市水环境区域补偿办法》，按月对各区水质进行综合排名并奖惩。5）严格海域管控。开展陆源入海排污口专项排查整治，实施清单化管理并动态更新。6）建立船舶和港口污染物接收、转运及处置联单制度，启动实施净岸及垃圾分类制度。

（5）坚持生态优先，加强风险防范

天津市：全面停止围填海审批，加强岸线管控；严禁沿海地区过度开采地下水；禁止过度捕捞；做好生态整治与修复；加强海洋生物资源保护；加强沿海环境风险防范；加快推进海上污染应急能力建设。

（6）严格控制污染物排放量

完善以“环境状况监测评价—陆源污染负荷及来源分析—近岸水质管理控制目标制定—陆源污染削减量计算与分配”为主线的总量控制框架体系，并陆续在渤海湾、辽东湾、莱州湾等海湾建立实施入海污染物总量控制制度。通过限制各污染源的污染物排放量，将排入某一特定海域的污染物总量控制或削减到某一水平之下，使该海域环境质量达到功能区的水质要求。1）对环渤海城市群实行生活污水和工业废水集中排放制度。2）对技术水平落后、污染严重的企业，应视其情节严重性，采取关闭或淘汰处理，并对违法单位执行严厉处罚。3）对排污许可和申报制度加以完善。4）大力鼓励清洁、绿色生产，将污染源从源头上切断。5）按照“海陆兼顾、江湖统筹”的基本原则，对各海域具体环境容量进行科学规划，强化监督与管理。通过多种措施并举有效改善渤海区域生态环境，促进生态系统的良性循环。

（7）科学立法，完善管理机制

渤海的区域性立法应当对以下方面进行规定：1）建立渤海海洋环境保护区域合作组织，创设渤海区域环境保护专家会议，参照流域管理机构的法律地位来进行规定。同时，赋予其明确的法律职责及义务。2）强化海上巡逻，对港口码头、海上航运以及海上石油单位出现的违规行为进行严厉查处，完善相应的应急机制，从而在事故发生时，第一时间采取针对性措施加以解决，将事故带来的损失和危害降至最低。

（8）建立与完善渤海环境管理综合协调机制

海洋生态环境保护是一个整体，任何区域海洋生态环境的恶化都会产生传导蔓延释放效应，因此需要环渤海省市的共同努力和协调。环渤海区域涉及海洋方面的规划、政策需要统一制定和各方协调，以便增加规划的科学性和可持续性，避免各地区之间的重复建设、恶性竞争和资源浪费。

（9）提升海上从业人员综合素质

定期对从业人员进行相关法律、法规和专业知识培训，使其掌握海洋生态常识，提升海洋生态环境保护意识，从而更好地将保护意识落实于实际生活当中。

2.进一步强化入海污染排放控制

渤海生态环境的主要威胁来自陆域和海域污染排放。《中国海洋发展报告》指出，渤海辽东湾、渤海湾和莱州湾成为海水污染的重灾区，陆源污染物排海是造成海洋环境污染的主要原因。据2013—2017年数据统计，陆源入海排污达标排放率总体呈上升趋势，但到2017年达标排放率也仅有48%，陆源污染依旧严重，直接影响渤海水质，接连导致海水富营养化等灾害，并对生物多样性等各方面造成不利影响。

陆域污染主要来自于近岸工业、农业和生活污水排放。随着环渤海地区社会经济不断发展，重化工企业布局呈现向渤海沿海集中趋势，包括山东半岛的城市群，河北唐山的曹妃甸、沧州的黄骅港、天津的滨海新区、辽宁沿海城市群等，同时港口运输机临港工业的发展严重威胁近岸海域生态环境安全；农业方面，种植业、畜牧业污染排放是海水中氮、磷污染的重要来源。种植业化肥、农药的使用量大、利用率低等造成农业面源污染严重，进一步对渤海水质造成影响，甚至引发赤潮等灾害；农业发展和工业聚集带动环渤海地区生活聚集，大量的排放和农村乡镇较低的处理水平导致生活污水排放对渤海水质产生直接影响，高含量的氮、磷还可能成为导致水体富营养化和赤潮发生的影响因素之一。

海域污染排放主要来自于采油和大规模海水养殖。渤海油气资源丰富，海上油田多年高效开发，在开发过程中产生大量的采油、生活等污水，虽然目前采油过程的污水处理技术已经比较完善，但大规模开采仍会对海洋水质和沉积物等产生不利影响；大规模、集约化的海水养殖在获取可观的经济效益的同时，引发了一系列生态环境问题：水质变差、富营养化导致赤潮等灾害、海域生物群落结构变化、生物多样性减少、鸟类及重要水生动物栖息地被破坏等。海水养殖用药现象也普遍存在，对海洋生态造成严重威胁。

因此，保护渤海生态环境亟须控制各类污染排放，具体控制、治理建议如下：

（1）控制海域开发强度

加强对环渤海区域开发规模与扩张速度的控制，明确国家限制或者禁止开发区域，保障国家生态安全的重要区域不被破坏，开发应遵循不得损害生态系统稳定性和完整性的原则，严格控制开发强度，严把项目准入环境标准。

（2）加快产业结构调整，推动绿色生产

进一步提高海洋第三产业的比重，推动滨海旅游休闲业、休闲渔业、现代海洋物流业、现代海洋信息业以及涉海金融保险业等海洋服务业。同时，抓住我国经济结构调整、战略性新兴产业大发展的机遇，深度开发利用海洋资源，培育海洋工程装备、海洋生物医药、海水淡化和综合利用、海洋新能源、海底勘测和深潜、海洋环境观测和监测等海洋高新技术产业群，加快建立海洋低碳新型经济体系。

进一步推动绿色生产发展。加强对企业分类排污的研究，制订不同种类企业的排污实施计划和排污收费标准，淘汰技术落后、污染严重、浪费资源的企业，鼓励和指导企业绿色生产，实现经济、社会、环境效益共赢；组织开展清洁生产工作，使用清洁的原料与能源，引进以及应用高效节能机械设备，帮助化工企业改进工艺，全面提升物料与各项能源的应用效能；控制与减少原辅材料使用量，将废物减量化、资源化、无害化；做好清洁生产审核，真正实现节能降耗以及减少成本的目的。

大力发展循环经济。结合实际制定符合循环经济发展需要的资源效率标准、能源效率标准、废弃物排放标准等，制定有效利用的法规和办法并保障实施；从政策制约和物质激励两方面强化企业发展循环经济。科学论证并确定重点行业污染物排放限值和生态环境的指标体系、实施标准的综合效应评估体系，对实现零排放、减量化和资源再利用效率高的企业给予奖励和政策支持，对于排放不达标和不能做到清洁生产的企业处以重罚，采取限期治理甚至关停等措施。

（3）加强污染治理

1）加强陆源污染治理

通过开展直排海污染源整治，彻底清查所有直排海污染源，坚决清理非法排污口，并加强工业集聚区和工业污染源排放情况监管力度，严格控制工业直排海污染源排放。在此基础上，强化入海河流污染综合治理，改善提升入海河流水质，清理不达标河流两岸垃圾及污泥堆存点，开展河道清淤疏浚，建设生态护坡护岸，强化河道自然岸线修复与恢复，削减污染物入海量。针对农业农村污染防治，开展农药化肥科学合理使用、畜禽养殖污染治理、农业废弃物资源化利用、农村生活污水治理、生活垃圾的收集转运处置等工作，并开展生态农业工程及生态农业示范区建设。针对城市生活污染防治，全面加强污水管网建设，推进城镇污水处理设施升级改造，加强设施运行管理，加快污泥无害化处置，落实城市建成区黑臭水体治理。

2）加强海域污染治理

对渤海海域养殖活动进行合理规划、科学布局。按照禁止养殖区、限制养殖区和生态红线区的管控要求，规范和清理滩涂与近海海水养殖，开展海域休养轮作试点；加强水产苗种、饲料、药物等投入品的监督管理。根据海洋环境监测结果，在生态敏感脆弱区、赤潮灾害高发区、严重污染区等海域依法禁止投饵式海水养殖；鼓励采取生态养殖，帮助渔民建立各种清洁养殖模式，鼓励和推动深海养殖、海洋牧场建设；实施各种养殖水域的生态修复工程和示范，尽可能减轻海域养殖业引起的海洋环境污染，为改善海洋生态发挥积极作用。

加强船舶和港口污染治理。强化相关法律法规和标准体系的落实，继续实施海区船舶排污设备铅封管理制度，禁止船舶向水体超标排放含油污水；推进港口和船舶污染物接收、转运、处置设施建设维护；完善和提升港航视频监控系统建设维护，加强对重点码头监控监管，及时发现和处置船舶私排乱放行为。

3. 加快推动滨海湿地修复

渤海滨海湿地主要受到围填海等历史原因的破坏。20世纪90年代以前，渤海湾地区进行了大量的填海造地，主要用于修建盐场和水产养殖场。90年代后随着该地区经济的飞速发展，渤海湾围垦已经成为工业项目，包括天津滨海新区围垦项目、唐山曹妃甸新区围垦项目和沧州渤海新区围垦项目等，其主要目的是修建大型港口和提供工业用地，包括钢铁、化工、电能、装备制造、新型材料、物流等。围填海引起的纳潮量的变化可能破坏水动力条件和海域生态的动态平衡，影响污染物的迁移扩散，降低海湾的自净能力，对沿岸水质造成不利影响。围填海工程导致自然岸线和滨海湿地大量丧失和退化，底质类型改变，水深逐渐变浅，改变了大型底栖动物生境状况。同时被占用的近岸浅滩、滩涂湿地为鱼虾类的重要产卵场和索饵场，浅滩填埋造陆后，生物全部死亡，造成生物群落不可逆的损害。围填海工程极大地改变了海洋生物赖以生存的自然条件，致使围海工程附近海区生物多样性普遍降低，对海洋生态环境造成不利影响，因此亟须对滨海湿地进行保护和修复，具体保护建议如下：

根据国家要求，严格执行生态红线制度，控制围填海的规模与速度，推进和优化保护区建设。除国家重大战略项目外，全面停止新增围填海项目审批；对未经批准或骗取批准的围填海项目，相关部门严肃查处，加强处罚力度；新增围填海项目要同步强化生态保护修复，边施工边修复。同时加快处理围填海历史遗留问题，对已经建设完成的围填海项目进行必要的生态修复，尽可能减小由于历史建设问题对渤海生态环境造成的损害。

对滨海湿地整体上按照限制开发与生态保护相结合、自然修复和人工建设相结合的思想，保护和恢复典型生态系统，保护生物多样性。采取“退田还湿”“退渔还湿”等手段保护滨海湿地，并出台相关生态补偿政策保障实施；通过实施海岸带生态环境整治与修复工程对滨海湿地进行保护和修复。持续推进“蓝色海湾”“南红北柳”“生态岛礁”等重大海洋生态修复工程的实施，实施退堤还海和清淤疏浚等措施，恢复和增加海湾纳潮量、按照“一湾一策、一口一策”的要求，加快河口渤海海湾整治修复工程、因地制宜建设海岸公园和人造沙质岸线等海岸景观，提升海岸抵抗自然灾害的能力，提高海岸带环境质量和景观水平。

4. 加强渔业资源保护

渤海的辽东湾、莱州湾、渤海湾、滦河口等都是重要渔场。由于多年过度捕捞,多种传统捕捞对象已经衰退。据专家估计，渤海渔业资源的可捕量约在30万吨（郝艳萍等，2001），20世纪70年代渤海的年捕捞量就已超过了该值，最近10年，年均捕捞量是可持续利用可捕捞量的3.5倍，高强度的捕捞必然对渤海渔业资源造成不可逆的破坏。

由于渔业资源减少，休渔期“偷渔”现象严重。为加大捕获能力，渔民偷用地笼、浮拖网等国家明令禁止的“绝户网”，导致渤海渔业资源进一步遭到破坏。渔业过度捕捞导致了生物量的减少，也在一定程度上导致生态系统生物多样性的下降，削弱生态系统功能。过度捕捞也是渤海三场一通道退化的重要原因，从最初的资源利用不足、到之后的充分开发利用、进而转变成现在的过度利用阶段，渤海三场一通道优势种呈现由营养级高的优质种类向营养级低的种类更替的现象，恶性循环，渔业进而出现“沿食物网向下捕捞”的趋势（李晓炜等，2018）。因此，保护渤海渔业资源迫在眉睫，具体保护措施包括：

（1）有计划地控制和压减近岸海域和近海生物资源的捕捞强度

优化海洋捕捞作业结构，全面清理取缔“绝户网”等对渔业资源和环境破坏性大的渔具，清理整治渤海违规渔具，严厉打击涉渔“三无”船舶，逐步压减捕捞能力。

（2）保护和合理利用相结合

根据各种群对渤海三场一通道利用的时空特点，基于需针对幼鱼主要索饵场建立幼鱼保护区的原则，健全沿海种质资源保护区；依据在产卵期需针对主要产卵场建立禁渔区的原则，进行禁渔区时空分布的合理规划；根据种群亲体补充量平衡的原则，完善伏季休渔制度；同时需加大水生生物的增殖力度，限定上市鱼最小规格、加大上岸渔获物的监督力度。鼓励建立以人工鱼礁为载体、底播增殖为手段、增殖放流为补充的海洋牧场示范区，养护近海生物资源及生态环境，从而使渤海的渔业资源开发转为可持续利用的状态。

（3）实施生态恢复

针对目前三场一通道的衰退现状，基于渔业资源生活史不同阶段温盐适应阈值，以及三场一通道不可替代性原则，划定渔业资源三场一通道恢复的关键区域，进行生态恢复试点工作。

（4）加大渔业科学管理的宣传和科普力度

通过政府管理建立健全保护机制的同时，应提高沿海居民科学利用渔业资源的意识。从学校、渔民、市民等多方面，推广渔业资源科学开发和利用的科普活动，从而提高消费者、生产者和下一代的责任意识，推动全民保护行动的实际落实。

5. 保障入海生态流量

近岸海域生态需水与入海淡水量直接相关。入海淡水量影响近岸海域生态系统的物理环境，主要是盐度和营养盐通量，即无机环境和有机环境，进而改变近岸海域生物的生境和基础食物，引起生物的演替。

入海径流是近岸海域淡水量的重要补给源，入海径流量的减少将引起近岸海域盐度的增加。盐度变化对生命体的分布有着意义深远的影响，如近岸海域的低盐度区域对稚鱼和无脊椎动物来讲是重要的育苗场，也是洄游鱼类重要的产卵场，因此入海径流对维护渤海海洋生态系统平衡具有重要的意义。

近年渤海沿岸河流入海径流量显著减少。黄河是渤海最大的入海河流，其淡水入海量约占渤海入海径流量的3/4；黄河入海径流量从20世纪50年代的500亿立方米下降到现在的约81亿立方米。不仅黄河入海量减少，海河和辽河的平均入海径流量自60年代起也呈减小的趋势。因此保障生态需水应以保障入海径流为主，具体对策有：

（1）加强水资源节约社会体系建设

提高水资源保护意识，加强水资源节约社会体系建设。环渤海三省一市加快实现从粗放用水向节约用水转变，采取节流、开源、保护并举的综合性措施，满足经济社会对水的需求；建立水资源优化配置和高效利用的工程技术体系以及自觉节水的社会行为规范体系，全面推进节水型社会建设。

（2）控制中小型水电开发

入海河流中、上游为便于向城市供水而多建设水库，在一定程度上引起河流入海径流量减少，需对上游中小型水电开发强度进行控制。根据相关政策和需求合理规划，严格控制水电项目核准，未编制河流水电规划或与河流水电规划不符的水电项目，不得审批核准建设，避免过度开发导致无法满足渤海生态需水要求。针对水电开发强度较大以及河流生态功能受到损害的已开发河流或区域，在加快进行生态修复的同时加大对水电开发的控制力度，必要时可全面停止中小型水电项目开发。

（3）合理实施水电优化调度与生态放流

考虑入海河流生态需水和水功能要求，确定水库优化调度目标和原则。在结合水生生境和水环境功能要求的基础上，确定具体下泄水量，包括泄流时间、泄流量、泄流历时等。针对不同水库的具体情况，运用合理的调度方式控制水体污染，通过下泄合理的生态基流，减轻或消除对下游生态环境的不利影响。水电优化调度时应深入研究有关鱼类生态习性和种群分布，综合考虑地形地质、水文、泥沙、气候以及水工建筑物形式等因素，与栖息地、增殖放流站等鱼类保护措施进行统筹协调。

（4）加强河道及水网建设

完善河道及水网建设，提升三省一市的城市基础设施建设水平，逐步增加河道生态补水。采取生态护岸、生物防护恢复滩地植被等方法，对淤积情况较严重的河道采取清淤处理，去除多年来集聚在河底的沉积物，从而增加河道的蓄水量，使水流更顺畅；通过河系沟通工程保障河流水系的沟通和水资源的合理调配，进行河流之间的生态补水，改善河道的生态环境。

（5）加强生态流量管理

全面考虑生态用水目标，针对不同区域、同一河流不同河段的差异，设计切实可行的生态流量实施方案，加强对生态放流实施的适应性管理和生态监测网络建设。同时，也需加强政府部门在生态流量实施过程中的主导作用，应建立水利部门主导的生态环境、农村农业、能源等多个部门共同参与的生态流量管理机制。

6. 加强海域污染风险预防与应急处理

强化陆源突发环境事件风险防范。加快推动修订、完善近岸海域环境污染事故应急预案，持续推进建立专业应急队伍和应急设备库，进一步加强区域环境事件风险防范能力建设，定期开展应急演练和评估工作，提高污染事故应急处置能力。

强化渤海海域海上溢油及危化品泄漏风险防范和应急处理能力。为减小渤海海域不确定风险发生的频率，定期开展重点风险源专项执法检查，依法严肃查处环境违法行为；进一步明确近岸海域和海岸的污染治理责任主体，加强海上溢油及危化品泄漏对近岸海域影响的环境监测；构建、完善应急响应和指挥机制，开展应急响应演练，增强应急处置能力；进一步加强渤海海域污染应急联动机制建设，遵循“属地管理、统一指挥，区域协作、资源共享，快速反应、联动高效”的基本原则，在渤海海域内形成统一指挥、协调有序、反应灵敏、运转高效的应急管理工作格局。

加强海洋生态灾害预警与应急处置。利用现有的岸站和海上浮标，在重点海水浴场和滨海旅游区，建立海洋赤潮（绿潮）灾害监测、预警、应急处置体系，包括在线监测预警系统、信息收集—研判核实—应急处置—信息发布管理系统、水产品市场贝毒抽样检测与养殖海区溯源管理系统等，严控相关问题水产品流入市场及扩散。

四、粤港澳大湾区生态保护措施

粤港澳大湾区初步构建了政府间环境合作的行动框架，环境合作不断拓展和深化，并取得了显著的治理成效。环境合作的主要探索和经验是：制定区域规划引领大湾区环境合作；签署行政协议推动大湾区环境合作；构建组织机制保障大湾区环境合作；实施环保工程推动大湾区环境合作。

1.以区域规划引领粤港澳大湾区环境合作

粤港澳大湾区城市群为了解决区域环境问题，将环境治理纳入了粤港澳区域合作与发展的相关综合规划或专项规划之中，通过规划引领区域环境合作行动。2009年国务院实施《珠江三角洲改革发展规划纲要》，同年，粤港澳共同研究《大珠江三角洲城镇群协调发展规划》,2012年，粤港澳共同编制实施《共建优质生活圈专项规划》，这些规划以合作解决区域公共问题为出发点，设计了粤港澳区域合作的蓝图，奠定了区域环境合作的政策基础。这些区域规划中对区域环境治理作了明确规定和安排，为粤港澳、粤港、粤澳环境合作提供政策指引和行动建议。

2.以行政协议推动粤港澳大湾区环境合作

2010年，广东省政府与香港特区政府签订《粤港合作框架协议》，2011年签订《粤澳合作框架协议》，这些框架协议的内容都涉及环境保护领域的合作。《泛珠三角区域合作框架协议》第四条提出，建立区域环保协作机制，加强“9+2”在生态建设、水环境保护、大气环境保护和清洁生产等方面合作；制定区域环保规划，加强珠江流域的生态建设，提高流域整体环境质量。《粤港合作框架协议》第一章提出构建全国领先的区域环境和生态保护体系，建设优质生活圈；第六章第一条强调，共同防治空气污染和开展水资源保护，开展粤港海洋环境监测网络技术交流，开展联合专项执法行动，打击破坏海洋环境等违法活动，实施清洁生产伙伴计划，合作实施滨海湿地保护工程，共同建设自然保护区。《粤澳合作框架协议》的第五章对环境保护作了概括性的表述：加强区域水环境管理和污染防治，治理珠澳跨境河涌污染，创新流域整治的合作机制，构建完整的区域生态系统，建设跨境自然保护区和生态廊道；加快环珠江口跨境区域绿道建设，共建区域空气质量监测网络，完善区域污染信息通报机制，完善联防联治机制。2017年7月，国家发展和改革委员会、广东省政府、港澳特区政府四方签订了《深化粤港澳合作推进大湾区建设框架协议》，提出坚持生态优先、绿色发展的原则，着眼于城市群可持续发展，强化环境保护和生态修复，推动形成绿色低碳的生产生活方式，将粤港澳大湾区建设成为宜居宜业宜游的优质生活圈。

3. 以组织机制保障粤港澳大湾区环境合作

多年来，粤港澳构建了以联席会议为核心的合作机制，在联席会议框架下，通过建立粤港、粤澳环保合作小组及其下设的专责（项）小组，落实执行相关环境合作规划、协议和行动方案。联席会议制度和环境工作（专责）小组相结合是粤港澳大湾区环境合作的组织特征，通过建立联席会议制度和环境工作小组来研究决定区域重大环境合作事项，达成协调合作关系，落实合作规划和协议。其中领导人联席会议是指导粤港澳环境合作的高层对话机制。

4. 以环保工程落实粤港澳大湾区环境合作

水环境治理是粤港澳环境合作的重头戏之一，主要在涉及跨界河流、珠江口近岸海域治理工程上的研究和治理合作。粤港澳水环境治理合作主要是深港、珠澳之间的合作。跨界河流主要是深港、珠澳的界河，如深港边界河流——深圳河，珠澳边界河流——鸭涌河、前山河等。如深圳湾在香港称为后海湾，这是广东与香港共管的近岸海域，是中国污染严重的海湾之一。为了治理深圳湾，深港两地政府投放资源，拓建与优化深圳湾集水区内的污水基础设施，2000年共同制定《后海湾（深圳湾）水污染控制联合实施方案》。2007年共同制定《实施方案2007年修订本》，订立深圳湾污染物减排目标，逐步削减污染负荷。双方根据方案积极治理水环境，深圳湾水质得到了改善。另一个例子是珠江口治理工程。2004年，启动粤港澳三地珠江口湿地生态保护工程，该工程计划用5年时间，种植500平方千米的红树林，并抢救珠江口周围5000平方千米的珍贵湿地，从而构筑珠江口红树林湿地保护圈。2008年，粤港两地合作建成一套先进的珠江河口地区水质数值模型，为河口水环境管理提供了科学分析工具。2009年2月，粤港澳共同编制《环珠江口宜居湾区建设重点行动计划》，该《计划》着重分析了湾区的湿地系统、跨区域污染和环境保护，研究湾区内水资源利用、水环境保护等。

参考文献

[1] 阿勒马太·努开西.畜禽规模化养殖场环境污染防治措施[J].畜牧兽医科学(电子版),2017(09):26.

[2] 安徽省统计局.安徽统计年鉴2017[M].北京:中国统计出版社,2017.

[3] 边巴.规模化畜禽养殖场污染治理现状与对策[J].畜牧兽医科技信息,2015(1):40.

[4] 曹清尧.关于加大国家对长江上游地区畜禽粪污资源化利用的建议[N/OL].重庆日报,2019-03-06[2020-04-10].http://hqb.nxin.com/app/hqb/viewArticleDetail-1.shtml?infoId=51556.

[5] 陈昂,吴淼,王鹏远等.中国水电工程生态流量实践主要问题与发展方向[J].长江科学院院报,2019,36(7):33-40.

[6] 陈春强,张强,关晓东等.沙尘和灰霾期间中国近海大气氮沉降通量估算[J].中国环境科学,2019,39(6):2596-2605.

[7] 陈能汪,洪华生,张珞平.九龙江流域大气氮湿沉降研究[J].环境科学,2008,29(1):38-46.

[8] 陈庆俊,吴晓峰.长江经济带化工产业布局分析及优化建议[J].化学工业,2018(3):5-9.

[9] 陈谊.市政污水处理厂出水氨氮超标问题及处理[J].化工设计通讯,2019,45(3):197.

[10] 陈宇云,朱利中.杭州市多环芳烃的干、湿沉降[J].生态环境学报,2010,19(7):1720-1723.

[11] 单秀娟,线薇薇,武云飞.长江河口生态系统鱼类浮游生物生态学研究进展[J].海洋湖沼通报,2004,4:94-100.

[12] 邓邦平,杨宇峰.大鹏澳养殖海域表底层水环境及浮游动物群落结构的比较研究[J].海洋环境科学,2011,30(4):492-495.

[13] 邓金运,范少英,庞灿楠等.三峡水库蓄水期长江中游湖泊调蓄能力变化[J].长江科学院院报,2018,35(5):147-152.

[14] 邓银银.基于卫星数据的中国近海氮沉降通量估算研究[D].青岛:中国海洋大学,2014.

[15] 第一次全国污染源普查资料编纂委员会.污染源普查技术报告(上、下)[M].北京:中国环境出版社,2011.

[16] 董蕾,耿春女.一项为期15年的切萨皮克湾清理工作计划[J].中国环境科学,2010,30(10):1507.

[17] 董哲仁.莱茵河——治理保护与国际合作[M].郑州:黄河水利出版社,2005.

[18] 杜广强.我国31个省市区循环经济发展水平评价研究[J].科技管理研究,2006,08:46-49.

[19] 杜晓敏,郑人瑞,杨宗喜.莱茵河流域综合治理经验与启示[N].中国矿业报,2018-06-20.

[20] 段菁春,谭吉华,薛志钢等.以环保约束性指标优化钢铁工业布局[J].工程研究—跨学科视野中的工程,2013,5(3): 259-264.

[21] 方明,吴友军,刘红等.长江口沉积物重金属的分布、来源及潜在生态风险评价[J].环境科学学报,2013,33(2):563-569.

[22] 冯来兄.城市污水管网建设施工中的有关问题[J].河南建材,2018,6:237-238.

[23] 高会旺,张潮.海洋大气沉降研究面临的挑战[J].中国海洋大学学报(自然科学版),2019,49(10):1-9.

[24] 高明洁.关于中国循环经济发展现状的思考[J].北京邮电大学学报(社会科学版),2011,4:76-81.

[25] 高翔.美国海洋石油开发环境污染法律救济机制及对我国的启示与借鉴[J].南方论丛,2014,1:14-22.

[26] 耿维,胡林,崔建宇等.中国区域畜禽粪便能源潜力及总量控制研究[J].农业工程学报,2013,29(1):171-179.

[27] 贡长生.把握长江经济带发展的战略机遇、加快发展我国绿色磷化工产业[J].磷肥与复肥,2019,34(09): 5-8.

[28] 顾骅珊.区域水污染治理典型案例分析[J].环境经济,2012,9:38-41.

[29] 顾湘.区域海洋环境治理的协调困境及国际经验[J].阅江学刊,2018,5:13.

[30] 管秉贤.黄、东海浅海水文学的主要特征[J].黄渤海海洋,1985,04:5-14.

[31] 郭文献,李越,卓志宇等.三峡水库对长江中下游河流水文情势影响评估[J].水力发电,2019,5(05):26-31.

[32] 国电贵阳勘测设计院.乌江干流规划报告[R].贵阳:国电贵阳勘测设计院,1988.

[33] 国家发展和改革委员会,生态环境部,农业农村部,住房和城乡建设部,水利部.关于加快推进长江经济带农业面源污染治理的指导意见[R/OL].(2018-11-01)[2019-05-21].https://www.ndrc.gov.cn/fzggw/jgsj/njs/sjdt/201811/t20181101_1194909.html?code=&state=123.

[34] 国家发展和改革委员会.关于加快推进长江经济带农业面源污染治理的指导意见答记者问[EB/OL].(2018-11-01)[2019-04-15].http://www.gov.cn/zhengce/2018-11/01/content_5336549.htm.

[35] 国家海洋局东海分局.2017年东海区海洋环境公报[R/OL].(2018-09-25)[2019-12-25].http://ecs.mnr.gov.cn/xxgk_166/xxgkml/hytj/202009/t20200918_17772.shtml.

[36] 国家海洋局海洋发展战略研究所课题组.中国海洋发展报告(2018)[M].北京:海洋出版社,2019.

[37] 国家统计局,生态环境部.中国环境统计年鉴2018[M].北京:中国统计出版社,2019.

[38] 国家统计局.中国统计年鉴2017[M].北京:中国统计出版社,2018.

[39] 国家统计局.中国统计年鉴2018[M].北京:中国统计出版社,2019.

[40] 国务院办公厅.国务院办公厅转发发展改革委等部门关于加快推行清洁生产的意见[R/OL].(2003-12-17)[2019-6-23].http://www.gov.cn/gongbao/content/2004/content_63088.htm.

[41] 海洋图集编委会.渤黄东海海洋图集[M].北京:海洋出版社,1990.

[42] 郝杰.四川省循环经济发展现状及出路分析[J].广东经济,2017,20:156.

[43] 郝艳萍,鲍洪彤,徐质斌.渤海渔业资源可持续利用对策探讨[J].海洋科学,2001,25(1):52-54.

[44] 何鸿雁,岳敏,佟立娟.市政污水处理厂出水氨氮超标问题及处理[J].化工设计通讯,2018,4(08):211.

[45] 何俊文.污水管网建设中常见问题与解决措施[J].建筑建材装饰,2019(11):157-158.

[46] 何予川,王明娅,王明仕等.中国降尘重金属的污染及空间分布特征[J].生态环境学报,2018,27(12):2258-2268.

[47] 贺克斌,李雪玉.中国大气污染防治回顾与展望报告2018(执行报告)[R/OL].(2018-11)[2019-12-29].http://www.nrdc.cn/information/informationinfo?id=193&cook=2.

[48] 贺克斌,李雪玉.中国大散煤综合治理调研报告2018[R/OL].(2018-8)[2019-12-30].http://www.nrdc.cn/information/informationinfo?id=190&cook=2.

[49] 贺世杰,王传远,刘红卫.海洋溢油污染的生态和社会经济影响[C]// 中国环境科学学会.2013中国环境科学学会学术年会论文集.北京:中国学术期刊电子杂志社,2013.

[50] 贺婷.杭州湾水污染防治的制度创新研究[D].赣州:江西理工大学,2014.

[51] 洪宇.国际跨界水环境管理经验探析——以莱茵河为例[J].科技情报开发与经济,2008,18(26):74-76.

[52] 胡冰,陆海英,葛东凌等.杭州湾北岸漕泾—柘林近岸海域浮游生物的调查[J].上海师范大学学报(自然科学版),1998,2:56-63.

[53] 黄成,陈长虹,李莉等.长江三角洲地区人为源大气污染物排放特征研究[J].环境科学学报,2011,31(9): 1858-1871.

[54] 黄冠中,卢瑛莹,陈佳等.浙江省畜禽养殖污染减排对策研究[J].环境科学与管理,2013,38(12):93-97.

[55] 黄冠中,周洋毅.浙江省畜禽养殖污染减排对策研究[J].环境科学与管理,2013,38(12):93-97.

[56] 黄娟.协调发展理念下长江经济带绿色发展思考——借鉴莱茵河流域绿色协调发展经验[J].企业经济,2018,37(02):5-10.

[57] 霍军军,许继军.长江流域农业面源污染现状及控制对策措施研究[C]// 中国环境科学学会.2011 中国环境科学学会学术年会论文集.北京:中国环境科学出版社,2012.

[58] 贾根源.试析城市内涝现状下的市政管网建设[J].华东科技(综合),2019(17):57+63.

[59] 江可,周李月,王炜.湖北省循环经济发展现状及发展策略分析[J].现代商业,2019(19):77-78.

[60] 姜华荣.德国环保状况与海洋环境保护[J].海洋技术学报,2004,23(1):106-108.

[61] 姜彤.莱茵河流域水环境管理的经验对长江中下游综合治理的启示[J].水资源保护,2002,3:45-50.

[62] 蒋维政.畜禽规模化养殖场环境污染防治措施[J].广东畜牧兽医科技,2014,39(3);5-8.

[63] 金玲,闫祯.散煤治理的经验、挑战与对策[J/OL].中华环境,2016,11:34-37[2019-12-25].http://www.zhhjw.org/a/qkzz/zzml/201611/fmbd/2016/1125/6236.html.

[64] 荆春燕,黄蕾,曲常胜.跨界流域环境管理与预警——欧洲经验与启示[J].环境监控与预警,2011,1:12-15.

[65] 阚文静,范德江,张秋丰等.渤海湾天津近岸海域水质特征及评价[J].海洋湖沼通报,2016,1:25-29.

[66] 柯馨姝,张凯,盛立芳.大气沉降中重金属元素污染研究进展[C]//中国环境科学学会.2014 中国环境科学学会学术年会论文集.北京:中国环境科学出版社,2015.

[67] 孔令桥,张路,郑华等.长江流域生态系统格局演变及驱动力[J].生态学报,2018,38(3):741-749.

[68] 雷坤,李子成,李福建.渤海湾:经济与生态之博弈[J].环境保护,2011,15:17-20.

[69] 李保磊,赵玉慧,杨琨等.渤海海洋环境状况及保护建议[J].海洋开发与管理,2016,33(10):59-62.

[70] 李春华.我国政府生态审计框架构建研究[D].重庆:重庆理工大学,2017.

[71] 李干杰.继往开来 砥砺前行 谱写新时代生态环境保护事业壮丽华章[J].环境保护,2019,47(17):6-9.

[72] 李慧青,朱光文,李燕等.欧洲国家的海洋观测系统及其对我国的启示[J].海洋开发与管理,2011,01:1-5.

[73] 李家芳.浙江省海岸带自然环境基本特征及综合分区[J].Acta Geographica Sinica,1994,61(6):55-63.

[74] 李磊,平仙隐,王云龙等.长江口及邻近海域沉积物中重金属研究——时空分布及污染分析[J].中国环境科学,2012,32(12):2245-2252.

[75] 李立青,尹澄清,何庆慈等.武汉市城区降雨径流污染负荷对受纳水体的贡献[J].中国环境科学,2007,27(3):312-316.

[76] 李敏桥,林田,郭天锋等.长江口大气多氯联苯干湿沉降通量[J].环境科学学报,2019,39(8): 2718-2724.

[77] 李卫,王庆云,甄恩利.城市内涝现状下的市政管网建设研究[J].自然科学(全文版),2018,02:395-396.

[78] 李潇,刘书明,付瑞全等.杭州湾表层海水营养盐分布特征及富营养化状况研究[J].环

境科学与管理,2017,42(9):66-71.
[79] 李晓炜,侯西勇,邸向红等.从生态系统服务角度探究土地利用变化引起的生态失衡——以莱州湾海岸带为例[J].地理科学,2016,36(8):1197-1204.
[80] 李晓炜,赵建民,刘辉等.渤黄海渔业资源三场一通道现状、问题及优化管理政策[J].海洋湖沼通报,2018,164(05):149-159.
[81] 李亚平,吴三潮,雷静等.长江中下游主要城市供水保证水位（流量）研究[J].人民长江,2013,04:22-24.
[82] 李圆圆.东海持久性有机污染物多溴联苯醚的“源—汇”作用研究[D].上海:复旦大学,2014.
[83] 李占一.合作博弈视角下的国际环境治理合作: 以莱茵河为例[J].系统工程,2015,5:142-146.
[84] 廉宏文.工业经济结构调整面临的问题和对策思路[J].现代工业经济和信息化,2018,8(15):9-10.
[85] 林超,康洁.应用空间参考回归模型评估切萨皮克湾流域的总氮负荷[J].水科学与工程技术,2002,1:47-48.
[86] 林凤翱,卢兴旺,洛昊等.渤海赤潮的历史、现状及其特点[J].海洋环境科学,2008,27(S2):1-5.
[87] 林军.长江口外海域浮游植物生态动力学模型研究[D].上海:华东师范大学,2011.
[88] 林熙戎,叶属峰,孙亚伟等.嵊山岛大气重金属十年干沉降特征变化[J].上海海洋大学学报,2015,5:82-88.
[89] 刘变叶.构建循环经济产业链[J].创新科技,2007,2:22-23.
[90] 刘健.美国切萨皮克湾的综合治理[J].世界农业,1993,03:8-10.
[91] 刘晃,王菊英,胡莹莹等.渤海近岸海域石油类污染变化趋势[J].海洋与湖沼,2014,45(1):88-93.
[92] 刘六宴,温丽萍.中国高坝大库统计分析[J].水利建设与管理,2016,9:12-16.
[93] 刘守海,王金辉,刘材材等.长江口水域夏季鱼卵和仔稚鱼年间变化[J].生态学报,2015,35(21):7190-7197.
[94] 刘霜,张继民,刘娜娜等.芬兰湾海洋环境保护与管理及其对我国的启示[J].海洋开发管理,2012,3:83-90.
[95] 刘向辉.美国国土综合整治的典型:切萨皮克湾综合整治的成功经验[J].国土与自然资源研究,1995,2:75-80.
[96] 刘晓辉.地转调整与台湾东北黑潮入侵陆架的研究[D].杭州:浙江大学,2015.
[97] 刘洋.长江中游城市群发展模式转型思路研究[J].中国经贸导刊(理论版),2017,32:44-47.
[98] 刘振.濑户内海海岸带保护法律制度研究及对渤海海岸带保护的启示[D].青岛:中国

海洋大学,2013.

[99] 刘志彪.重化工业调整:保护和修复长江生态环境的治本之策[J].南京社会科学,2017,2:7-12.

[100] 路文海,曾容,陶以军等.渤海生态修复进展及国际典型内海修复经验借鉴[J].中国人口资源与环境,2015,25(11):316-319.

[101] 吕金刚.上海市降水降尘中PAHs和PCBs的时空分布特征与源解析[D].上海:华东师范大学,2012.

[102] 罗自刚.海洋公共管理中的政府行为:一种国际化视野[J].中国软科学,2012,07:6-22.

[103] 马冬,丁焰,尹航等.我国船舶港口空气污染防治现状及展望[J].环境与可持续发展,2014,6:40-44.

[104] 马冬,肖寒,白涛等.美国船舶港口大气污染防治及对我国的启示[J].世界海运,2017,11:31-36.

[105] 马敬,韦玉成,刘林山.日本资源环境法律制度概论[M].兰州:甘肃民族出版社,2010.

[106] 马力,邢胜鹏,蔡振松.市政污水管网建设问题解析[J].建筑工程技术与设计,2018(21):2183.

[107] 马云,龚艳华.我国大气污染防治工作面临的问题[J].中国科技信息,2014,12:29-30.

[108] 孟菁华,史学峰,向怡等.大气中重金属污染现状及来源研究[J].环境科学与管理,2017,42(8):51-53.

[109] 孟玉.浅议小城镇污水处理的规划和设计[J].中国建设信息(水工业市场),2006,5:26-30.

[110] 聂红涛.近岸海域水环境综合管理中的若干基础问题研究及应用[D].天津:天津大学,2010.

[111] 农业农村部渔业渔政管理局,全国水产技术推广总站,中国水产学会.中国渔业统计年鉴[M].北京:中国农业出版社,2019.

[112] 欧阳光.油污来袭 渤海之殇——渤海湾溢油与生态环境污染[J].环境保护,2011,15:12-16.

[113] 彭佳学.浙江“五水共治”的探索与实践[J].行政管理改革,2018,10:9-14.

[114] 秦海平.市区给水管网建设的几点建议[J].黑龙江环境通报,2001,3:60-61.

[115] 秦晓光,程祥圣,刘富平.东海海洋大气颗粒物中重金属的来源及入海通量[J].环境科学,2011,8:19-22.

[116] 秦延文,马迎群,王丽婧等.长江流域总磷污染研究取得进展[EB/OL].(2018-01-23)[2019-12-27].http://www.schjkxxh.org.cn/kpxc/xhhbkjfxb/201801/t20180123_286063.html.

[117] 任敏,刘莲,何东海等.试论滨海发电厂温排水对象山港赤潮的影响[J].海洋开发与管理,2012,29(3):87-89.

[118] 桑连海,黄薇,廖志丹.长江流域城市污水处理现状与节水效应浅析[J].长江科学院院报,2007,24(4):23-25.

[119] 沈光玉.渤海及邻近海域船舶溢油事故风险评价及规避研究[D].大连:大连海事大学,2012.

[120] 沈建华,周甦芳,董玉来等.2003年度东海暖流的分析[J].海洋预报,2005,22(4):14-19.

[121] 石晓勇,李鸿妹,王颢等.夏季台湾暖流的水文化学特性及其对东海赤潮高发区影响的初步探讨[J].海洋与湖沼,2013,44(5): 1208-1215.

[122] 帅卿,刘颢刚.简析城镇生活污水配套管网建设管理存在的问题及对策[J].江西科学,2015,152(6):126-131.

[123] 水利部长江水利委员会.长江流域及西南诸河水资源公报[R/OL].(2019-09-03)[2020-01-22].http://www.cjw.gov.cn/uploadfiles/zwzc/2019/9/201909031615548433.pdf.

[124] 水利部长江水利委员会.长江泥沙公报(2017)[M].武汉:长江出版社,2018.

[125] 思北.美国修复消失的波普拉岛[J].地理教学,2012,14:64.

[126] 四川电力年鉴编纂委员会.大渡河干流水电规划调整报告[R].成都:国电成都勘测设计研究院,2003.

[127] 宋舜玲.生态文明建设中环境审计作用机理研究[D].济南:济南大学,2016.

[128] 苏纪兰.中国近海的环流动力机制研究[J].海洋学报(中文版),2001,23(4):1-16.

[129] 苏晓洲,王大千,周勉等.垃圾围村触目惊心 城乡生态环境差距日渐拉大[N/OL].人民日 报,2016-07-01[2020.03.14].http://env.people.com.cn/n1/2016/0701/c1010-28515078.html.

[130] 孙博文,李雪松.国外江河流域协调机制及对我国发展的启示[J].区域经济评论,2015,2:156-160.

[131] 孙鹭.我国大气污染防治工作面临的问题[J].城市建设理论研究(电子版),2015,12:29-30.

[132] 孙培艳.渤海富营养化变化特征及生态效应分析[D].青岛:中国海洋大学,2007.

[133] 孙孝文.长江流域产业结构分析与思考[J].西北农林科技大学学报(社会科学版),2009,4:47-51.

[134] 孙亚梅,郑伟,宁淼等.论长江经济带大气污染防治的若干问题与防治对策[J].中国环境管理,2018,10(1):75-80.

[135] 唐启升,范元炳,林海.中国海洋生态系统动力学研究发展战略初探[J].地球科学进展,1996,11(2):160-168.

[136] 唐天均,谢林伸,彭溢等.东京湾水环境治理对深圳的启示[J].环境科学与管理,2014,39(12):42-44.

[137] 唐子涵.杭州湾北部表层水域浮游动物种类组成及与环境因子相关性[D].上海:上海海洋大学,2016.

[138] 滕祥河，文传浩，兰秀娟．三峡库区水环境安全及管理策略[J]. 开放导报，2017,3:13-17.
[139] 汪洋．波罗的海环境问题治理及其对南海环境治理的启示[J]. 牡丹江大学学报，2014,08:141-143.
[140] 王长友．东海Cu，Pb，Zn，Cd重金属环境生态效应评价及环境容量估算研究[D]. 青岛：中国海洋大学，2008.
[141] 王颢．夏季台湾暖流的水文、化学特性及其对东海赤潮高发区生源要素补充的初步研究[D]. 青岛：中国海洋大学，2007.
[142] 王辉，刘小宇，张佳琛等．经济形态演变对海洋海岛生态环境的影响——以美国海峡群岛为例[J]. 地理科学，2016,36(4):540-547.
[143] 王金南，董战峰，蒋洪强等．中国环境保护战略政策70年历史变迁与改革方向[J]. 环境科学研究，2019,30(10):1636-1642.
[144] 王军，林晓红，史云娣．海湾开发与生态环境保护对策探讨——日本东京湾发展历程对青岛的借鉴[J]. 中国发展，2011,04:11-14.
[145] 王骏飞，刘宁锴．大气氮沉降机制及其生态影响研究进展[J]. 污染防治技术，2018,31(06):21-25.
[146] 王昆山，金秉福，石学法等．杭州湾表层沉积物碎屑矿物分布及物质来源[J]. 海洋科学进展，2013,01:99-108.
[147] 王思凯，张婷婷，高宇等．莱茵河流域综合管理和生态修复模式及其启示[J]. 长江流域资源与环境，2018,27(1):215-224.
[148] 王同生．莱茵河的水资源保护和流域治理[J]. 水资源保护，2002,4:60-62.
[149] 王业保．渤海海域船舶溢油风险及船舶避难地选取策略研究[D]. 北京：中国科学院大学，2018.
[150] 王悦，高千红．长江水文过程与四大家鱼产卵行为关联性分析[J]. 人民长江，2017,48(6):24-27.
[151] 王跃中，贾晓平，林昭进等．东海带鱼渔获量对捕捞压力和气候变动的响应[J]. 水产学报，2011,35(12):1881-1889.
[152] 王韵杰，张少君，郝吉明．中国大气污染治理：进展·挑战·路径[J]. 环境科学研究，2019, 32(10):1755-1762.
[153] 魏帆，韩广轩，张金萍等．1985—2015年围填海活动影响下的环渤海滨海湿地演变特征[J]. 生态学杂志，2018,37(5):1527-1537.
[154] 温跃长，周晶，杨晓微．浅谈城市污水处理厂的建设规划[J]. 环境科学与管理，1999,1:40-42.
[155] 文建华，王莎莎，原建光．城市污水处理现状及污水处理厂提标改造研究[J]. 焦作大学学报，2018,102(02):82-86.
[156] 吴弼人．中芬环保合作进入“产业技术转移推动时代”[J]. 华东科技，2008,12:57.

[157] 吴晓璐.长三角地区大气污染物排放清单研究[D].上海:复旦大学,2009.
[158] 邢建伟.人类活动影响下胶州湾的大气干湿沉降与营养物质收支[D].北京:中国科学院大学,2017.
[159] 徐兆礼,高倩.长江口海域真刺唇角水蚤的分布及其对全球变暖的响应[J].应用生态学报,2009,20(5):1196-1201.
[160] 许继军,刘志武.长江流域农业面源污染治理对策探讨[J].人民长江,2011,42(9):23-27.
[161] 许艳,王秋璐,李潇等.环渤海典型海湾沉积物重金属环境特征与污染评价[J].海洋科学进展,2017,35(3):428-438.
[162] 续衍雪,吴熙,路瑞等.长江经济带总磷污染状况与对策建议[J].2017中国环境科学学会科学与技术年会,2017,1:70-74.
[163] 宣梦,许振成,吴根义等.我国规模化畜禽养殖粪污资源化利用分析[J].农业资源与环境学报,2018,35(2):126-132.
[164] 杨长坤,刘召芹,王崇倡等.2001—2013年辽东湾海岸带空间变化分析[J].国土资源遥感,2015,27(4):150-157.
[165] 杨红,李春新,印春生等.象山港不同温度区围隔浮游生态系统营养盐迁移——转化的模拟对比[J].水产学报,2011,35(7):1030-1036.
[166] 杨建军.探析城市内涝现状下的市政管网建设[J].区域治理,2019,6:30.
[167] 杨璐,黄海燕,李潇等.德国海洋生态环境监测现状及对我国的启示[J].海洋环境科学,2017,36(5):796-800.
[168] 杨正波.莱茵河保护的国际合作机制[J].水利水电快报,2008,1:9-11.
[169] 叶贤满,徐昶,洪盛茂等.杭州市大气污染物排放清单及特征[J].中国环境监测,2015,2:10-16.
[170] 余顺.东京湾的环境污染与污染物质量收支平衡[J].海洋环境科学,1990,9(1):41-51.
[171] 俞金香.我国区域循环经济发展问题研究[D].兰州:兰州大学,2014.
[172] 喻旗.推动黄磷产业实现绿色发展[N].中国环境报,2018-01-15.
[173] 袁莹.地方政府工业污染治理的现状及对策研究[D].湘潭:湘潭大学,2016.
[174] 曾相明,管卫兵,潘冲.象山港多年围填海工程对水动力影响的累积效应[J].海洋学研究,2011,1:75-85.
[175] 张辰.排水系统雨污水混接现象浅析与对策[J].上海建设科技,2006,5:16-18.
[176] 张冬融,徐佳奕,陈佳杰等.杭州湾南岸海域春秋季浮游动物分布特征与主要环境因子的关系[J].生态学杂志,2014,33(8):2115-2123.
[177] 张冬融,徐兆礼,徐佳奕等.杭州湾内外海域秋季浮游动物群落的比较[J].生物多样性,2016,24(7): 767-780.
[178] 张国森.大气的干、湿沉降以及对东、黄海海洋生态系统的影响[D].青岛:中国海洋大学,2004.

[179] 张经,石金辉,高会旺.大气有机氮沉降及其对海洋生态系统的影响[J].地球科学进展,2006,21(7): 721-729.

[180] 张军红,侯新.莱茵河治理模式对中国实施河长制的启示[J].水资源开发与管理,2018,2:7-11.

[181] 张蕾,周启星.城市地表径流污染来源的分类与特征[J].生态学杂志,2010,29(11):2272-2279.

[182] 张灵宝.环渤海区域生态环境保护的法律保护问题探析[C]// 山西省法学会.第十三届"环渤海区域法治论坛"论文集.山西:[出版社不详],2018.

[183] 张婷婷,赵峰,王思凯等.美国切萨皮克湾生态修复进展综述及其对长江河口海湾渔业生态修复的启示[J].海洋渔业,2017,39(6):713-722.

[184] 张玮.简析城镇生活污水配套管网建设管理存在的问题及对策[J].江西科学,2016,33(6):905-910.

[185] 张艳.陆源大气含氮物质的传输与海域沉降[D].上海:复旦大学,2007.

[186] 张忠祥.国内外水污染治理典型案例分析研究[J].中国建设信息(水工业市场),2008,Z1:19-30.

[187] 章伟艳,张霄宇,金海燕等.长江口—杭州湾及其邻近海域沉积动力环境及物源分析[J].地理学报,2013,05:66-76.

[188] 赵卫红,王江涛.大气湿沉降对营养盐向长江口输入及水域富营养化的影响[J].海洋环境科学,2007,26(3):208-210.

[189] 中华人民共和国住房和城乡建设部.城乡建设统计年鉴(2018)[M].北京:中国统计出版社,2019.

[190] 中华人民共和国自然资源部.2017年中国海洋生态环境状况公报[R/OL].(2018-06-06)[2020-01-14].http://gc.mnr.gov.cn/201806/t20180619_1797652.html.

[191] 周长全.污水管网建设与管理的现状与解决对策[J].河南建材,2018,01:129-130.

[192] 周锋,黄大吉,倪晓波等.影响长江口毗邻海域低氧区多种时间尺度变化的水文因素[J].生态学报,2010,17:204-216.

[193] 周锋,宣基亮,倪晓波等.1999年与2006年间夏季长江冲淡水变化动力因素的初步分析[J].海洋学报,2009,31(4):1-12.

[194] 周刚炎.莱茵河流域管理的经验和启示[J].水利水电快报,2007,28(5):28-31.

[195] 周建军,张曼.近年长江中下游径流节律变化[J].效应与修复对策(湖泊科学),2018,30(6):1471-1488.

[196] 周剑.海洋经济发达国家和地区海洋管理体制的比较及经验借鉴[J].世界农业,2015,5:96-100.

[197] 周敏.浅析城市污水处理厂建设的布局规划[J].山西建筑,2011,37(25):17-18.

[198] 周洲,丰景春,张可.国际河流信息合作机制及其对中国的启示[J].资源科

学,2013,35(6):1238-1244.

[199] 朱启琴.长江口、杭州湾浮游动物生态调查报告[J].水产学报,1988,12(2):111-123.

[200] 住房和城乡建设部.建设部关于加强城镇污水处理厂运行监管的意见[EB/OL].(2004-08-30)[2019-4-25].http://www.mohurd.gov.cn/wjfb/200611/t20061101_157109.html.

[201] 自然资源部海洋预警监测司.2016年中国海平面公报[R/OL].(2017-03-22)[2020-3-15].http://gc.mnr.gov.cn/201806/t20180619_1797645.html.

[202] 邹晓涓.循环经济视野下湖北省经济发展现状与对策分析[J].武汉大学学报(社会科学版),2011,24(4):488-492.

[203] 左丽君,徐进勇,张增祥等.渤海海岸带地区土地利用时空演变及景观格局响应[J].遥感学报,2011,15(3):604-620.

[204] ADELEYE A O, JIN H, DI Y, et al.Distribution and ecological risk of organic pollutants in the sediments and seafood of Yangtze Estuary and Hangzhou Bay, East China Sea[J]. Science of the Total Environment,2016,541:1540-1548.

[205] CALADO H, NG K, JOHNSON D, et al. Marine spatial planning: Lessons learned from the Portuguese debate[J].Marine Policy,2010,34(6):1341-1349.

[206] CONLEY D J, PAERL H W, HOWARTH R W, et al. Controlling Eutrophication: Nitrogen and Phosphorus[J].Science,2009,323(5917):1014-1015.

[207] DONG S, LIU Z, JING Z, et al. Environmental control of mesozooplankton community structure in the Hangzhou Bay, China[J]. Acta Oceanologica Sinica,2016,35(10):96-106.

[208] FORCE G C E R. Gulf of Mexico regional ecosystem restoration strategy[R].Washington, DC: U.S.A.Gulf Coast Ecosystem Recovery Task Force,2011.

[209] GULATI R D, DONK E V. Lakes in the Netherlands, their origin, eutrophication and restoration: State-of-the-art review[J].Hydrobiologia,2002,478(1):73-106.

[210] HAGY J D, BOYNTON W R, KEEFE C W, et al. Hypoxia in Chesapeake Bay, 1950—2001: Long-term change in relation to nutrient loading and river flow[J].Estuaries, 2004,27(4):634-658.

[211] JANS B D S.今天及未来波罗的海环境状况[J].AMBIO—人类环境杂志,1999,28(4):312-319.

[212] JIANG Z , CHEN J , ZHOU F , et al. Summer distribution patterns of Trichodesmium spp. in the Changjiang(Yangtze River) Estuary and adjacent East China Sea shelf[J]. Oceanologia,2017,59(3): 248-261.

[213] SU J, WANG K. On the shelf circulation north of taiwan[J]. Acta Oceanologica Sinica-English Edition, 1987,6(Supplement 1):1-20.

[214] LARSSON U, ELMGREN R, WULFF F. Eutrophication and the Baltic Sea: Causes and Consequences[J].AMBIO A Journal of the Human Environment,1985,14(1):9-14.

[215] LI F, MAO L, JIA Y, et al. Distribution and risk assessment of trace metals in sediments from Yangtze River estuary and Hangzhou Bay, China[J].Environmental Science and Pollution Research, 2018,25(1):855-866.

[216] MAO L, YE H, LI F, et al. Source-oriented variation in trace metal distribution and fractionation in sediments from developing aquaculture area——A case study in south Hangzhou bay, China[J].Marine Pollution Bulletin,2017,125(1-2):389-398.

[217] MILLIMAN J D, HUANG-TING S, ZUO-SHENG Y, et al. Transport and deposition of river sediment in the Changjiang estuary and adjacent continental shelf[J].Continental Shelf Research,1985,4(1-2):37-45.

[218] PARK, S G. Estuarine relationships between zooplankton community structure and trophic gradients[J].Journal of Plankton Research,2000,22(1):121-136.

[219] PLUM N, SCHULTE-WULWER-LEIDIG A. From a sewer into a living river: the Rhine between Sandoz and Salmon[J].Hydrobiologia,2014,729(1):95-106.

[220] QIAN Z, BRADY D C, BOYNTON W R, et al. Long-Term Trends of Nutrients and Sediment from the Nontidal Chesapeake Watershed: An Assessment of Progress by River and Season[J].Journal of the American Water Resources Associati on,2016,5(16):1534-1555.

[221] REUSCH T B H, DIERKING J, ANDERSSON H C, et al. The Baltic Sea as a time machine for the future coastal ocean[J].Science Advances, 2018,4(5):1-16.

[222] ROSENBERG R. Negative oxygen trends in Swedish coastal bottom waters[J].Marine Pollution Bulletin,1990,21(7):335-339.

[223] TAYLOR A H, ALLEN J I, CLARK P A. Extraction of a weak climatic signal by an ecosystem[J]. Nature, 2002,416(6881):629-632.

[224] WANG B. Hydromorphological mechanisms leading to hypoxia off the Changjiang estuary[J]. Marine Environmental Research, 2009,67(1):53-58.

[225] WANG Q, LI X, LIU S, et al.The effect of hydrodynamic forcing on the transport and deposition of polybrominated diphenyl ethers(PBDEs) in Hangzhou Bay[J]. Ecotoxicology and environmental safety,2019,179:111-118.

[226] XIE Y, CHEN L, LIU R, et al. AOX contamination in Hangzhou Bay, China: Levels, distribution and point sources[J].Environmental Pollution,2018,235:462-469.

[227] YU G, JIA Y, HE N, et al. Stabilization of atmospheric nitrogen deposition in China over the past decade[J].Nature Geoscience,2019,12(6):1-6.